MENTOR LERN-HILFE

Band 626

Mathematik

7./8. Klasse

Geometrie 2

Kongruenz und Dreieckskonstruktion, Kreis und Gerade, Flächen- und Rauminhalt

Mit Musteraufgaben und Zeichnungsvorlagen sowie ausführlichem Lösungsteil zum Heraustrennen

Mit Lerntipps!

Rolf Baumann

Mentor Verlag München

Über den Autor:

Rolf Baumann, Dozent und Lehrgangsleiter für Mathematik und Physik an der Volkshochschule

Lerntipps:

Alexander Geist, staatlicher Schulpsychologe an einem Gymnasium

Redaktion: Dr. Hans-Peter Waschi

Illustrationen: Henning Schöttke, Kiel

Layout: Barbara Slowik, München

Titelgestaltung: Iris Steiner, München

Quellenangabe: Wetterkarte S. 27 unten:
Süddeutscher Verlag GmbH, Bilderdienst

Umwelthinweis: Gedruckt auf chlorfrei gebleichtem Papier.

Satz/Repro: Typodata GmbH, München
Druck: Landesverlag Druckservice, Linz
Printed in Austria · ISBN 3-580-63626-X

2. 3. 4. 5. 6. 04 03 02 01 00

Inhalt

Benutzerhinweise

Die Rechtschreibung in diesem Band entspricht den Regelungen der Reform.

In der Randspalte findest du einige Zeichnungen immer wieder:

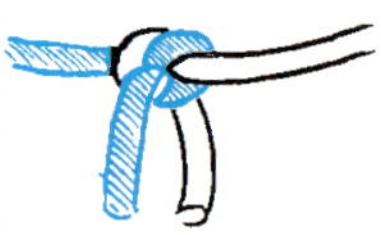
Definition legt fest, was ein Begriff bedeutet.

Merke – klar: Das musst du dir merken!

Regel bringt eine mathematische Gesetzmäßigkeit zum Ausdruck.

Tipp gibt dir Hinweise und Anleitungen.

➜ Auf der nächsten Seite geht es weiter.

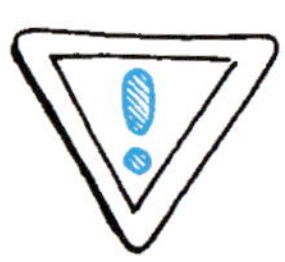
Achtung! Pass auf, dass du hier keine Fehler machst!

Planfiguren erkennst du in diesem Buch an einem „P" vor der Nummer.

Beispiel: P39 Figur

Vorwort

Hallo, liebe Schülerin, lieber Schüler,

dieses Buch habe ich als Band 2 der Geometrie für die 7. und 8. Klasse der weiterführenden Schulen geschrieben. Es ist sozusagen die „Fortsetzung" des ersten Bandes. Da ich aber nicht davon ausgehe, dass jede(r) den ersten Teil durchgearbeitet hat, erkläre ich hier noch einmal die Besonderheiten dieses Mentor-Bandes:

Das Buch soll nicht dein Schulbuch oder den Unterricht ersetzen. Es ist vielmehr als Hilfe gedacht, wenn du deine Wissenslücken auffüllen willst. Vorsichtshalber setze ich dein Interesse an der Mathematik als gering voraus und stelle mich darauf ein, dass die Antriebskraft fürs Weiterlernen und -lesen meist schlechte Noten sind. Um zu verhindern, dass du über dem Buch vor Langeweile einschläfst, habe ich mir folgende Gedanken gemacht:

- Lernen (von Dingen, die mich nicht interessiert haben) hat bei mir nur dann funktioniert, wenn ich den Stoff „in die Hand nehmen" konnte, wenn ich selber etwas damit tun konnte.
- Deshalb findest du in den Hinführungen zu den Regeln viele „unvollständige" Zeichnungen bzw. Konstruktionen, die du ergänzen sollst.
- Und aus demselben Grund tauchen in diesem Buch ständig .... Lücken auf, in die du die fehlenden Wörter der Lösungen einsetzen sollst.
- Daneben triffst du beim Lesen häufig auf Gegensatzpaare (zum Beispiel *innerhalb / außerhalb*), die schräg (*kursiv*) gedruckt sind. Du sollst dich entscheiden und eines der Wörter durchstreichen.

Damit wollte ich zwei Ziele erreichen:

➡ Du kannst die Seiten nicht einfach durchlesen, sondern musst ständig kontrollieren, ob du verstehst, wovon die Rede ist.

➡ Gleichzeitig hoffe ich, dass du durch die kleinen Erfolge angeregt wirst weiterzumachen.

Damit dir das Zeichnen leichter fällt, findest du bei einigen Aufgaben in einem getrennten „Zeichnungsteil" Vorlagen, die du heraustrennen und dann bearbeiten kannst. Du brauchst also nicht mit dem Zirkel im Buch herumzupieksen!

Im Lösungsteil findest du die vervollständigten Zeichnungen bzw. Konstruktionen (zum Teil verkleinert) und alle „Lücken- und Streichwörter".

Zu vielen Aufgaben ist nicht nur das Ergebnis, sondern auch der Lösungsweg angegeben.

Mein dringender Rat dazu heißt:
Entscheide, zeichne und rechne *immer* zuerst selbst, bevor du im Lösungsteil nachschaust. Ergänze, streiche und zeichne in Zweifelsfällen mit Bleistift – dann kannst du korrigieren!

Du lernst viel durch eine selbstständige Korrektur! –
Du lernst wenig, wenn du nur den Lösungsteil in dieses Buch überträgst!

Da ich nicht weiß, ob du das ganze Buch durcharbeiten wirst, habe ich ein ausführliches Stichwortverzeichnis zusammengestellt. Dort kannst du die Stoffgebiete heraussuchen, die dir Schwierigkeiten machen.

Dabei sollst du ruhig auch deine eigenen Schwerpunkte setzen und die Teile besonders gründlich durcharbeiten, die in deinem Mathematikunterricht eine wichtige Rolle gespielt haben.

Ganz neu für dich sind die mathematischen Beweise, die in dieser Klassenstufe zum ersten Mal auftauchen. Vielleicht macht es dir ja sogar Spaß, die Gedankenschritte nachzuvollziehen und dabei das Argumentieren zu üben. Entscheide selbst, welche Beweise für dich wichtig sind, und arbeite diese besonders gut durch.

Für die Arbeit mit dem Buch wünsche ich dir Ausdauer und für dein Abschneiden in der Schule wünsche ich dir viel Erfolg!

Rolf Baumann

Übrigens …
Ab Seite 112 findest du einige Seiten mit Tipps und Tricks zum Lernen.
Schau doch mal rein!

Winkel an Parallelen und im Dreieck

A

1. Winkel an geschnittenen Geraden

Im Band 1 der Geometrie für die 7./8. Klasse (ML 625) steht folgende Definition für parallele Geraden (Abschnitt A 4):

parallel

Parallele Geraden haben keinen Schnittpunkt.

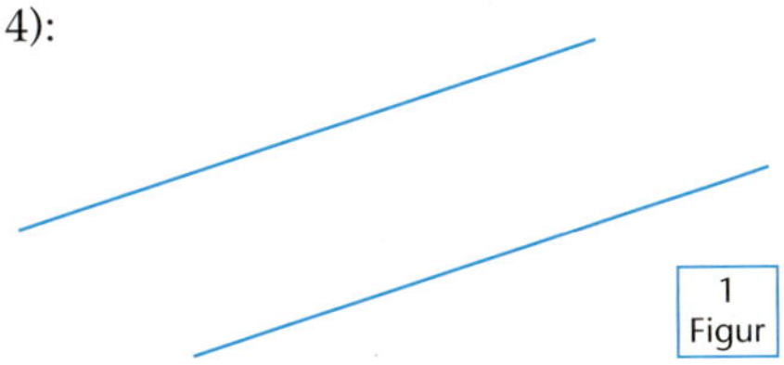

1
Figur

Und im Abschnitt davor steht der einleuchtende Grundsatz:

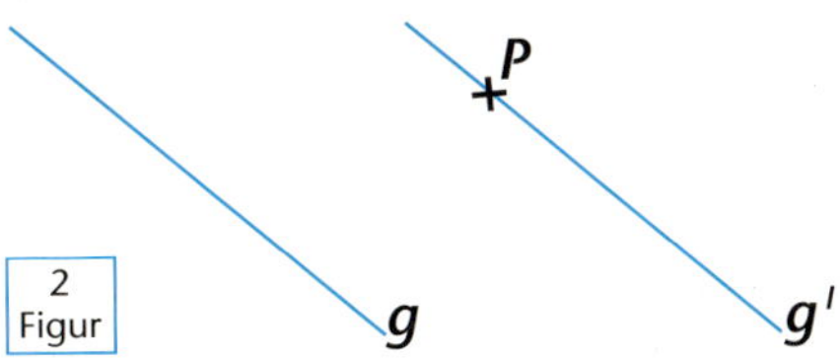

2
Figur

Durch einen Punkt P, der nicht auf der Geraden g liegt, gibt es *genau eine* Gerade g', die parallel zu g ist.

Einen solchen einleuchtenden Grundsatz nennt man in der Mathematik ein **Axiom**.

Aus der Definition und dem Grundsatz können wir Sätze herleiten über die Winkel, die dann entstehen, wenn zwei parallele Geraden von einer dritten geschnitten werden.

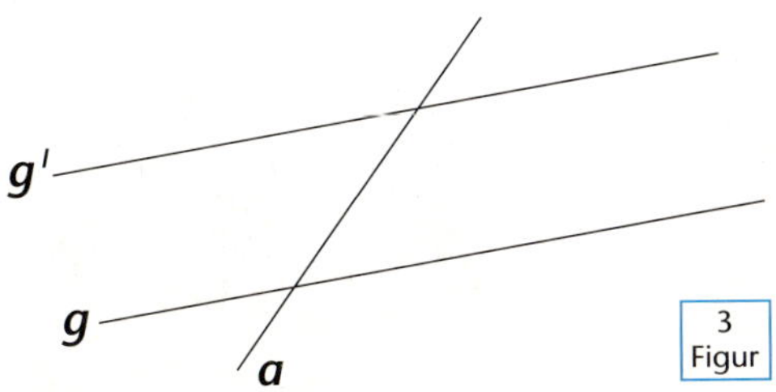

3
Figur

An den beiden Geradenkreuzungen erkennst du acht Winkel, die wir entsprechend der Figur 4 kennzeichnen:

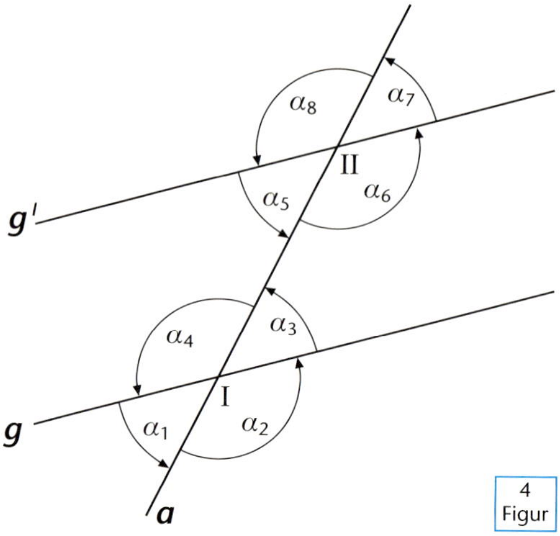

4 Figur

Du kannst sicher an jeder der beiden Kreuzungen Winkel erkennen, die gleich groß sind.

Für die Kreuzung I gilt also: $\alpha_1 =$ .... und $\alpha_2 =$ ....

und für die Kreuzung II gilt: $\alpha_5 =$ .... und $\alpha_6 =$ ....

Diese paarweise gleich großen Winkel heißen **Scheitelwinkel**.

Vergleiche nun die beiden Kreuzungen miteinander. Dabei kannst du sicher an der Kreuzung II Winkel finden, die genau so groß sind wie die beiden farbig markierten Winkel von Kreuzung I.
Schraffiere diese gefundenen Winkel.

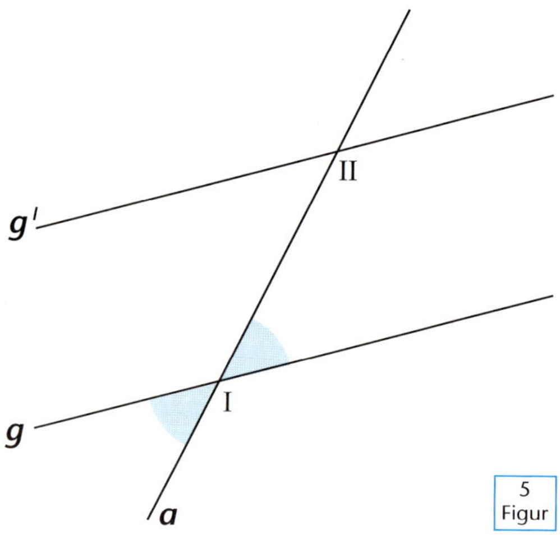

5 Figur

Frage Sind denn die schraffierten Winkel *wirklich* genauso groß wie die farbigen?
„Na ja, sieht doch so aus!“

Mit diesem „... sieht doch so aus!“ können wir uns aber auch gewaltig täuschen!

Hier ein paar **optische Täuschungen**, die dir die Problematik auf verblüffende Weise verdeutlichen sollen.

Beispiele

a)

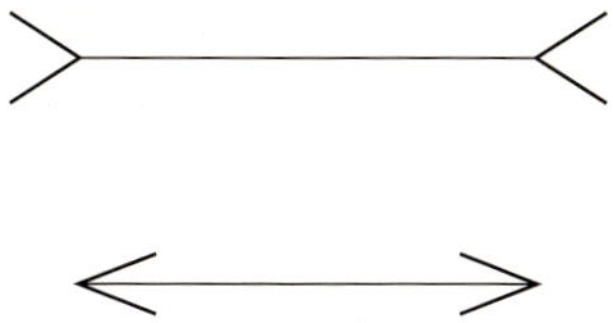

6
Figur

b)

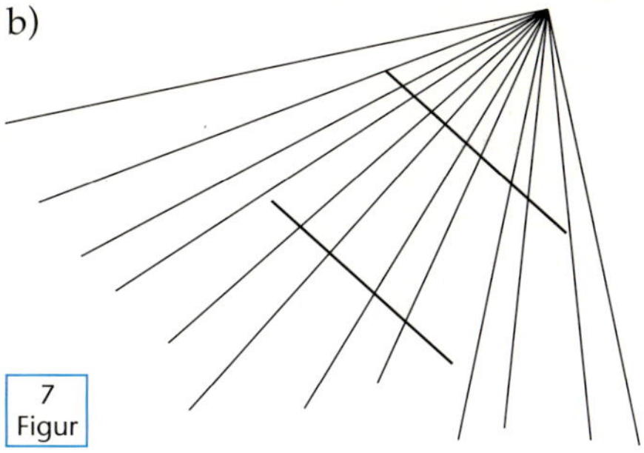

7
Figur

Beim Anblick der Beispiele a) und b) wird dich die Behauptung, dass die beiden parallelen Strecken jeweils gleich lang sind, zunächst überraschen. Miss nach!

Im Beispiel c) scheinen die beiden Geraden g_1 und g_2 in der Mitte einen „Bauch“ zu bilden.

c)

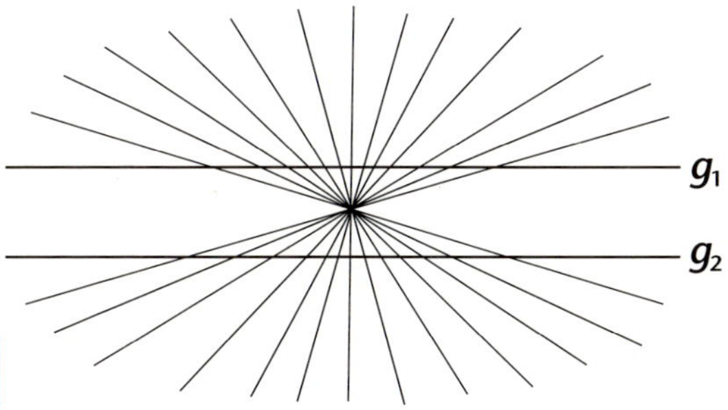

8
Figur

Überzeuge dich mithilfe des Geodreiecks, dass sie parallel verlaufen!

Im Beispiel d) scheinen sich die beiden Geraden g_1 und g_2 in der Mitte zu „nähern“.

d)

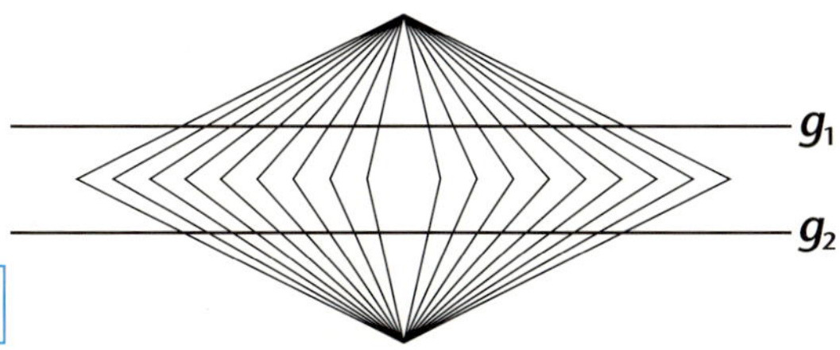

9
Figur

Überzeuge dich mithilfe des Geodreiecks, dass sie parallel verlaufen!

Im Beispiel e) sind zwei Figuren in einer räumlichen Darstellung zu sehen.

e)

10 Figur

Durch die Linien erscheint die Person II größer zu sein als die Person I. Wenn du aber „genau“ (!) nachmessen würdest, würdest du feststellen, dass Person II um 0,1 mm kleiner ist als Person I … .

Wie kannst du aber diesen Unterschied mit deinem Lineal feststellen, wenn schon die Einteilungsstriche 0,2 mm dick sind?

Dieses letzte Beispiel sollte dir noch einmal klarmachen, dass auch das Nachmessen *immer* ungenau ist! Auf deinem Lineal bzw. deinem Geodreieck ist eine Millimetereinteilung angebracht. Schon halbe Millimeter kannst du nur noch „über den Daumen peilen“.

Die Methode des Nachmessens kann uns also nur zu Vermutungen führen. Wegen der Möglichkeit der optischen Täuschung und wegen der begrenzten Messgenauigkeit gilt:

> Bei geometrischen Beweisen dürfen wir uns weder auf unsere Augen noch auf Messungen stützen.

Zurück zu unserer Ausgangsfrage von Seite 8. Sind die schraffierten Winkel genauso groß wie die farbigen?

Für den Beweis beschränken wir uns auf den Nachweis, dass gilt:

$\alpha_1 = \alpha_7$

Die beiden anderen Winkel (α_3 und α_5) ergeben sich dann als Scheitelwinkel.

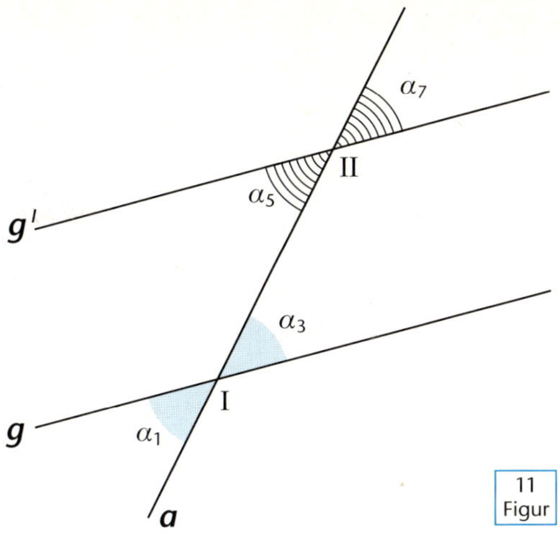

11
Figur

Beweis

Im Band 1 der Geometrie 7./8. Klasse hast du in Kapitel D die Punktspiegelung bzw. die Drehung um 180° kennen gelernt. Die Figur 12 ist punktsymmetrisch mit dem Zentrum Z, das genau in der Mitte zwischen den beiden Schnittpunkten S und S' liegt.

Für den Beweis, dass die beiden Winkel gleich groß sind, müssen wir zunächst die behauptete Punktsymmetrie nachweisen.

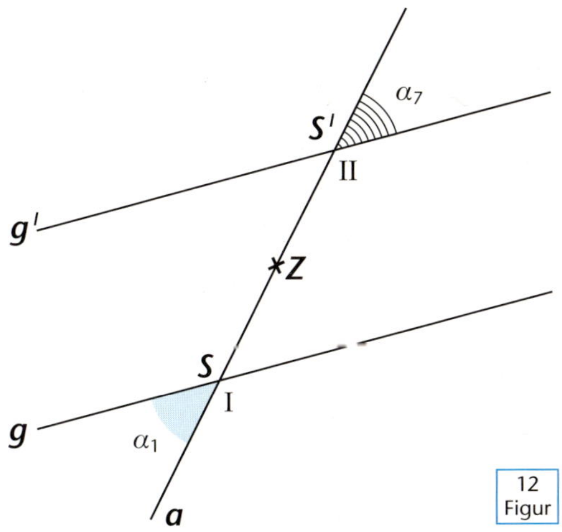

12
Figur

- Da die Gerade a durch das Zentrum geht, wird sie bei der Punktspiegelung an Z auf .... abgebildet. Sie ist eine *Fixgerade* / *Fixpunktgerade*.
- Wenn die Gerade g an Z gespiegelt wird, ergibt sich die Gerade .... Denn bei der Punktspiegelung verlaufen Gerade und Bildgerade .... zueinander und S wird auf S' abgebildet, da Z genau in der Mitte zwischen diesen beiden Punkten liegt.
- Und nach dem Parallelenaxiom von Seite 7 gibt es nur *eine* Gerade durch S', die zu g parallel ist.

→

Nach der Punktsymmetrie können wir jetzt die Winkelgleichheit nachweisen.

- Wir müssen uns daran erinnern, dass die Punktspiegelung eine *Kongruenzabbildung* ist. Da α_1 und α_7 spiegelbildlich zu Z liegen, wissen wir:

  $\alpha_1 = \alpha_7$

- Mit unserem Wissen über Scheitelwinkel haben wir damit auch gezeigt, dass an den beiden Kreuzungen mit zwei parallelen Geraden je vier Winkel gleich groß sind. Das folgt nämlich aus den beiden Gleichungen
  $\alpha_1 = \alpha_3$ und $\alpha_1 = \alpha_7$.

Aufgaben

In der nächsten Aufgabe kannst du dir das auch selbst deutlich machen:

A 1 Für die Figur 13 gilt: $g \parallel g'$

Schraffiere alle Winkel, die genauso groß sind wie α_1.

(Die danach noch unschraffierten Winkel sind ebenfalls alle vier gleich groß.)

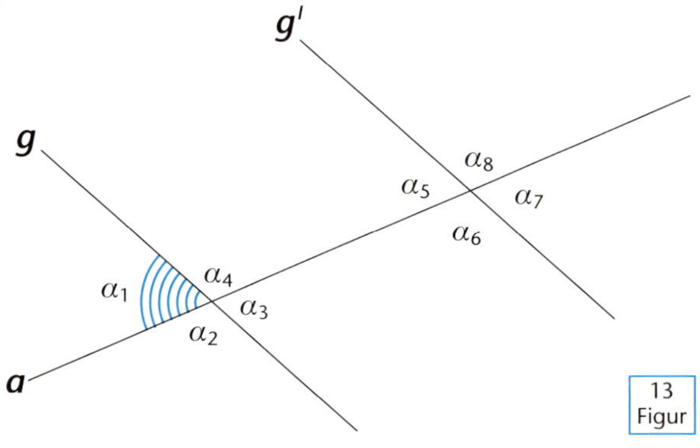

13 Figur

A 2 Wenn ein Winkel gegeben ist, zum Beispiel $\alpha_1 = 65°$, lassen sich alle anderen Winkel bestimmen:

$\alpha_2 =$ ....; $\alpha_3 =$ ....; $\alpha_4 =$ ....; $\alpha_5 =$ ....;

$\alpha_6 =$ ....; $\alpha_7 =$ ....; $\alpha_8 =$ ....

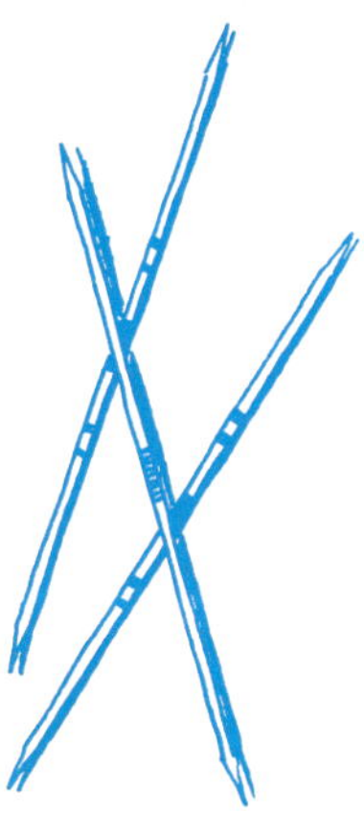

Bestimmte Winkelpaare an einer Doppelkreuzung haben eigene Bezeichnungen – auch dann, wenn die geschnittenen Geraden gar nicht parallel sind und die beiden Winkel des Paares daher auch nicht gleich sind.

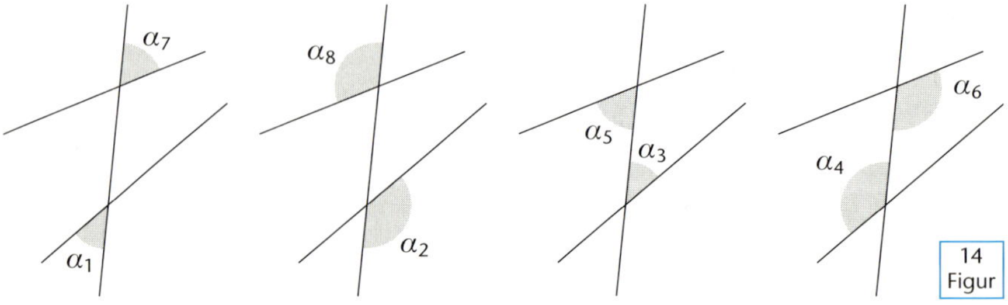

14 Figur

Die Winkelpaare (α_1 und α_7), (α_2 und α_8), (α_3 und α_5), (α_4 und α_6) in Figur 14 heißen **Wechselwinkel**.

Die Winkelpaare (α_1 und α_5), (α_2 und α_6), (α_3 und α_7), (α_4 und α_8) in Figur 15 heißen **Stufenwinkel**.

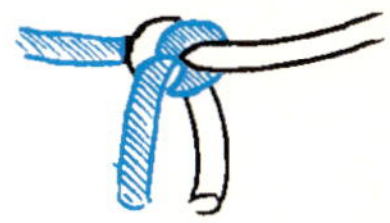

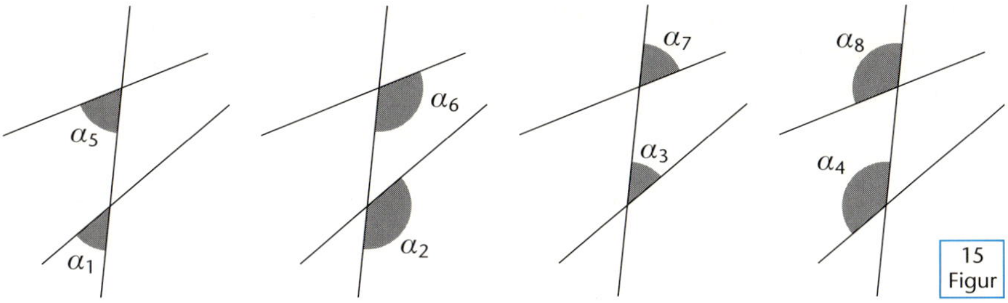

15 Figur

Als Merkhilfe:

> **Wechselwinkel:** Die Winkel **wechseln** die Seite der schneidenden Geraden und **wechseln** von oberhalb nach unterhalb bei den geschnittenen Geraden.
>
> **Stufenwinkel:** Beide Winkel sind auf derselben Seite der schneidenden Geraden und jeweils unter- bzw. oberhalb der geschnittenen Geraden.

Mit diesen beiden Begriffen gehen wir noch einmal zurück zum Sonderfall der Doppelkreuzung mit *parallelen* Geraden (siehe zum Beispiel die Figuren 3 bis 5) und formulieren den Satz:

Für Doppelkreuzungen mit parallelen Geraden gilt:

Stufenwinkel sind ....

und es gilt ebenso:

Wechselwinkel sind ....

Wir können diesen Satz auch umkehren. Dabei werden wir hier auf den Beweis der Umkehrung verzichten:

Falls an einer Doppelkreuzung Wechselwinkel bzw. Stufenwinkel gleich groß sind, so verlaufen die beiden Geraden, die von einer dritten Geraden geschnitten werden, ... zueinander!

Die Eigenschaft, dass Stufenwinkel an Parallelen gleich sind, können wir ausnützen, um mit Lineal und Geodreieck *Parallelen zu zeichnen.*

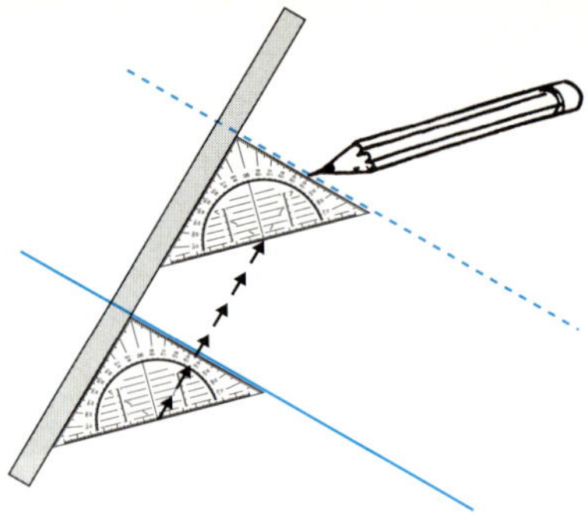

16a Figur

Wie du an den Figuren 16a bis 16c sehen kannst, ist es letztlich gleich, an welcher freien Kante des Geodreiecks du das Lineal anlegst: Wenn eine Seite des Geodreiecks mit der Geraden zusammenfällt und an einer weiteren Seite das Lineal anliegt, entstehen beim Verschieben des Geodreiecks entlang dem Lineal immer gleich große ....winkel!

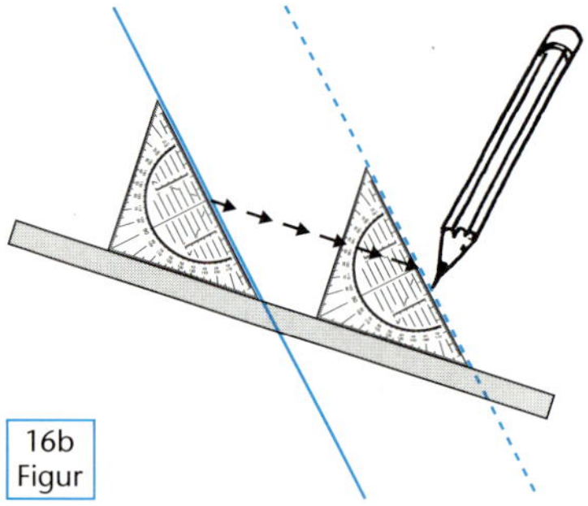

16b Figur

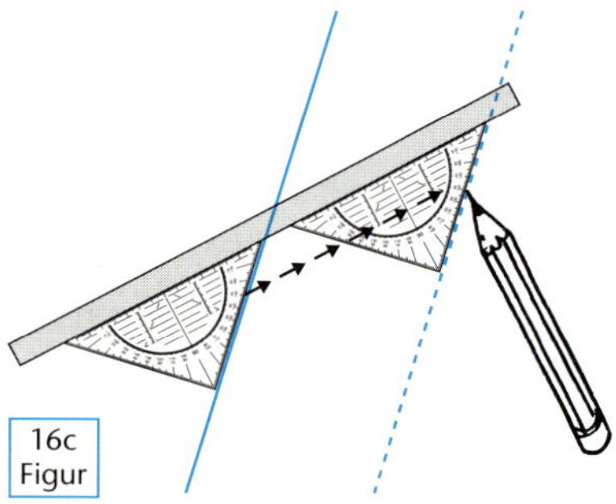

16c Figur

2. Winkelsumme im Dreieck

Aus der Gleichheit der Wechselwinkel lässt sich auch eine Ausage über die Summe der Innenwinkel im Dreieck herleiten.
Bevor du aber die Aussage und den Beweis dafür kennen lernst, sollst du dir das Ergebnis mit zwei eigenen Experimenten klarmachen:

Experiment 1

Zeichne dir auf einem Extrablatt ein großes (beliebiges) Dreieck. Kennzeichne die Eckpunkte und die Winkel in der üblichen Art (Winkelbogen gegen den Uhrzeigersinn).

Miss nun die drei Winkel, die bei deinem Dreieck entstanden sind, und trage ihre Größe hier ein:

$\alpha =$ ....°

$\beta =$ ....°

$\gamma =$ ....°

Addiere sie: $\alpha + \beta + \gamma =$ ....°

Experiment 2

Mache dir das Ergebnis auch praktisch klar: Zerschneide dein Dreieck in drei Teile und lege die drei Winkel aneinander.

17 Figur

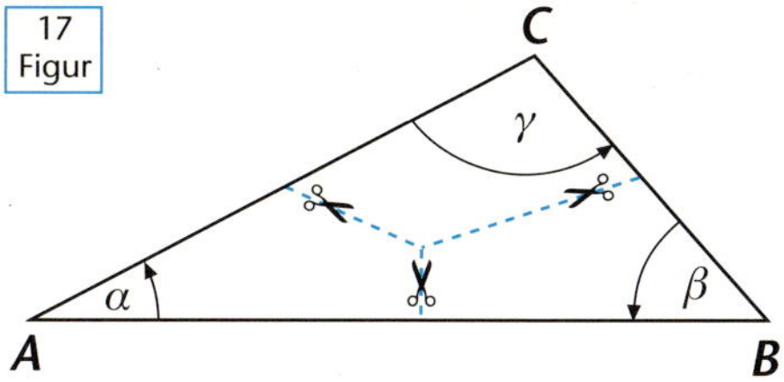

18 Figur

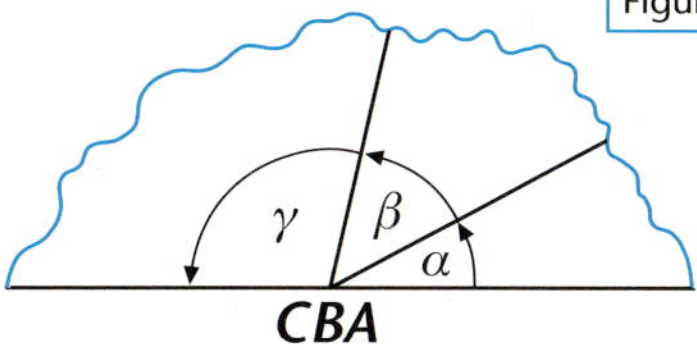

Du wirst zum gleichen Ergebnis gekommen sein, das in der Zeichnung angedeutet ist:
Die Innenwinkel eines Dreiecks ergeben zusammen ....°.

Die gesuchte Aussage lautet also:

Die Summe der Innenwinkel beträgt in jedem Dreieck 180°.

Kurzschreibweise: $\alpha + \beta + \gamma = 180°$

Diese Ergebnisse hast du durch „Probieren" erhalten. Aber beim Abmessen kann es sein, dass du eine Winkelsumme von nicht genau 180° erhalten hast. Wenn wir die Behauptung aufstellen, dass in jedem Dreieck die Innenwinkel zusammen 180° ergeben, so müssen wir diese Behauptung beweisen. Bei dem Beweis werden wir uns auf den bereits bewiesenen Satz über Wechselwinkel an Parallelen stützen.

Beweis

Wenn wir im Punkt C von Figur 17 eine Parallele p zur Geraden AB ziehen,

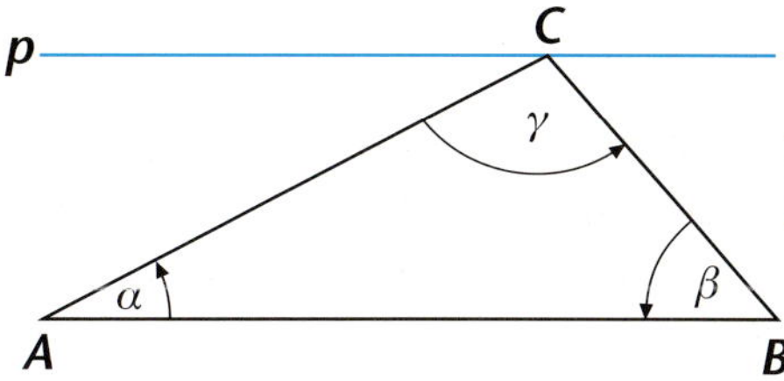

19 Figur

20 Figur

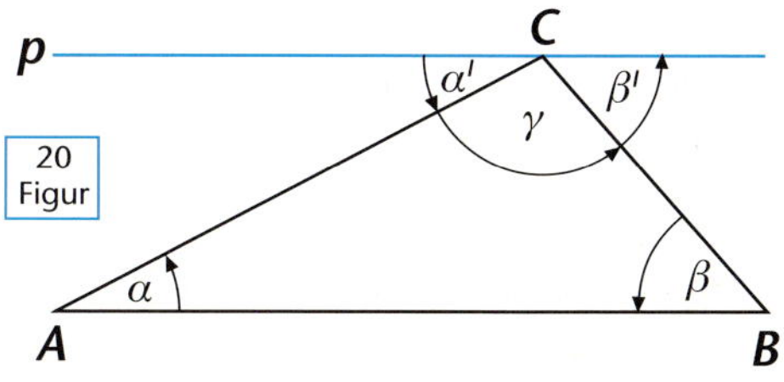

entstehen zwei Winkel, die wir mit α' und β' bezeichnen.

Den Satz von Seite 13 haben wir bewiesen und wissen daher, dass gilt:

$\alpha =$ .... und $\beta =$ ....

Diese Winkelpaare sind nämlich jeweils Wechselwinkel an Parallelen.

Die beiden freien Schenkel α' und γ' haben wir so konstruiert, dass sie zusammen mit dem Dreieckswinkel γ eine Gerade bilden, nämlich die Parallele p.

So folgt aus $\alpha' + \gamma + \beta' = 180°$ (gestreckter Winkel)
die Behauptung $\alpha + \beta + \gamma = 180°$ (Innenwinkel des Dreiecks).

Dies ist der Satz, der bewiesen werden sollte.

Damit lässt sich in jedem Dreieck der dritte Winkel bestimmen, falls zwei Winkel gegeben sind.

Beispiel Im Dreieck ABC sei $\alpha = 30°$ und $\beta = 80°$.

Frage Wie groß ist der Winkel γ?

Antwort Da α und β zusammen 110° ergeben ($\alpha + \beta = 30° + 80° = 110°$), muss für γ gelten:
$\gamma =$ ....°, damit die Winkel zusammen 180° ergeben.
($180° - 110° =$ ....$° = \gamma$)

Aufgaben

A3 Berechne jeweils den fehlenden Winkel im Dreieck ABC.

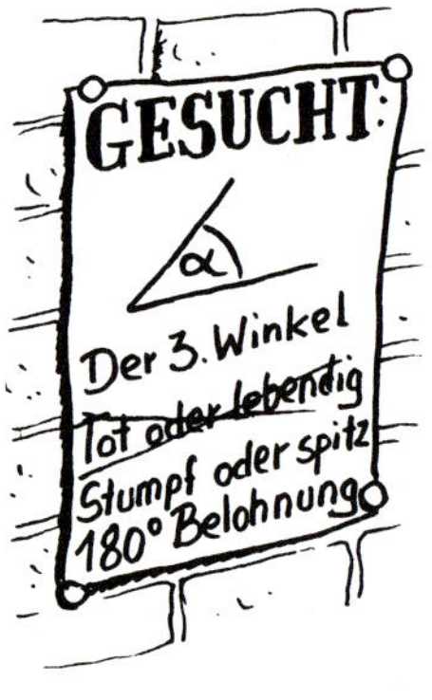

a) Gegeben: $\alpha = 40°$ und $\beta = 60°$

Gesucht: $\gamma =$ ....°

b) Gegeben: $\beta = 25°$ und $\gamma = 65°$

Gesucht: $\alpha =$ ....°

c) Gegeben: $\alpha = 38°$ und $\gamma = 94°$

Gesucht: $\beta =$ ....°

A4 Beim gleichschenkligen Dreieck ABC mit $a = b$ ist der Winkel γ gegeben mit $\gamma = 100°$.
Berechne die beiden anderen Winkel:

$\alpha =$ ....° und $\beta =$ ....°

A5 a) Beim gleichseitigen Dreieck sind nicht nur alle drei Seiten gleich lang, sondern auch alle drei .... gleich groß;

daher gilt: $\alpha = \beta = \gamma =$ ....°

b) Konstruiere im Zeichnungsteil (Figur 21) den Winkel $\alpha = 60°$ mit dem Scheitel in A und der gezeichneten Halbgeraden als erstem Schenkel.

Hinweis: Wähle auf dem ersten Schenkel einen Punkt B und konstruiere das gleichseitige Dreieck ABC.

Zwei Winkel, die einen gemeinsamen Scheitel haben und sich zu 180° ergänzen, heißen **Nebenwinkel** oder **Ergänzungswinkel**.

Die Nebenwinkel eines Innenwinkels heißen **Außenwinkel** des Dreiecks. Sie werden mit einem Sternchen * gezeichnet.

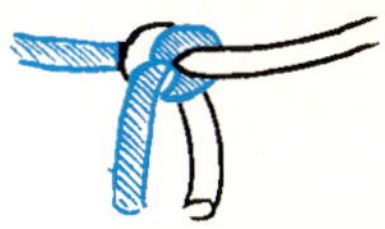

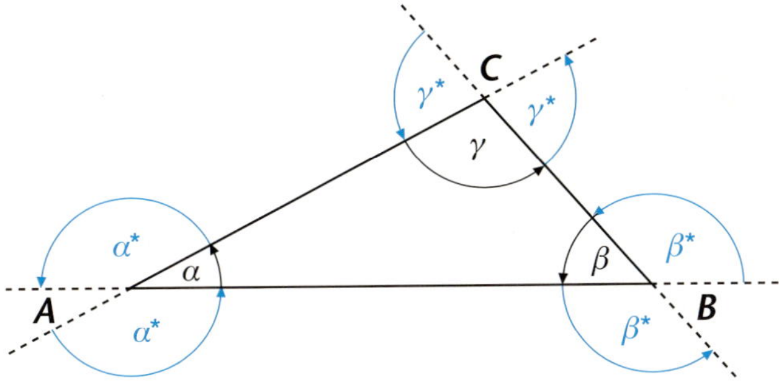

22
Figur

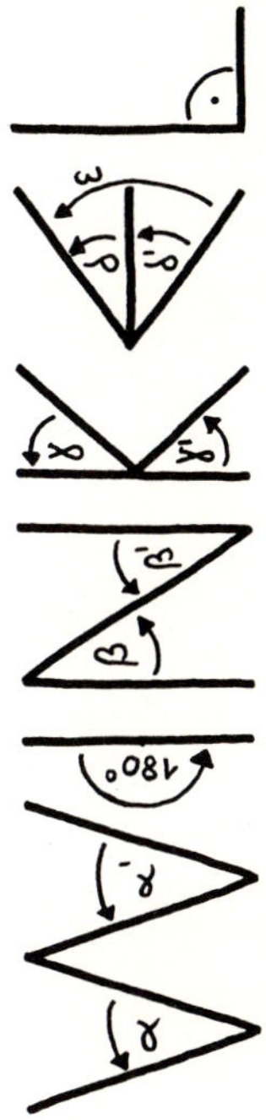

Da jeder Innenwinkel im Dreieck mit seinem zugehörigen Außenwinkel zusammen eine Gerade bildet und daher 180° ergibt, zum Beispiel

$\alpha + \alpha^* = 180°$,

und andererseits die Summe der Innenwinkel im Dreieck ebenfalls 180° beträgt:

$\alpha + \beta + \gamma = 180°$,

ergibt sich aus der Gleichsetzung

$\alpha + \alpha^* = \alpha + \beta + \gamma$

die Gleichung

$\alpha^* = \beta + \gamma$

und damit der Außenwinkelsatz:

Jeder Außenwinkel eines Dreiecks ist so groß wie die beiden nicht anliegenden Innenwinkel zusammen.

$\alpha^* = \quad \beta \quad + \quad \gamma$

$\beta^* =$ .... + ...

$\gamma^* =$ .... + ...

Aus dem Satz über die Innenwinkel im Dreieck lässt sich auch ein Satz über die Innenwinkel im Viereck, Fünfeck, Sechseck … n-Eck herleiten:

- Jedes Viereck lässt sich in zwei Dreiecke zerlegen.

  Daher beträgt die Summe der Innenwinkel im Viereck

  $2 \cdot 180° =$ ....°.

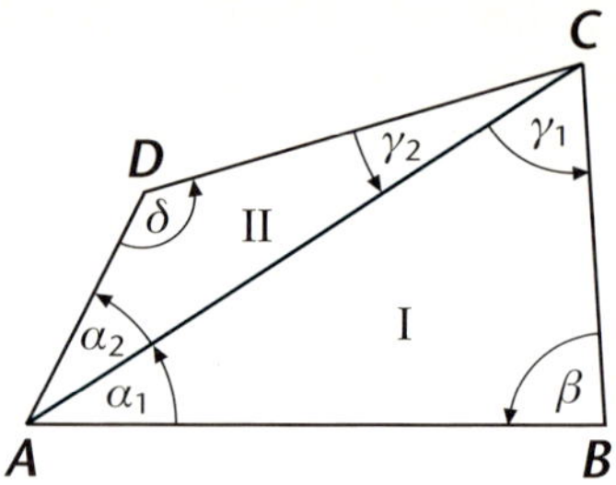

23 Figur

- Jedes Fünfeck lässt sich in .... Dreiecke zerlegen.

  Daher beträgt die Summe der Innenwinkel im Fünfeck

  .... $\cdot\ 180° =$ ....°.

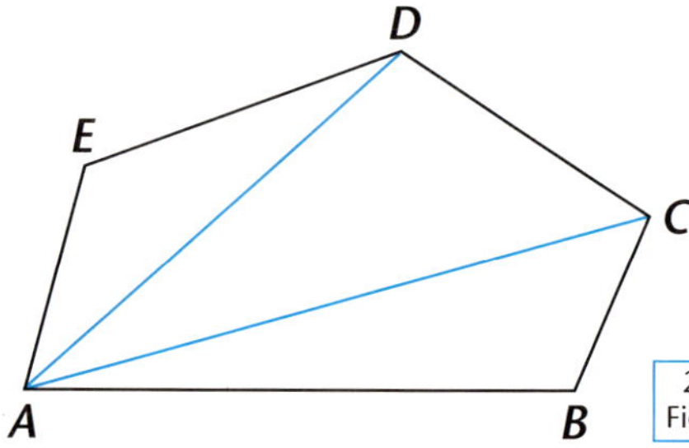

24 Figur

- Jedes Sechseck lässt sich in .... Dreiecke zerlegen. (Ergänze mögliche Zerlegungslinien.)

  Daher beträgt die Summe der Innenwinkel im Sechseck

  .... $\cdot\ 180° =$ ....°.

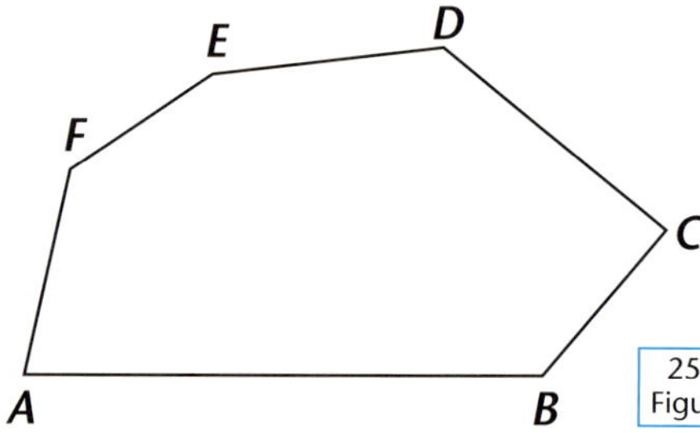

25 Figur

➡

Jedes n-Eck läßt sich in $(n-2)$ Dreiecke zerlegen.

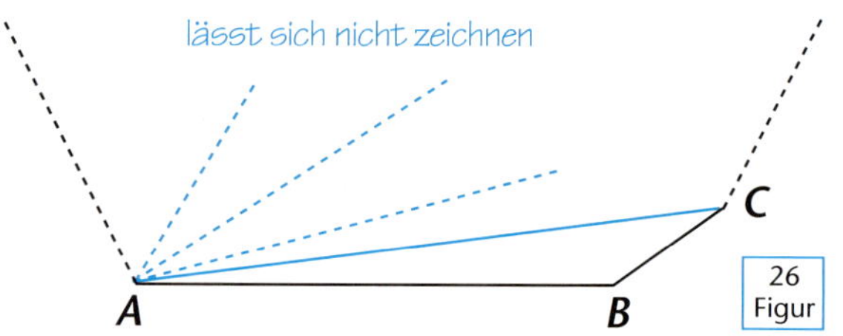

26 Figur

Daher beträgt die

Summe der Innenwinkel im n-Eck:

$(n-2) \cdot 180°$

Beispiel Die Summe der Innenwinkel im 10-Eck beträgt:

(.......... – ....) $\cdot\ 180° =$ ....°

Gib für ein Sechseck in Figur 27 (Zeichnungsteil) mindestens drei verschiedene Zerlegungsmöglichkeiten in Dreiecke an. Bei mindestens einer dieser Möglichkeiten sollen die Zerlegungslinien nicht alle vom gleichen Eckpunkt ausgehen.

Aufgabe A 6

3. Drei Wege führen zum gleichen Ziel!

Bei einer kleinen Rückschau über den Anfang dieses Buches können wir feststellen:

- Ausgegangen waren wir von der Definition für parallele Geraden und vom Parallelenaxiom.

➡ Daraus haben wir die Sätze über die Wechselwinkel an Parallelen hergeleitet und

➡ damit haben wir den Satz über die Winkelsumme im Dreieck bewiesen.

An diesem Weg kannst du den Aufbau der Geometrie erkennen. Man unterscheidet:

Definitionen, **Axiome** und **Sätze**

- *Definitionen* brauchen wir, damit wir alle immer dieselben Begriffe für dieselben Dinge verwenden.
- *Axiome* sind „von selbst" einleuchtende Grundsätze, die nicht bewiesen werden können.
- *Sätze* sind Aussagen über geometrische Zusammenhänge, die sich aus den Axiomen beweisen lassen.

Jeder Satz wird erst dann als gültig anerkannt, wenn er bewiesen ist. Bei den Beweisen für spätere Sätze dürfen bereits bewiesene Sätze verwendet werden.

Du sollst nun noch sehen, dass der Weg zu diesen Erkenntnissen, den wir gewählt haben, nicht der einzig mögliche war und dass er stattdessen auch ganz anders hätte verlaufen können!

Für den zweiten Weg gehen wir wieder von der Definition der parallelen Geraden aus, aber als Grundsatz (Axiom) verwenden wir dieses Mal die Erkenntnis, dass die Summe der Innenwinkel im Dreieck 180° beträgt. Daraus können wir dann den Satz über die Wechselwinkel an parallelen Geraden beweisen.

Darauf aufbauend leiten wir dann den Satz über die Eindeutigkeit der Parallelen her.

Beweis Für den Beweis, dass die beiden Geraden in Figur 28 parallel verlaufen, wenn die Wechselwinkel gleich groß sind, nehmen wir das Gegenteil an und zeigen, dass dies zu einem Widerspruch führt.

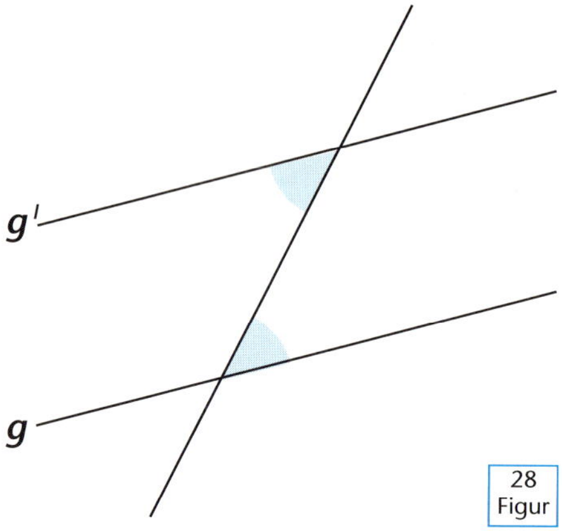

28 Figur

Wir **nehmen** also **an**, dass sich die beiden Geraden g und g' im Punkt T schneiden. Damit entsteht ein „Dreieck" mit den Eckpunkten TSS'.

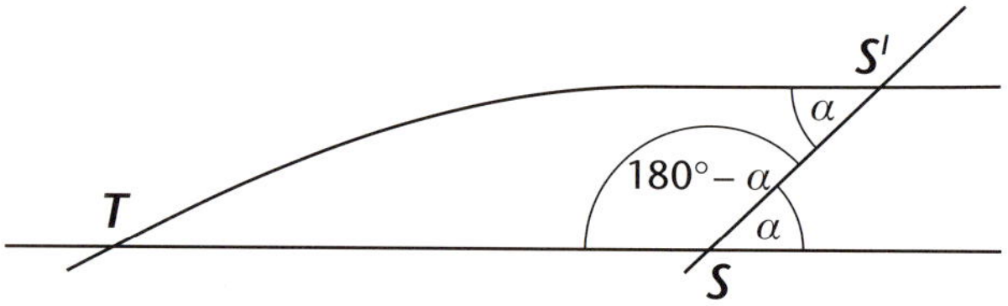

29 Figur

Dies ist aber unmöglich! – Denn die beiden Winkel

$\sphericalangle S'ST = 180° - \alpha$ und

$\sphericalangle TS'S = \alpha$ (bei S und S') ergeben *zusammen bereits:*

$180° - \alpha + \alpha = 180°$

So kann bei T kein Schnittwinkel auftauchen, da sonst die Summe der Innenwinkel im „Dreieck" TSS' größer als 180° würde. Da dies aber dem Axiom unseres zweiten Weges widerspricht, folgt daraus, dass die **Annahme nicht richtig** war.

Wenn sich die beiden Geraden aber *nicht* schneiden, sind sie laut Definition parallel zueinander!

Ähnlich lassen sich (bei entsprechend gewähltem Axiom) die Sätze beweisen,

- dass bei parallelen Geraden die Wechselwinkel gleich sind und

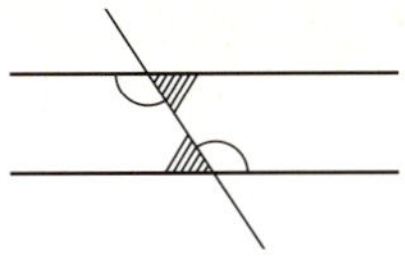

30 Figur

- dass es durch einen Punkt $P \notin g$ nur genau eine Parallele zur Geraden g gibt.

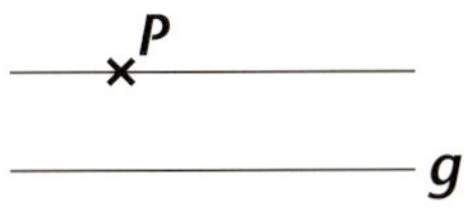

31 Figur

Als Resultat unserer Überlegungen zu den Winkeln an Parallelen und im Dreieck verfügen wir jetzt über eine kleine „Sammlung" von Erkenntnissen, die wir bei der weiteren Beschäftigung mit der Geometrie wie „Werkzeuge" einsetzen können, denn sie sind entweder selbsterklärlich oder bewiesen und damit ein für alle Mal gültig:

- die *Eindeutigkeit* bei Parallelen;
- der Satz über die *Wechselwinkel* an Parallelen;
- der Satz über die *Winkelsumme im Dreieck.*

Aus den letzten zwei Seiten solltest du gelernt haben: Es gibt mehrere Wege, wie man diese Erkenntnisse aufeinander aufbauen kann!

Vergleichen wir die Wege einmal direkt miteinander:

1. Weg	2. Weg	3. Weg	
Zwei Geraden, die sich nicht schneiden, heißen parallel.	Zwei Geraden, die sich nicht schneiden, heißen parallel.	Zwei Geraden, die sich nicht schneiden, heißen parallel.	Definition
Durch einen Punkt P, der nicht auf der Geraden g liegt, gibt es genau eine Gerade g', die parallel zu g ist.	Die Summe der Innenwinkel beträgt in jedem Dreieck 180°.	Wechselwinkel an parallelen Geraden sind gleich.	Axiom
Wechselwinkel an parallelen Geraden sind gleich.	Wechselwinkel an parallelen Geraden sind gleich.	Durch einen Punkt P, der nicht auf der Geraden g liegt, gibt es genau eine Gerade g', die parallel zu g ist.	Satz I
Die Summe der Innenwinkel beträgt in jedem Dreieck 180°.	Durch einen Punkt P, der nicht auf der Geraden g liegt, gibt es genau eine Gerade g', die parallel zu g ist.	Die Summe der Innenwinkel beträgt in jedem Dreieck 180°.	Satz II

Bei allen drei Wegen können wir jeweils beweisen, dass die Sätze sich aus der Definition und dem Axiom herleiten lassen; wir verzichten hier aber darauf, alle Beweise durchzuführen.

Wir können die Sätze über Wechselwinkel an Parallelen und über die Winkelsumme im Dreieck auf das Axiom der Eindeutigkeit bei Parallelen gründen.

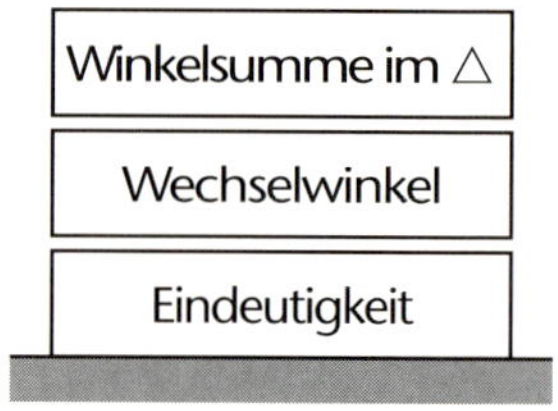

32 Figur

ODER

Wir können die Sätze über Wechselwinkel an Parallelen und über die Endeutigkeit bei Parallelen auf das Axiom der Winkelsumme im Dreieck gründen.

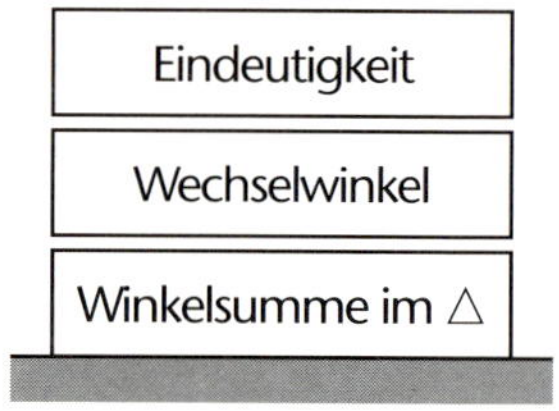

33 Figur

ODER

Wir können die Sätze über die Eindeutigkeit bei Parallelen und über die Winkelsumme im Dreieck auf das Axiom der Wechselwinkel an Parallelen gründen.

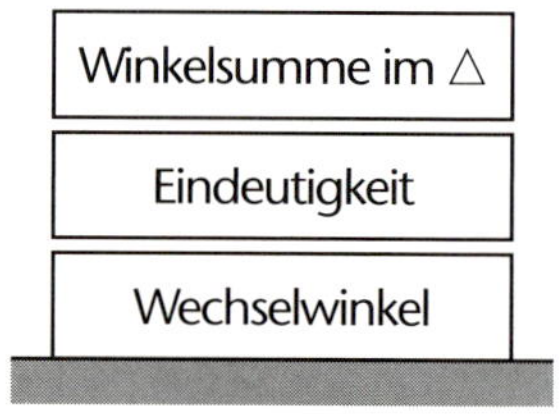

34 Figur

Für die weiteren Beweise in diesem Buch können wir jetzt also auf unsere Sammlung von Erkenntnissen zurückgreifen, entweder als Axiom oder als bewiesenen Satz:

- Durch den Punkt $P \notin g$ gibt es genau eine Parallele zur Geraden g.
- Wechselwinkel und Stufenwinkel an Parallelen sind jeweils gleich groß.
- Sind die Wechselwinkel bzw. Stufenwinkel gleich groß, so liegen sie an zwei parallelen Geraden.
- Die Summe der Innenwinkel beträgt in jedem Dreieck 180°.

Ein weiterer Satz über parallele Geraden sei hier noch angefügt:

Parallele Geraden haben überall den *gleichen Abstand*. Er ist definiert durch die Länge der Strecke, die auf beiden Geraden senkrecht steht.

Auch diese Feststellung lässt sich aus den bisher bewiesenen Sätzen herleiten. Auf die Durchführung des Beweises werden wir jedoch verzichten.

35 Figur

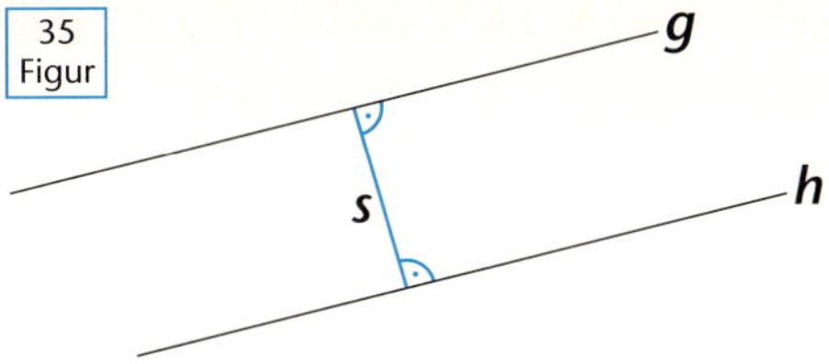

Beispiel

Die Geraden g und h haben den Abstand s:

Kurzschreibweise: $d\,(g; h) = s$

4. Satz des THALES

Den nächsten Satz, der für viele Konstruktionen wichtig ist, werden wir mithilfe der bisherigen Erkenntnisse beweisen.

Jeder Winkel im Halbkreis ist ein rechter.

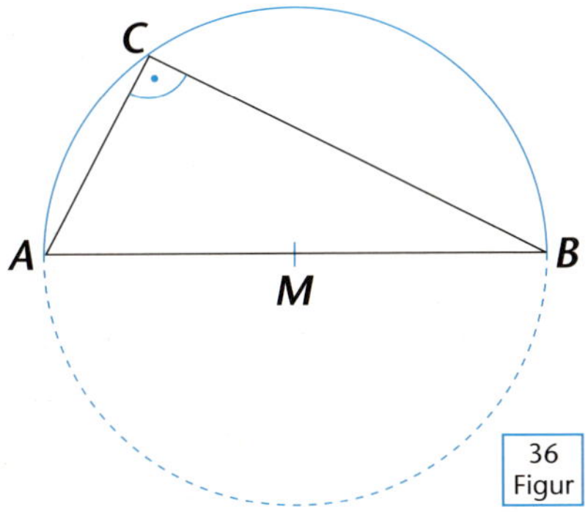

36 Figur

Dieser Satz besagt:

Satz des THALES

Wenn eine Dreiecksseite Kreisdurchmesser ist und der dritte Eckpunkt auch auf dem Kreis liegt, so entsteht dort ein rechter Winkel.

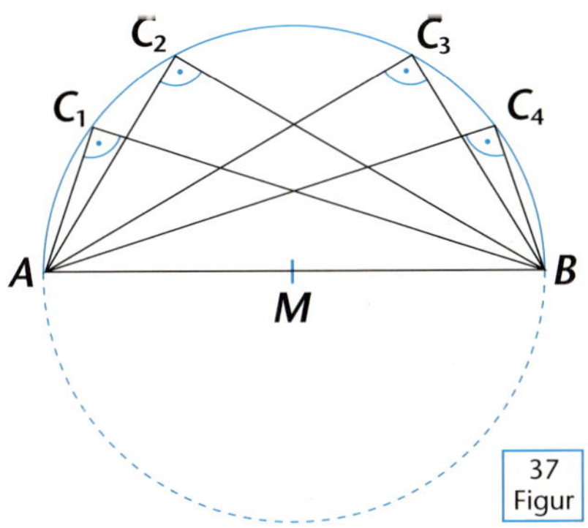

37 Figur

Beweis M sei der Mittelpunkt von $[AB]$.

Wir müssen zeigen, dass im $\triangle ABC$ der Winkel bei C $90°$ ist bzw. dass $\alpha + \beta = 90°$.

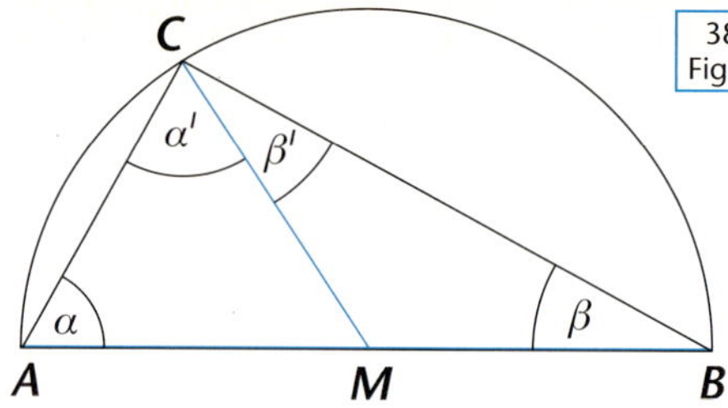

38
Figur

Die Dreiecke AMC und CMB sind gleichschenklig, weil zwei ihrer Seiten konstruktionsbedingt Radien des Kreises um M und damit gleich lang sind. Dies liefert uns die beiden gleich langen Schenkel des

Dreiecks AMC: $\overline{AM} =$ ....

und des Dreiecks CMB: $\overline{CM} =$ ....

Daraus wiederum folgt, dass α und α' Basiswinkel des gleichschenkligen Dreiecks AMC bzw. dass β und β' Basiswinkel des gleichschenkligen Dreiecks CMB sind.

Also gilt im Dreieck AMC: $\alpha =$ ....

und im Dreieck CMB: $\beta =$ ....

Wenn du die Innenwinkel im $\triangle ABC$ addierst, ergibt sich:

$\alpha + \beta + \underbrace{\alpha' + \beta'}_{\text{Winkel bei C}} = 180°$ (Winkelsummensatz)

$2\alpha + 2\beta = 180°$ $|:2$

$\alpha + \beta = 90°$

Unsere Überlegungen waren unabhängig von der Lage von C auf dem Kreisbogen und gelten deshalb allgemein. Damit ist der Satz des THALES bewiesen.

Häufig sollen Dreiecke unter Anwendung des Satzes von THALES konstruiert werden.

Beispiel Konstruiere das $\triangle ABC$ mit $c = 4{,}5$ cm; $\gamma = 90°$ und $h_c = 1{,}4$ cm.

Planfigur:

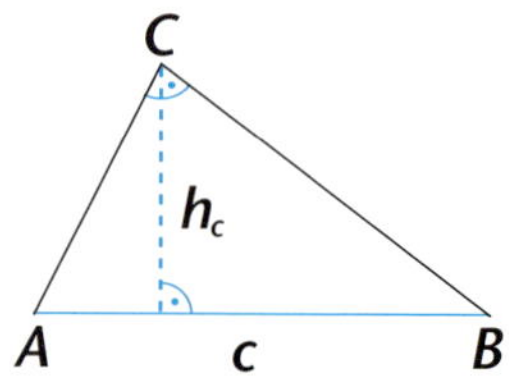

(Planfiguren erkennst du in diesem Buch an einem „P" vor der Nummer.)

P39
Figur

Zeichne bei allen Konstruktionsaufgaben zuerst eine Planfigur.
Trage in diese Planfigur die gegebenen Stücke farbig ein.

Jetzt musst du dir die Reihenfolge der Konstruktionsschritte überlegen!

Die Seite c lässt sich zeichnen und damit stehen die Punkte .... und .... fest.

40a Figur

Der Punkt C liegt auf dem Halbkreis über $[AB]$, weil $\gamma = 90°$ ist. (Thaleskreis!)

40b Figur

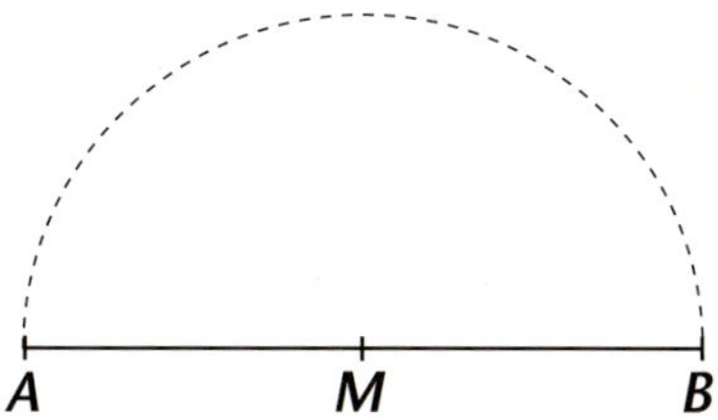

Der Punkt C liegt 1,4 cm von der Seite .... entfernt; deshalb liegt C auf der Parallelen zu AB im Abstand .... cm.

40c Figur

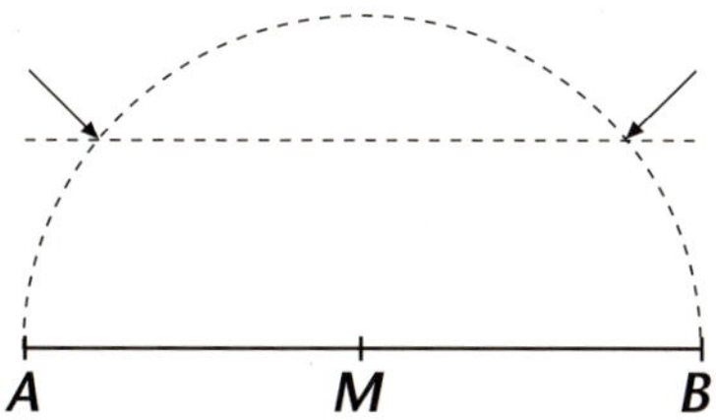

Hoppla – Halbkreis und Parallele haben zwei Schnittpunkte!

⇒ Deshalb gibt es auch zwei Lösungen:

Lösung 1

40d Figur

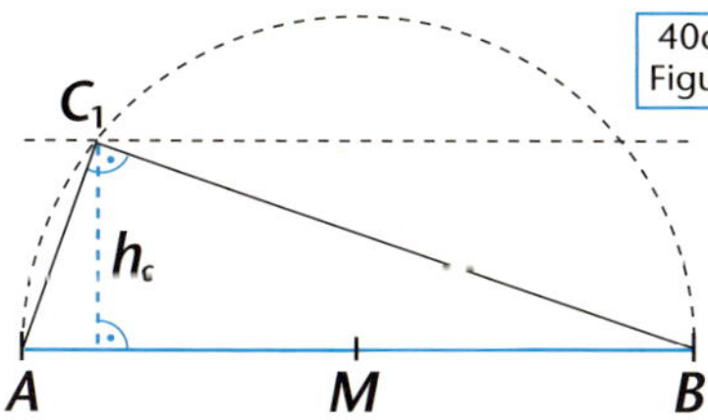

Lösung 2

40e Figur

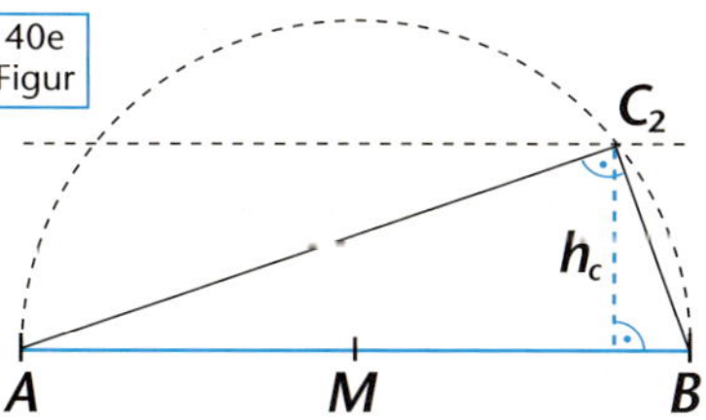

Beide Lösungen sind richtig!

Beide Lösungen sind absolut gleichberechtigt und es wird noch häufiger vorkommen, dass zwei oder mehr Lösungen eine Aufgabenstellung erfüllen!

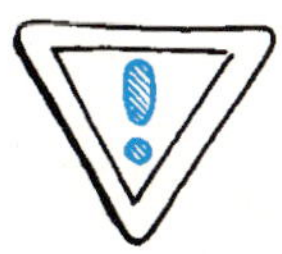

Aufgaben

A7 Konstruiere im Zeichnungsteil (Figur 42) das $\triangle ABC$ mit $b = 7$ cm, $\beta = 90°$ und $h_b = 3$ cm.

Es gibt *eine* / *zwei* Lösung(en).

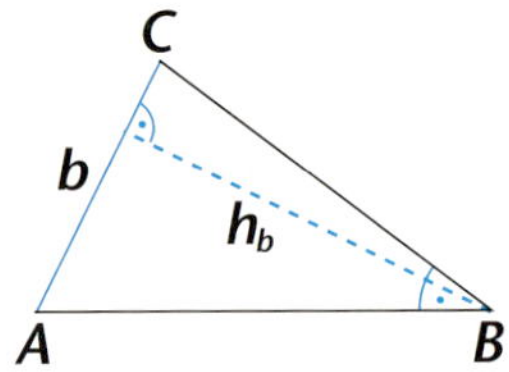

P41 Figur

A8 Konstruiere im Zeichnungsteil (Figur 44) das gleichschenklige $\triangle ABC$ mit $a = b$ und $c = 5$ cm und $\gamma = 90°$. Trage in Figur P43 die Bezeichnungen für die Eckpunkte und die Seiten ein, markiere die gegebenen Stücke farbig und hebe die gleich langen Seiten hervor.

Es gibt *eine* / *zwei* Lösungen.

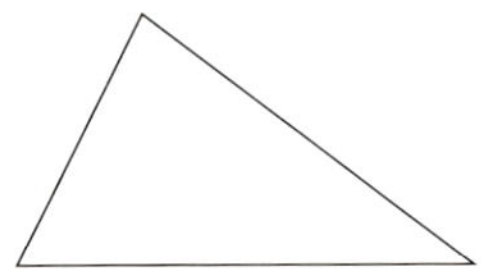

P43 Figur

B

Ortslinien – Ortsbereiche

In diesem Kapitel sollst du Punktmengen finden, deren Elemente gemeinsame Eigenschaften besitzen.

Aus dem Erdkundeunterricht oder von Wanderungen her kennst du vielleicht ähnliche Kartenbilder wie in Figur 45.

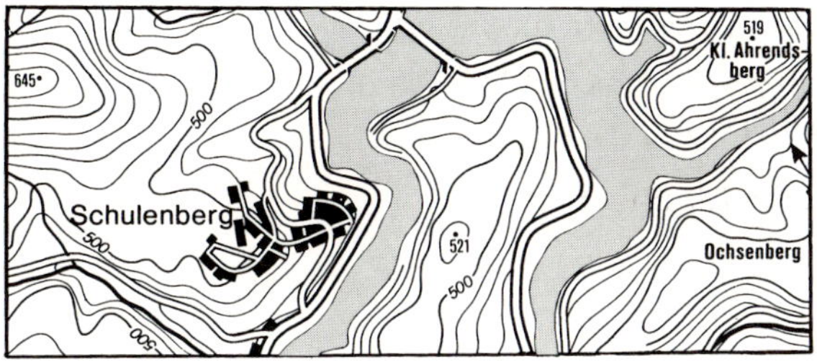

45 Figur

Die eingezeichneten Linien verbinden jeweils solche Punkte miteinander, die auf gleicher (Meeres-)Höhe liegen.

Im Fernsehen oder in Zeitungen hast du sicher auch schon solche Wetterkarten gesehen:

Die blau eingezeichneten Linien heißen „Isothermen"; sie verbinden die Orte, die zu einem bestimmten Zeitpunkt die gleiche Temperatur hatten. (Im Wetterbericht heißt es dann oft: „Kühle Meeresluft überquert …")

Die schwarzen Linien heißen „Isobaren"; sie verbinden die Orte, die zu einem bestimmten Zeitpunkt den gleichen Luftdruck hatten. („Das Hochdruckgebiet über Griechenland verlagert seine Front …")

Die Linien verbinden also Orte mit einer bestimmten Eigenschaft.

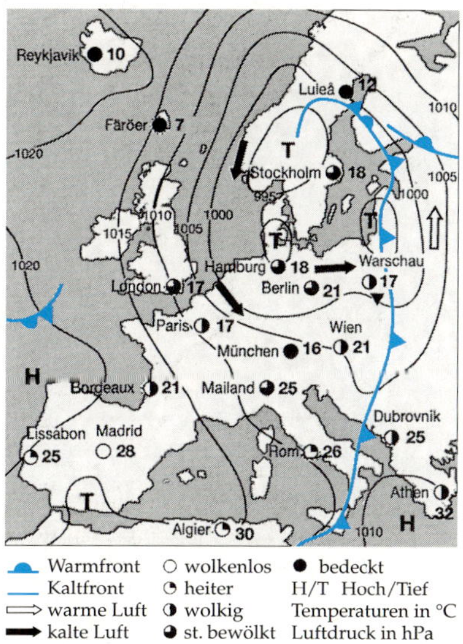

46 Figur

Auch in der Geometrie stellt sich die Frage, wo Punkte liegen, die eine bestimmte Eigenschaft gemeinsam haben.

1. Mittelparallele

Frage

Wo liegen alle Punkte, die von zwei gegebenen Parallelen *jeweils gleich weit entfernt* sind?

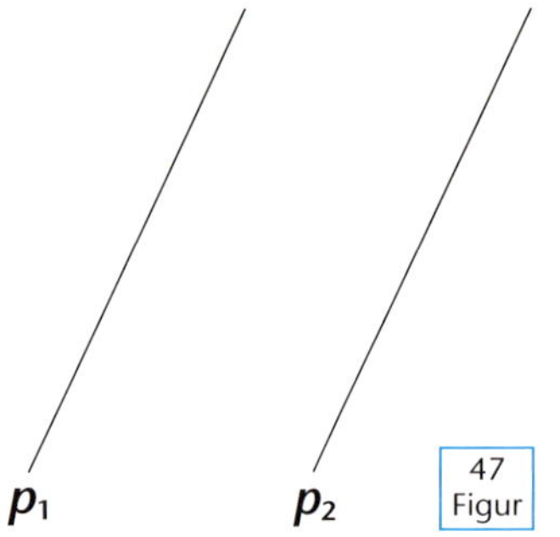

47
Figur

Antwort

Die gesuchten Punkte liegen in der .... zwischen p_1 und p_2.

Zeichne – frei Hand – die gesuchte Punktemenge in die Figur 47 ein.

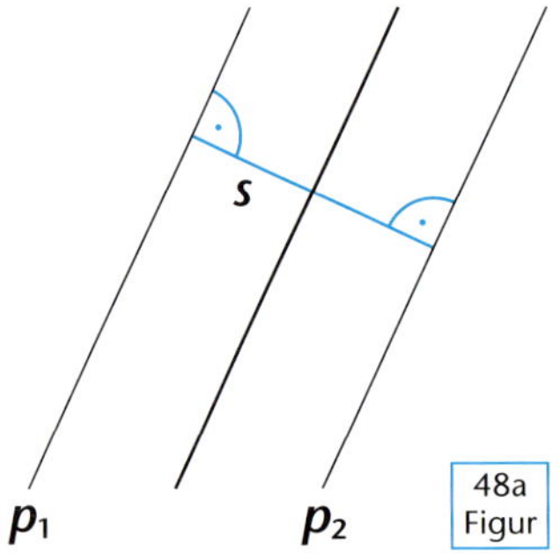

48a
Figur

Wenn wir den Abstand zwischen p_1 und p_2 mit s bezeichnen, so gilt:
Die gesuchten Punkte haben von p_1 und p_2 den Abstand $\frac{s}{\ldots\ldots}$!

Zeichnung

Zeichne von zwei beliebigen Punkten A_1 und B_1 auf der Geraden p_1 das Lot auf p_2.

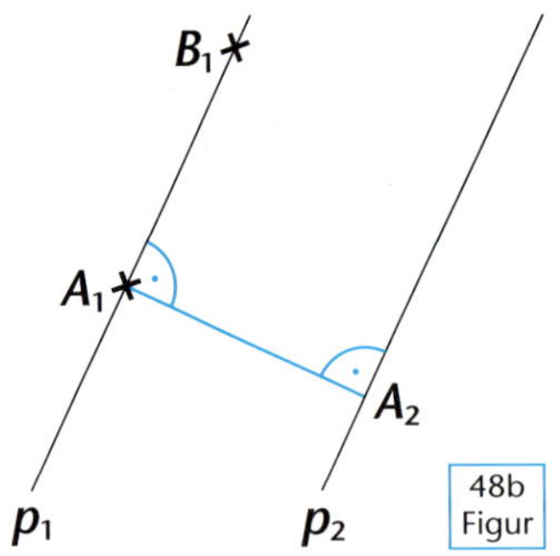

48b
Figur

➡ Ergänze die Strecke $[B_1B_2]$ mit dem Geodreieck.

(Wie man die Strecke *konstruiert*, kannst du in Abschnitt C 3 in Band 625 nachlesen.)

Halbiere die gezeichneten Strecken $[A_1A_2]$ und $[B_1B_2]$.

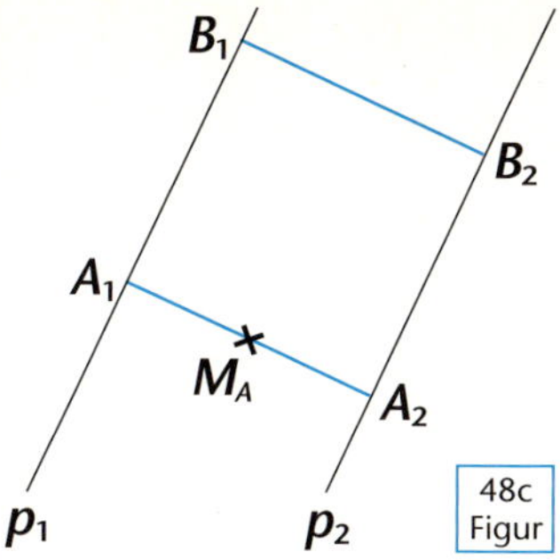

48c
Figur

➡ Ergänze den Mittelpunkt M_B der Strecke $[B_1B_2]$.

(Wie man den Mittelpunkt *konstruiert,* kannst du in Abschnitt C 1 von Band 625 nachlesen.)

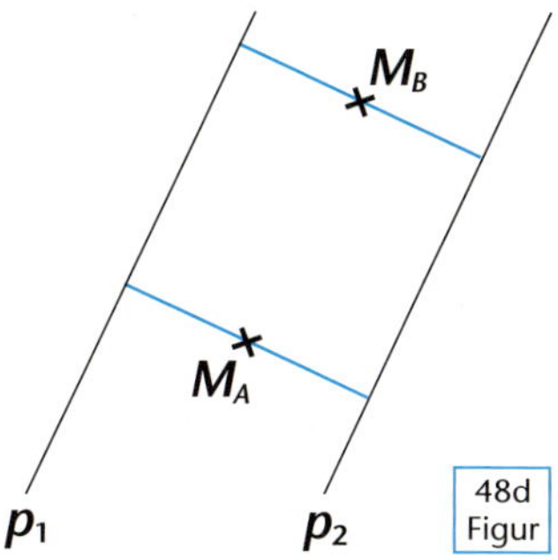

48d
Figur

➡ Zeichne (mit Farbe) die Gerade durch die Punkte M_A und M_B.

Aufgabe B1

Zeichne in Figur 49 (Zeichnungsteil) die Mittelparallele zu den beiden Parallelen p_1 und p_2.

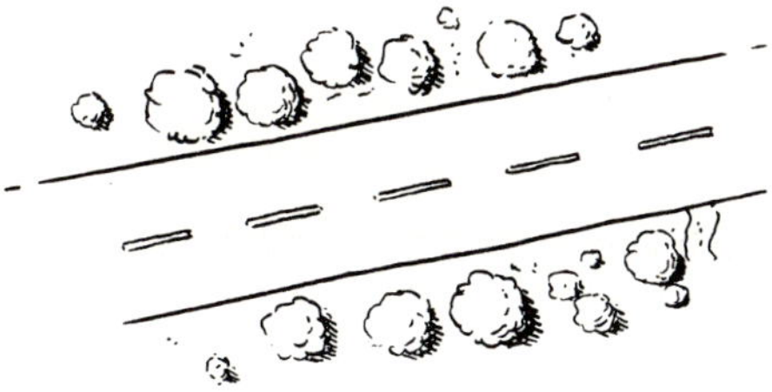

Die Mittelparallele halbiert *jede* Strecke, deren einer Endpunkt auf p_1 und deren anderer Endpunkt auf p_2 liegt.

(Auf den Beweis verzichten wir hier.)

Es gilt:

$\overline{C_1M_C} = \overline{C_2M_C}$

$\overline{D_1M_D} =$ ....

$\overline{E_1M_E} =$ ....

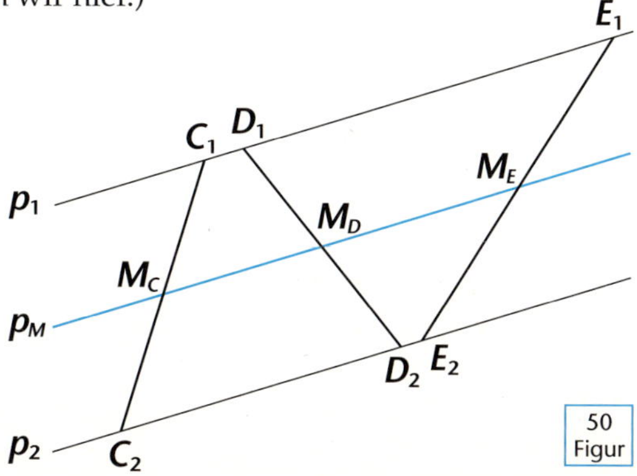

50
Figur

Als Anwendungsbeispiel für Mittelparallelen lernst du hier die Lösung einer häufig gestellten Aufgabe kennen:

Streckenteilung

Eine vorgegebene Strecke soll in eine ebenfalls vorgegebene Anzahl von gleich langen Strecken unterteilt werden. (Bisher kennen wir ja nur die Streckenhalbierung bzw. die Unterteilung in vier, acht usw. gleiche Teile, wenn die Streckenhalbierung mehrfach durchgeführt wird.)

Beispiel Teile die Strecke $[AB]$ in fünf gleiche Abschnitte.

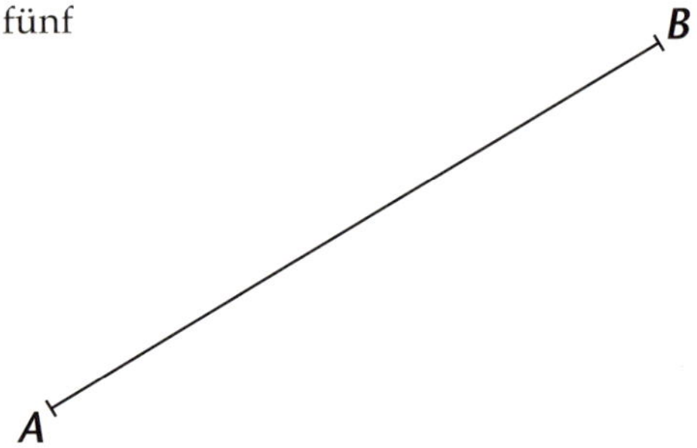

51a Figur

Anleitung

Zeichne eine Halbgerade h, die in A beginnt, und trage von dort beginnend fünf gleich große Strecken hintereinander auf h ab. (Bei unterlegtem Karomuster ist dies besonders einfach, wenn A auf einem Karopunkt liegt. Ohne Karomuster erhältst du eine vergleichbare Genauigkeit, wenn du die Hilfspunkte mit dem Zirkel anträgst.)

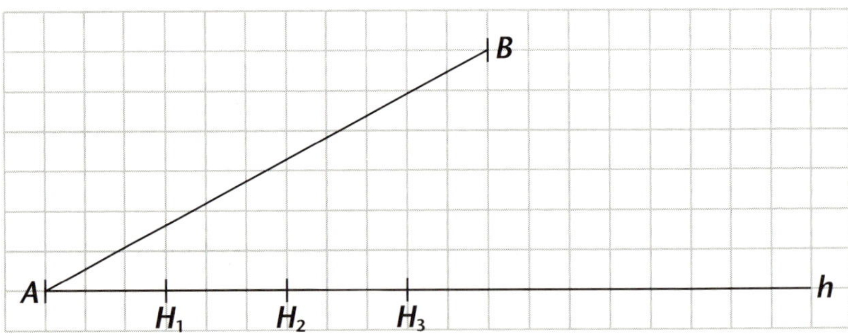

51b Figur

➡ Ergänze die Hilfspunkte H_4 und H_5 in Figur 51b.

Verbinde nun H_5 mit B und ziehe je eine Parallele zu BH_5 durch H_4, H_3, H_2 und H_1.

➡ Nenne die auf AB entstehenden Schnittpunkte X_4, X_3, X_2 und X_1.

Deine fertige Figur sieht (verkleinert) so aus:

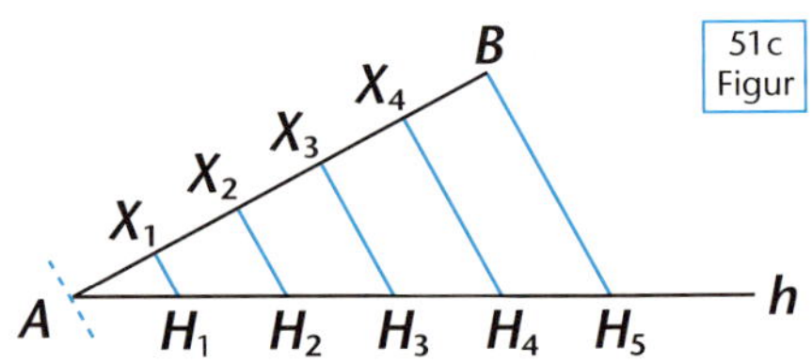

51c Figur

(Auf den Beweis dieser Konstruktion, der sich auf die vorher kennen gelernten Sätze stützt, verzichten wir hier.)

Teile die Strecke [*PQ*] aus Figur 52 im Zeichnungsteil in sieben gleiche Abschnitte.

Aufgabe B2

2. Parallelenpaar

Frage

Wo liegen alle Punkte, die von der Geraden *g* denselben Abstand *s* = 2 cm haben?

Antwort

Die gesuchten Punkte liegen auf *der Geraden / den beiden Geraden*, die im Abstand *s* = ... parallel zu *g* *verläuft / verlaufen.*

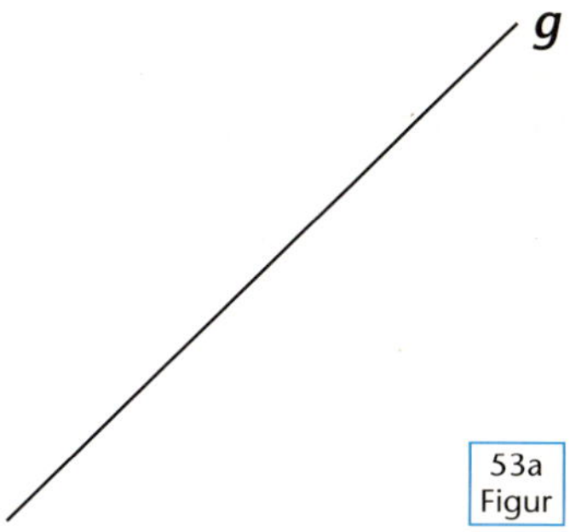

53a Figur

Zeichnung

Markiere in Figur 53c (mithilfe des Geodreiecks) im Abstand *d* = 2 cm auf beiden Seiten der Geraden *g* je einen Punkt *A* und *B*.

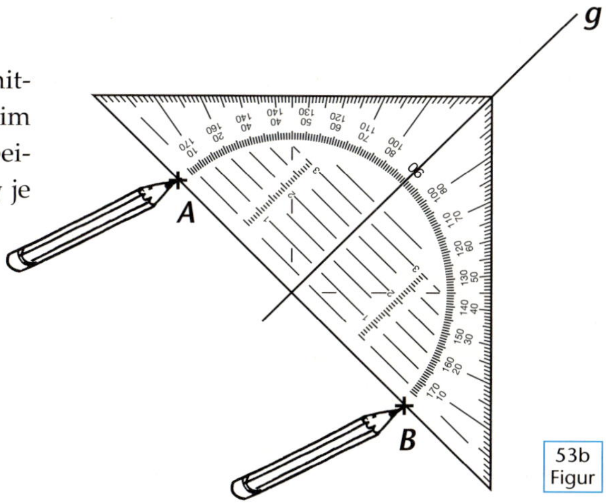

53b Figur

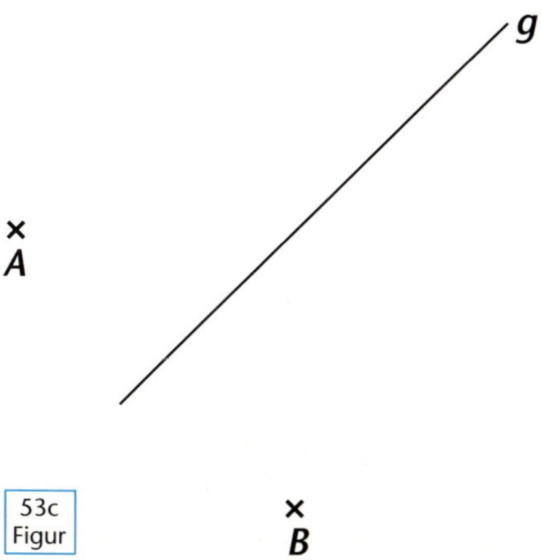

53c Figur

Markiere auf beiden Seiten je einen weiteren Punkt (*C* und *D*) mit 2 cm Abstand von *g*.

Zeichne (mit Farbe) die beiden zu *g* parallelen Geraden *AC* und *BD* ein.

Aufgaben

B3 Zeichne $\{P \mid d(P; g) = 1{,}5 \text{ cm}\}$.
Lies: *Zeichne die Menge aller Punkte P mit der Eigenschaft Abstand von P zu g gleich 1,5 cm.*

54
Figur

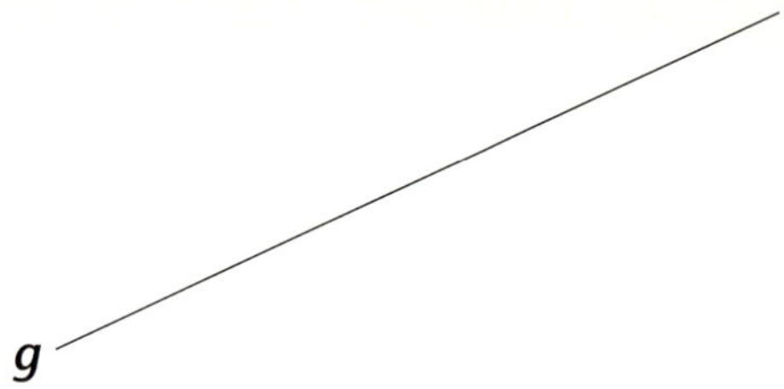

B4 a) Mit der Menge $\{Q \mid d(Q; g) < 1{,}5 \text{ cm}\}$ sind die Punkte gemeint, die von g *weniger / mehr* als 1,5 cm entfernt liegen.

b) Schraffiere in Figur 54 die Menge $\{Q \mid d(Q; g) < 1{,}5 \text{ cm}\}$.

B5 Gegeben seien die beiden Geraden a und b.

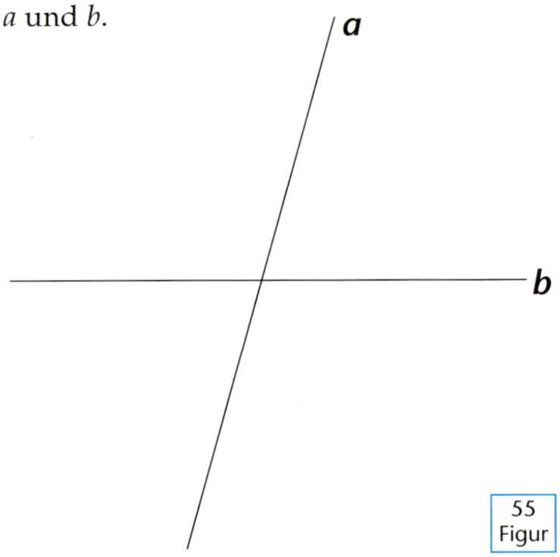

55
Figur

a) Zeichne $\{P \mid d(P; a) = 2 \text{ cm}\}$.

b) Schraffiere mit senkrechten Strichen $\{Q \mid d(Q; a) < 2 \text{ cm}\}$.

c) Zeichne $\{R \mid d(R; b) = 1 \text{ cm}\}$.

d) Schraffiere waagrecht: $\{S \mid d(S; b) < 1 \text{ cm}\}$

e) Das jetzt kariert erscheinende Viereck ist ein ………………………………………….

f) Die Kurzschreibweise für das karierte Gebiet F lautet:

$F = \{Q \mid d(Q; a)$ ……… $2 \text{ cm}\}$ ……… $\{S \mid d(S; b)$ ……… $1 \text{ cm}\}$

B6 In dieser Aufgabe sollst du die Kurzschreibweise für das grau gerasterte Gebiet R finden. (Das Gebiet R dehnt sich nach außen unbegrenzt aus.)

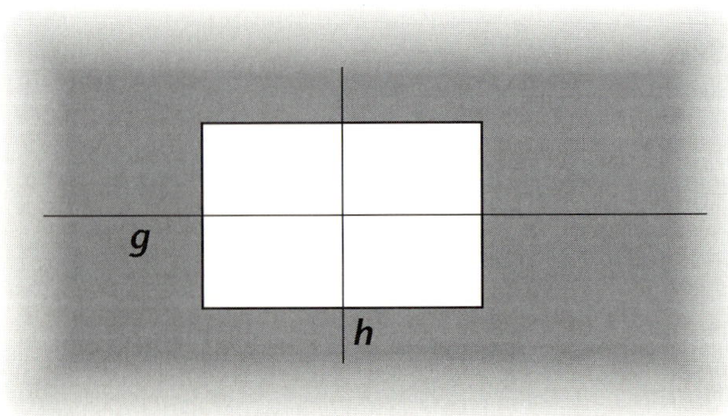

55
Figur

$R = \{P \mid d(P; g)$ ……………………… $\}$ ……… $\{Q \mid$ ………………………………………… $\}$

Die nächsten drei Ortslinien kennst du bereits. Du sollst die Zwischenüberschriften nach Beantwortung der Frage selbst ergänzen.

3. ....

Frage

Wo liegen alle Punkte, die von den beiden Punkten A und B gleich weit entfernt sind?

× B

Hinweis: Markiere einige solcher Punkte, dann erkennst du sicher die Antwort.

Antwort

57 Figur

Die gesuchten Punkte liegen auf der .... senkrechten zu $[AB]$.

× A

Trage das gefundene Wort vor der Frage als Zwischenüberschrift ein.

Zeichnung

Wie die Zeichnung gemacht wird, solltest du wissen. Falls nicht, kannst du es in Band 625, Abschnitt C 1, nachlesen.

Zeichne in die Figur 58 im Zeichnungsteil die Ortslinie m der Punkte ein, die von den Punkten P und Q gleich weit entfernt sind. Aufgaben B 7

Die Orte A und B liegen in der Nähe einer Bahnstrecke. Sie wollen gemeinsam einen neuen Bahnhof bauen (Figur 59 im Zeichnungsteil). B 8

Bestimme den Standort des Bahnhofs so, dass die Einwohner beider Orte die gleiche Wegstrecke haben.

4. ....

Frage

Wo liegen alle Punkte, die von den beiden (sich schneidenden) Geraden a und b gleich weit entfernt sind?

Hinweis: Markiere einige solcher Punkte, dann findest du sicher die Antwort.

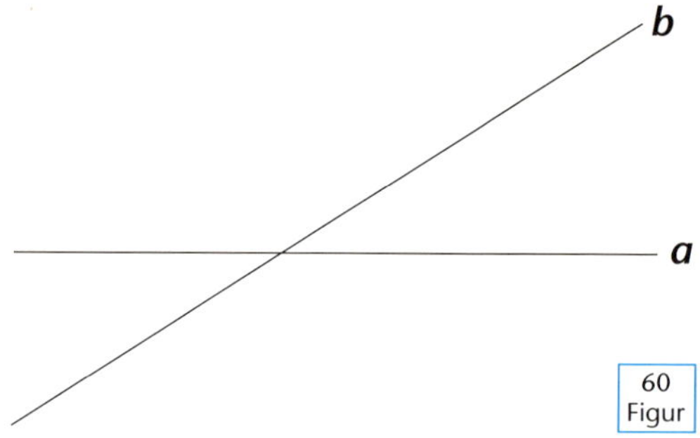

60 Figur

Antwort

Die gesuchten Punkte liegen sowohl auf der Winkel .... des ∢ $(a; b)$ als auch auf der .... des ∢ $(b; a)$.

Trage das gefundene Wort oben als Zwischenüberschrift ein.

Zeichnung

Wie die Zeichnung gemacht wird, solltest du wissen. Falls nicht, kannst du es in Band 625, Abschnitt C 5.2, nachlesen.

Aufgaben

B 9 Zeichne die Ortslinien der Punkte ein, die von den beiden Geraden g und h gleich weit entfernt sind.

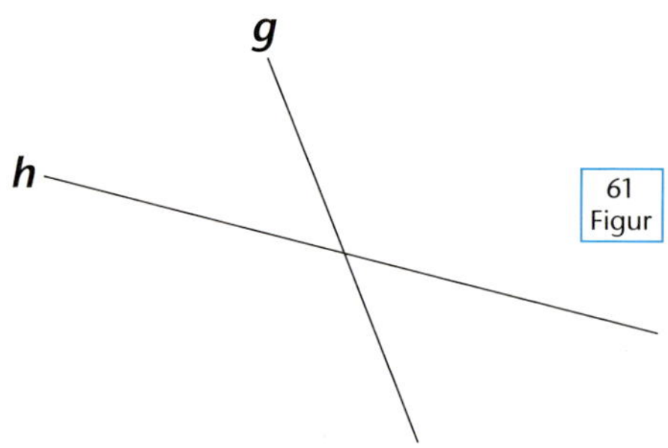

61 Figur

Ergänze folgende Regel:

Die beiden Winkelhalbierenden zweier sich schneidender Geraden stehen immer .... aufeinander.

B 10 Ergänze schrittweise den Beweis für die obige Regel:

∢ $(g; h) =$ ....

∢ $(\ldots; \ldots) = 180° - \varphi$

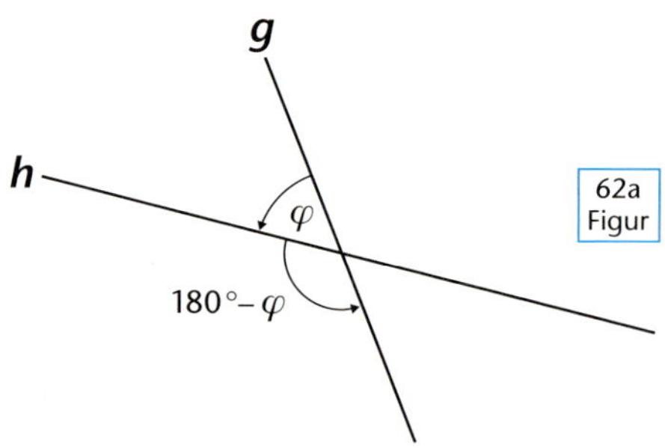

62a Figur

$\sphericalangle\,(g;\ h)$ wird halbiert von der Geraden $w_{(g;\,h)}$:

Winkel I: $\frac{\varphi}{2}$

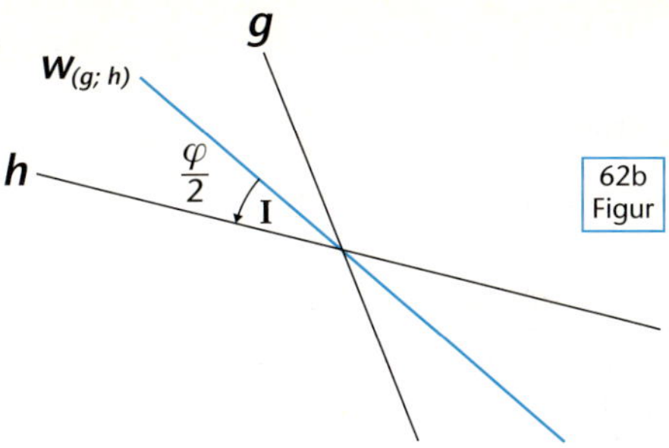

62b Figur

$\sphericalangle\,(h;\ g)$ wird halbiert von der Geraden $w_{(h;\,g)}$:

Winkel II:

$$\frac{180^\circ - \varphi}{2} = \frac{180^\circ}{2} - \frac{\varphi}{2} =$$

$$= \dots\dots\dots - \frac{\varphi}{2}$$

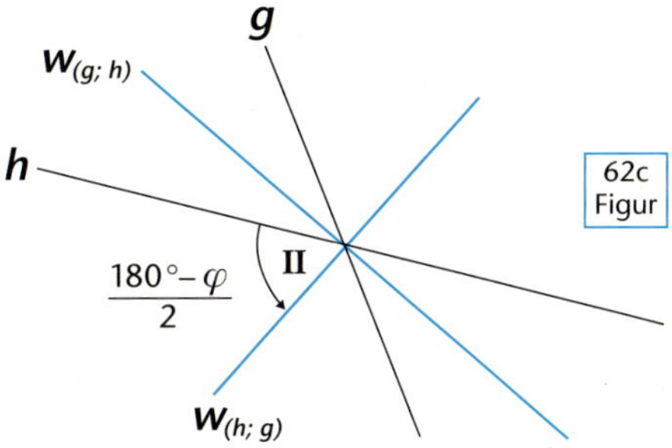

62c Figur

Der Winkel zwischen $w_{(g;\,h)}$ und $w_{(h;\,g)}$ ergibt sich aus der Addition der beiden Teilwinkel I und II:

$$\overset{\text{I}}{\frac{\varphi}{2}} + \overbrace{\dots\dots\dots - \frac{\varphi}{2}}^{\text{II}} = \dots\dots\dots$$

5. ....

Frage

Wo liegen alle Punkte, die von einem Punkt M gleich weit (zum Beispiel 2 cm) entfernt sind?

× M

Hinweis: Markiere wieder einige solcher Punkte.

63 Figur

Antwort

Die gesuchten Punkte liegen auf der ....linie um den Punkt M.

Trage das gefundene Wort vor der Frage als Zwischenüberschrift ein.

Zeichnung

Die Zeichnung dieser Punktemenge wurde schon in Abschnitt A1 von Band 625 beschrieben.

Aufgaben

B 11 Zeichne in Figur 64 im Zeichnungsteil alle Punkte ein, die von M genau 2,5 cm entfernt sind.

B 12 Schraffiere in Figur 64 (Zeichnungsteil) die Menge aller Punkte P, für die gilt: $d(P; M) < 2{,}5$ cm

B 13 Schraffiere in Figur 65 im Zeichnungsteil die Menge: $\{P \mid d(P; M) > 2{,}5 \text{ cm} \wedge d(P; g) < 1 \text{ cm}\}$

B 14 Die Gemeinden der drei Orte A, B und C wollen gemeinsam ein Schwimmbad bauen. Bestimme in der Figur 66 im Zeichnungsteil den Standort S des Schwimmbades so, dass es von A, B und C gleich weit entfernt ist.

Mittelpunktskonstruktion

Falls du die Lösung nicht gleich findest, gehe folgende Schritte:

1 Da das Schwimmbad von A und B gleich weit entfernt sein soll, muss S auf der .... senkrechten von $[AB]$ liegen.

➡ Zeichne die .... zu $[AB]$ ein.

2 Da das Schwimmbad von B und C gleich weit entfernt sein soll, muss S auf der .... von $[BC]$ liegen.

➡ Zeichne die .... zu $[BC]$ ein.

3 Nenne den ....punkt der beiden Mittelsenkrechten S.

Denn nach dem 1. Schritt gilt: $\overline{AS} = \overline{BS}$
und nach dem 2. Schritt gilt: $\overline{BS} = \overline{CS}$
Damit gilt also insgesamt: $\overline{AS} = \overline{BS} = \overline{CS}$

In Worten: Das Schwimmbad ist von allen drei Orten gleich weit entfernt.

Deine Zeichengenauigkeit kannst du so prüfen:

Probe Zeichne auch noch die Mittelsenkrechte zu $[AC]$ ein. Wenn du exakt gezeichnet hast, schneiden sich alle drei Mittelsenkrechten in einem Punkt.

B 15 Zeichne in Figur 66 (Zeichnungsteil) die Kreislinie ein, auf der A, B und C liegen.

Hinweis: Gesucht ist der Mittelpunkt M des Kreises und für M gilt: $\overline{MA} = \overline{MB} = \overline{MC}$ – kommt dir das nicht aus Aufgabe B 14 bekannt vor?

B 16 Zeichne den Kreis k, auf dem die drei Punkte P, Q und R liegen (Figur 67 im Zeichnungsteil).

Aufgabe B 17

Die Motorschiffe Anton und Berta werden von dem Fischerboot Cäsar wegen eines drohenden Maschinenschadens über Funk zu Hilfe gerufen. Die Kapitäne tauschen ihre jeweiligen Positionen aus, die hier zur Vereinfachung als Koordinaten angegeben sind: Antons Position ist $(1 \mid -5)$, Berta befindet sich bei $(5 \mid -3)$ und Cäsars Position ist $(-4 \mid 5)$.

Welchen Punkt im Koordinatensystem steuern alle drei Schiffe an, damit sie jeweils die gleiche Strecke zurücklegen müssen?

a) Konstruiere im Zeichnungsteil den Treffpunkt *T* (Figur 68).

b) Lies die Koordinaten von *T* ab: *T* (........ | ....)

Der Kreis, auf dem die Eckpunkte eines Dreiecks *ABC* liegen, heißt **Umkreis** des Dreiecks.

Der Umkreismittelpunkt *M* ergibt sich als Schnittpunkt der ....-senkrechten zu den Dreiecksseiten.

Für den Radius *r* des Umkreises gilt: $r = \overline{MA} = \overline{MB} = \overline{MC}$

Figur 69

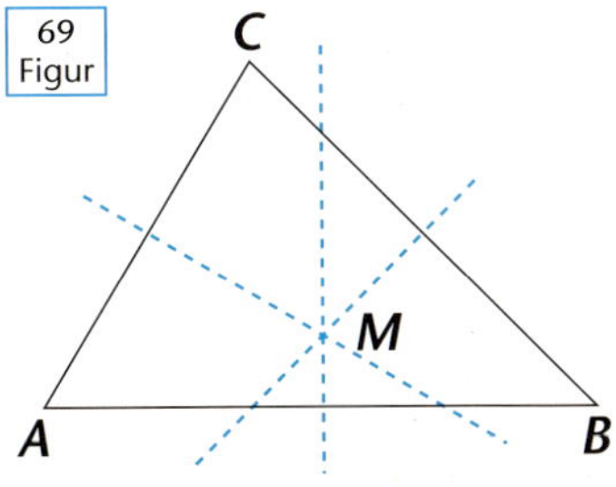

Beispiel

Zeichne den Umkreis des Dreiecks *ABC* und die drei Radien $\overline{MA}$, $\overline{MB}$ und $\overline{MC}$ ein.

Dreiecke

1. Formen und Bezeichnungen

Zu Beginn dieses Kapitels werden wichtige Begriffe zusammengestellt, die wir später benötigen, wenn wir uns mit den Dreiecken und ihren Eigenschaften beschäftigen.

allgemeines Dreieck

Im allgemeinen Dreieck sind sowohl die Längen der drei Seiten a, b und c verschieden als auch die Größen der Winkel α, β und γ.

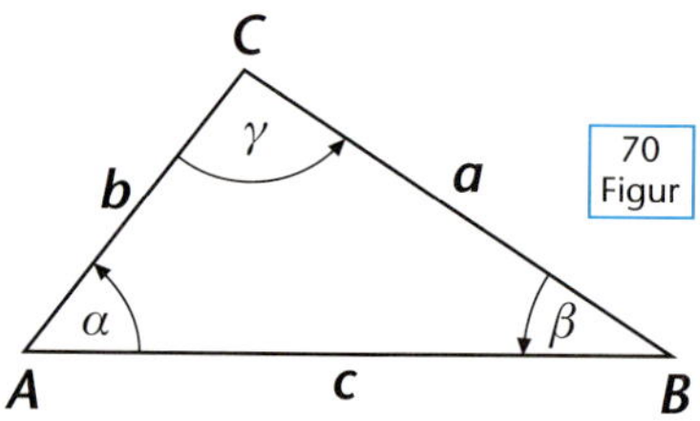

70 Figur

spitzwinkliges Dreieck

Falls jeder der drei Winkel im Dreieck kleiner ist als 90°, so heißt das Dreieck **spitzwinklig.**

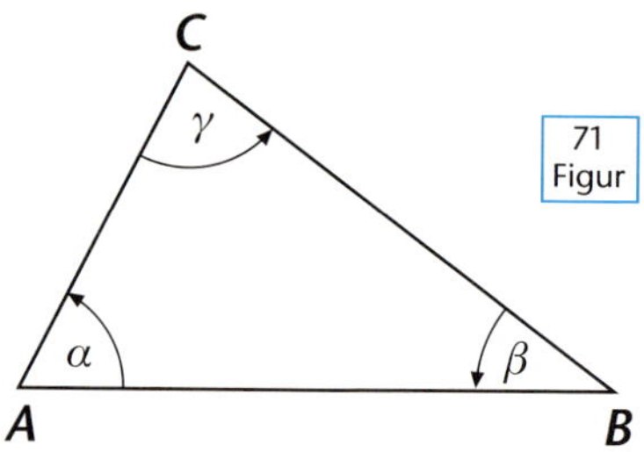

71 Figur

rechtwinkliges Dreieck

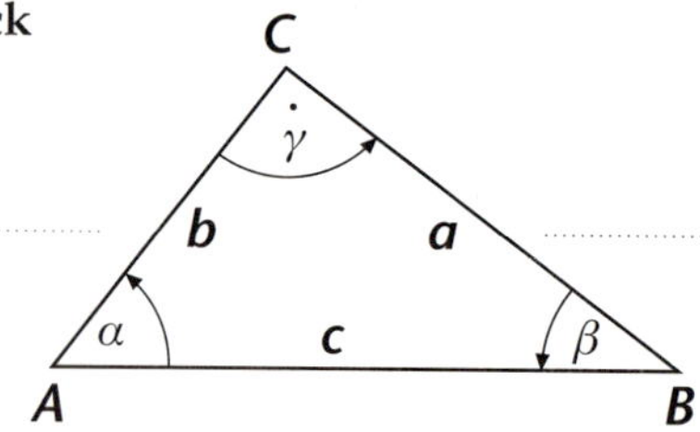

72 Figur

Falls ein Winkel im Dreieck ein rechter Winkel ist (hier $\gamma = 90°$), so heißt das Dreieck **rechtwinklig.** Die Seite, die dem rechten Winkel gegenüberliegt, heißt **Hypotenuse**.

In Figur 72 ist die Hypotenuse die Seite ....

Die beiden anderen Seiten (die den rechten Winkel einschließen) heißen **Katheten**.

In Figur 72 sind dies die Seiten .... und ....

Ergänze die Wörter „Hypotenuse“ und „Kathete“ (2-mal) in Figur 72.

stumpfwinkliges Dreieck

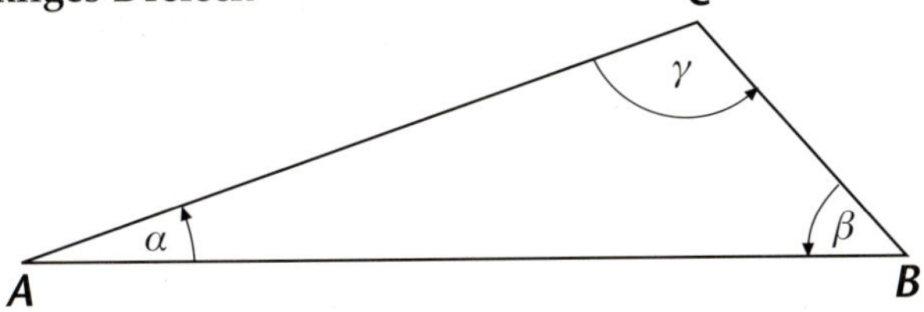

73
Figur

Falls ein Winkel im Dreieck größer ist als 90° (hier γ), so heißt das Dreieck **stumpfwinklig**.

gleichschenkliges Dreieck

Ein Dreieck mit zwei gleich langen Seiten heißt **gleichschenklig**.

74
Figur

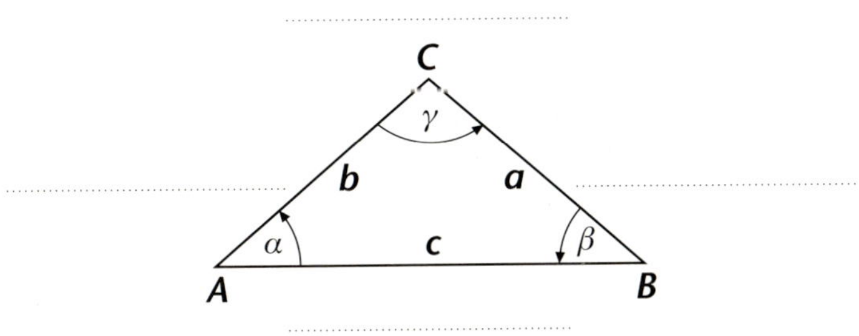

Damit sind auch zwei Winkel gleich groß: Wenn für die Seiten $a = b$ gilt, dann gilt für die Winkel .... = ...

Die beiden gleich langen Seiten heißen **Schenkel**; die dritte Seite heißt **Basis**. Der Eckpunkt gegenüber der Basis heißt **Spitze** des Dreiecks.

Ergänze Basis, Schenkel (2-mal) und Spitze in der Zeichnung.

- Das gleichschenklige Dreieck besitzt eine Symmetrieachse. Zeichne die Symmetrieachse in Figur 74 mit Farbe ein.

Die Symmetrieachse halbiert *die Schenkel / die Basis* und den Winkel an der ....

gleichseitiges Dreieck

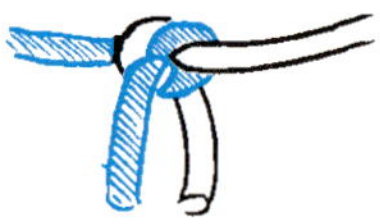

Falls alle drei Seiten im Dreieck gleich lang sind, heißt das Dreieck **gleichseitig**.

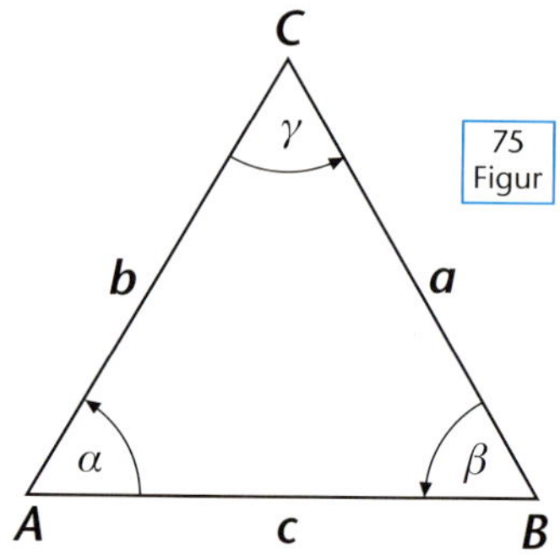

75 Figur

Damit sind auch alle Winkel ....

....

Es gilt: $\alpha = \beta = \gamma =$ .... °

- Das gleichseitige Dreieck hat .... Symmetrieachsen.

Zeichne die Symmetrieachsen mit Farbe ein. Falls du exakt gezeichnet hast, erkennst du, dass sich die drei Symmetrieachsen in .... Punkt schneiden.

2. Größenzusammenhänge

Bei den folgenden Aufgaben geht es um die Konstruktion von Dreiecken, wobei jeweils alle drei Seiten des Dreiecks gegeben sind. Als Planfigur kann dabei jedes beliebiges Dreieck dienen, wenn du die Bezeichnungen der Punkte und der Seiten (vergleiche zum Beispiel Figur 70) eingetragen hast.
Mit welcher Seite du bei der Konstruktion beginnst, ist gleichgültig; in jedem Fall legst du damit bereits zwei Punkte fest. Um die Lage des dritten Punktes zu bestimmen, musst du jeweils zwei Kreise schlagen.

Wenn sich die Kreise schneiden, so gibt es zwei Schnittpunkte; da die alphabetische Reihenfolge der Eckpunkte immer gegen den Uhrzeigersinn geht, gilt von diesen beiden Schnittpunkten immer nur derjenige, der die „richtige" Lage hat. Deshalb musst du auch nicht jeweils die vollständigen Kreise zeichnen – es genügen die Kreisbögen, die den gesuchten Punkt festlegen.

Überlege und ergänze:

- Wenn c gezeichnet ist, liegen die Punkte .... und .... fest.

  Um den fehlenden Punkt .... zu finden, musst du um A einen Kreis mit dem Radius .... und um den Punkt B einen Kreis mit dem Radius .... schlagen. Den fehlenden Punkt findest du als Schnittpunkt der beiden Kreise.

- Wenn a gezeichnet ist, liegen die Punkte .... und .... fest.

  Um den fehlenden Punkt .... zu finden, musst du um B einen Kreis mit dem Radius .... und um den Punkt C einen Kreis mit dem Radius .... schlagen. Den fehlenden Punkt findest du als Schnittpunkt der beiden Kreise.

- Wenn b gezeichnet ist, liegen die Punkte .... und .... fest.

  Um den fehlenden Punkt .... zu finden, musst du um A einen Kreis mit dem Radius .... und um den Punkt C einen Kreis mit dem Radius .... schlagen. Den fehlenden Punkt findest du als Schnittpunkt der beiden Kreise.

Konstruiere im Zeichnungsteil – wenn möglich – folgende Dreiecke mit den gegebenen Seiten:

Aufgaben

C 1 $a = 5$ cm, $b = 3$ cm, $c = 6$ cm (Figur 76)

C 2 $a = 2{,}5$ cm $b = 5$ cm, $c = 3{,}5$ cm (Figur 77)

C 3 $a = 3$ cm, $b = 2$ cm, $c = 6$ cm (Figur 78)

C 4 $a = 2{,}5$ cm, $b = 6{,}5$ cm, $c = 3{,}5$ cm (Figur 79)

Was ist dir aufgefallen? – Die beiden ersten Dreiecke lassen sich konstruieren, nicht aber die beiden nächsten!

Bei C 3 wirst du sagen:
„Die Seite b ist zu *lang* / *kurz* bzw. die Seite a ist zu ...."

Bei C4 wirst du sagen:
„Die Seite b ist zu *lang* / *kurz* bzw. die Seite a ist zu ...."

In der Geometrie gilt das Axiom:

„Die Strecke ist die kürzeste Verbindung zwischen zwei Punkten."

Für Dreiecke folgt aus dem Axiom von Seite 41 der Satz:

Zwei Dreieckseiten sind zusammen immer länger als die dritte Seite.

80 Figur

Dreiecks-ungleichung

$a + b > c$; .... $> a$; .... $> b$

Bei C 3 hatte sich beim Konstruktionsversuch ergeben:

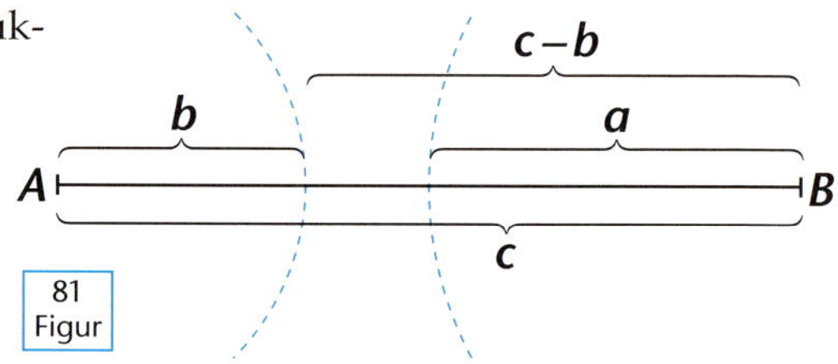

81 Figur

Man erhält keinen Schnittpunkt der Kreise, weil die Seite a nicht länger war als die Differenz der Seiten c und b. Aus der Zeichnung siehst du, dass nur dann ein Schnittpunkt existieren kann, wenn gilt:

Jede Dreieckseite ist länger als die Differenz der beiden anderen.

In Aufgabe C 1 gilt diese Regel: $a > c - b$; $b >$ ....; $c >$ ....

Aufgaben

Miss nun die Dreieckswinkel der Aufgaben C 1 und C 2 nach und trage hier deine Messergebnisse unter den entsprechenden Seitenlängen ein:

C 5 $a = 5$ cm; $b = 3$ cm; $c = 6$ cm

$\alpha \approx$ ....; $\beta \approx$ ....; $\gamma \approx$ ....

C 6 $a = 2{,}5$ cm; $b = 5$ cm; $c = 3{,}5$ cm

$\alpha \approx$ ....; $\beta \approx$ ....; $\gamma \approx$ ....

Diese Beispiele legen einen Satz nahe, dessen Allgemeingültigkeit wir noch beweisen müssen:

In jedem Dreieck liegt der größeren Seite auch der größere Winkel gegenüber.

Konstruiere das $\triangle ABC$ mit $a = 6$ cm, $b = 4$ cm, $c = 5$ cm und trage dort α und β ein.

Beweis

82a Figur

Für unseren Fall gilt: $a > b$. Und zum Beweis des Satzes müssen wir zeigen, dass damit auch gilt: $\alpha > \beta$

Trage von C aus auf $[CB]$ die Strecke b ab und nenne den neuen Punkt D; damit gilt: $\overline{CA} = \overline{CD}$

Zeichne gestrichelt die Winkelhalbierende des Winkels γ und nenne den Punkt, wo sie $[AB]$ schneidet, E.

Verbinde D und E. Bezeichne alle Punkte, Strecken und Winkel.

Deine Figur sollte damit verkleinert so aussehen:

82b Figur

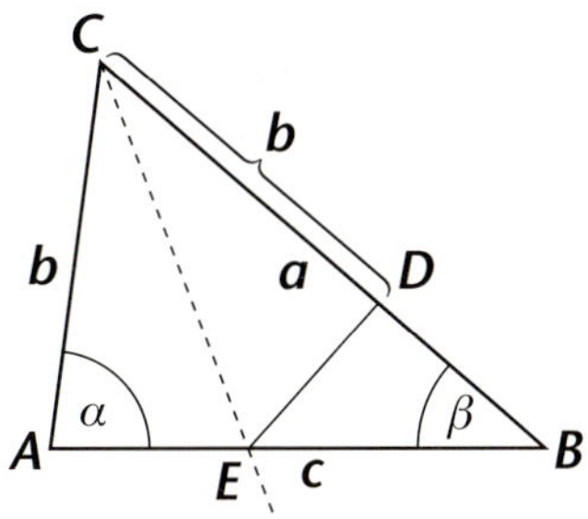

- Das Viereck $AEDC$ ist ein *Parallelogramm / Drachenviereck*, weil jeweils zwei benachbarte Seiten gleich lang sind.
- Das Viereck $AEDC$ hat die Symmetrieachse CE / AD.
- Deshalb tritt der Winkel α nochmals beim Punkt .... auf.
- Im $\triangle EBD$ ist dieser Winkel Außenwinkel und deshalb genauso groß wie die Summe der nicht anliegenden Innenwinkel (vgl. Seite 17); also:

  $\alpha = \beta + \sphericalangle BED \quad \Rightarrow \alpha > \beta$

Damit haben wir gezeigt, dass für $a > b$ auch gilt: $\alpha > \beta$. Das heißt, der größeren Seite zweier Dreiecksseiten liegt der größere Winkel gegenüber.

Auch die Umkehrung dieses Satzes gilt:

In jedem Dreieck liegt dem größeren Winkel auch die größere Seite gegenüber.

Dass diese Umkehrung des vorherigen Satzes nicht „automatisch“ richtig ist, will ich dir an einem Beispiel klar machen.

Satz

Alle Einwohner Frankfurts wohnen in Europa! *richtig / falsch*

Umkehrung

Alle Einwohner Europas wohnen in Frankfurt! *richtig / falsch*

Jede Umkehrung eines mathematischen Satzes muss bewiesen werden!

Zurück zu dem noch nicht bewiesenen Satz, dass in jedem Dreieck dem größeren Winkel auch die größere Seite gegenüberliegt:

Beweis

Zeichne das $\triangle ABC$ mit $c = 6$ cm, $\alpha = 70°$, $\beta = 40°$.

83 Figur

Für unseren Fall gilt: $\alpha > \beta$; und zum Beweis des Satzes müssen wir zeigen, dass damit auch gilt: $a > b$!

Trage den Winkel $\beta = 40°$ mit dem Scheitel in A und dem ersten Schenkel $[AB]$ an und nenne den Schnittpunkt der Strecke $[CB]$ mit dem zweiten Schenkel des Winkels D. Bezeichne alle Strecken, Punkte und Winkel.

Zur Sicherheit solltest du dich im Lösungsteil vergewissern, dass du Figur 83 richtig ergänzt hast.

Ein Winkel taucht auf

- Da im $\triangle ABD$ der Winkel β zweimal auftaucht, ist dies ein …… Dreieck mit $\overline{BD} =$ …….
- Die Seite $a = \overline{BC}$ lässt sich zusammensetzen: $a = \overline{BD} +$ ……. Mit $\overline{BD} = \overline{AD}$ gilt: $a = \overline{AD} +$ ……
- Im $\triangle ADC$ gilt nun der Satz, dass zwei Dreiecksseiten zusammen länger sind als die dritte:

$$\underbrace{\overline{AD} + \overline{DC}}_{a} > \overline{AC} \quad \text{bzw.} \quad \ldots\ldots$$

Genau dies wollten wir zeigen!

3. Linien im Dreieck

In diesem Kapitel sind vier Linienarten im Dreieck zusammengestellt, die jeweils eine besondere Eigenschaft haben.

Bei diesen vier Linienarten handelt es sich um die **Mittelsenkrechten** (die Mittelsenkrechte steht senkrecht auf einer Strecke und halbiert diese), um die **Winkelhalbierenden** (die Winkelhalbierende geht durch den Scheitel eines Winkels und halbiert diesen), um die **Seitenhalbierenden** (die Seitenhalbierende geht von einem Eckpunkt zum Mittelpunkt der gegenüberliegenden Seite) sowie um die **Dreieckshöhen** (die Dreieckshöhe ist das Lot von einem Eckpunkt auf die gegenüberliegende Seite bzw. deren Verlängerung).

3.1 Mittelsenkrechte, Umkreis des Dreiecks

Der Umkreis ist hier eine Wiederholung, du hast ihn schon in Abschnitt B 5 kennen gelernt. Zeichne in Figur 84 nochmals die drei Mittelsenkrechten zu den Seiten *a*, *b* und *c* sowie den Umkreis des Dreiecks ein; nenne den Umkreismittelpunkt *U*.

84 Figur

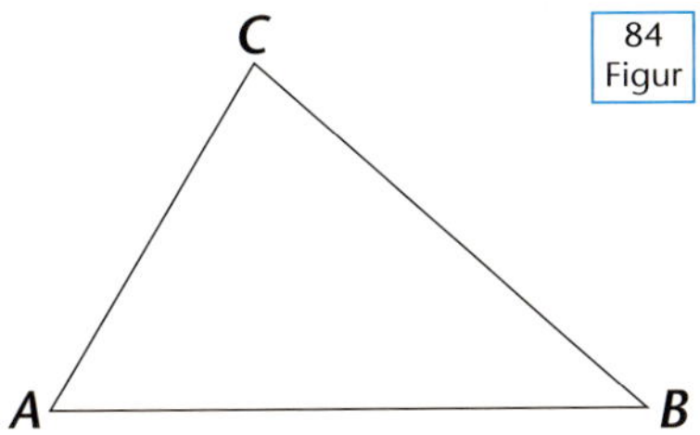

Aufgaben

Bestimme bei den Aufgaben C 7 und C 8 jeweils den Umkreismittelpunkt *U* und zeichne jeweils den Umkreis um das $\triangle ABC$.

C 7

Zu dieser Aufgabe findest du im Zeichnungsteil die Figur 85.

Hinweis: *U* liegt außerhalb des $\triangle ABC$.

C 8

a)

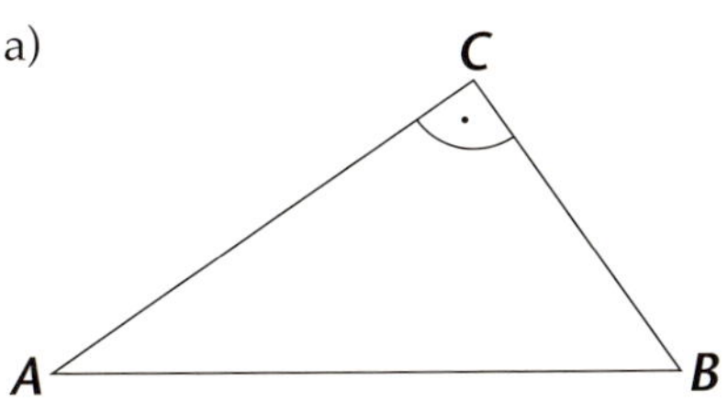

86 Figur

b) Da dies ein .... Dreieck ist, ist *U* auch Mittelpunkt von [*AB*]; der Kreis ist also .... kreis zu [*AB*].

3.2 Winkelhalbierende, Inkreis des Dreiecks

Zeichne im folgenden Dreieck mit gestrichelten Linien exakt die Winkelhalbierenden von α, β und γ ein; sie werden mit w_α, w_β und w_γ bezeichnet.

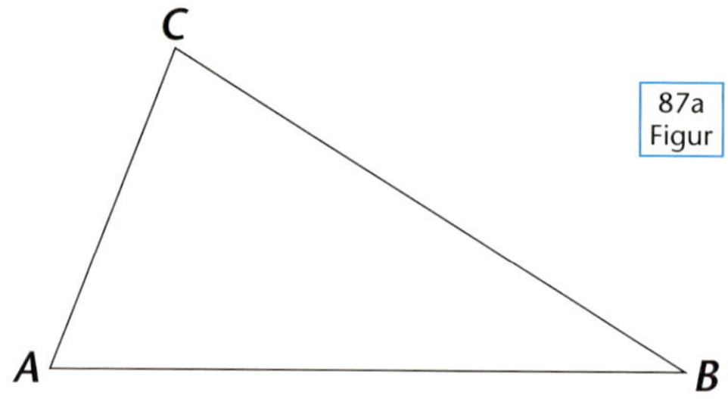

87a Figur

Wie du sicher festgestellt hast, schneiden sich alle drei Winkelhalbierenden in .... Punkt. Nenne diesen Punkt I.

Ergänze anhand von Kapitel B, Abschnitt 4:

- Da I auf w_α liegt, ist I von AC und .... gleich weit entfernt. Dies muss damit natürlich auch für die Abstände von I zu den Dreiecksseiten gelten: $d\,(I;\,AC) = d\,(I;\,$.................$)$

Abstand

(Erinnere dich: Unter „Abstand" versteht man immer die senkrechten Strecken von einem Punkt zu einer Geraden. Vergleiche Abschnitt A 4 in Band 625.)

- Da I auf w_β liegt, ist I von AB und .... gleich weit entfernt bzw. $d\,(I;\,AB) = d\,(I;\,$.................$)$.

Wenn du die zwei Gleichungen in einer Kette schreibst:

$$d\,(I;\,AC) = d\,(I;\,AB) = d\,(I;\,BC),$$

erkennst du, dass I von allen drei Seiten des Dreiecks gleich weit entfernt ist. I liegt deshalb auch auf w_γ.

Zeichne nun in Figur 87a noch (mit Farbe) die Abstände von I zu den Seiten des Dreiecks ein.
Stich dann mit dem Zirkel in I ein, nimm einen der drei (gleichen) Abstände in den Zirkel und zeichne den Kreis.

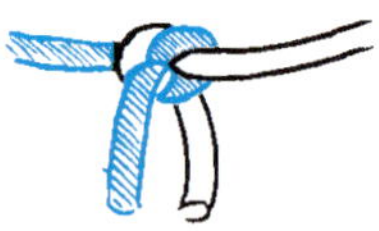

Der Kreis, der ganz im Inneren des Dreiecks liegt und alle Dreiecksseiten berührt, heißt **Inkreis** des Dreiecks.

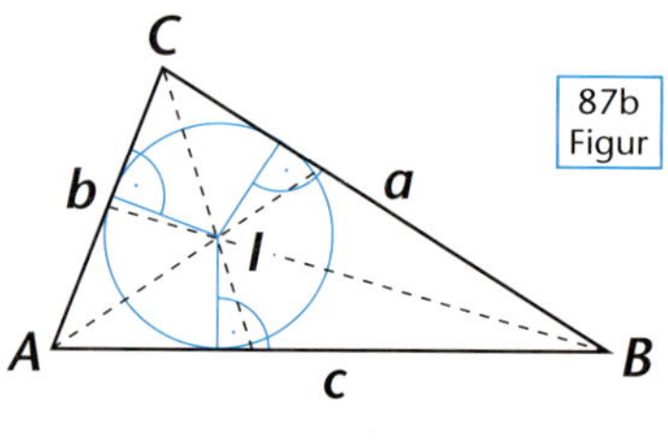

87b Figur

Aufgaben

C9

Bestimme im Zeichnungsteil den Inkreismittelpunkt *I* von Figur 88 und zeichne den Inkreis in das $\triangle ABC$.

C10

Aus einem dreieckigen Stoffrest von 35 cm, 46 cm und 54 cm Seitenlänge soll ein möglichst großer Kreis ausgeschnitten werden. Zeichne das Dreieck im Zeichnungsteil im Maßstab 1 : 10 und ermittle den Radius des herausgeschnittenen Stoffkreises.

r = ... cm.

3.3 Seitenhalbierende, Schwerpunkt des Dreiecks

Zeichne ein Dreieck *ABC* auf Karton, mit $a = 16$ cm, $b = 11$ cm und $c = 15$ cm. Schreibe die Buchstaben für die Eckpunkte ausnahmsweise in das entsprechende Winkelfeld, bevor du das Dreieck ausschneidest.

Markiere die Mittelpunkte der Dreiecksseiten und bezeichne sie: *P* halbiert [*BC*], *Q* halbiert [*AC*] und *R* halbiert [*AB*].

Verbinde folgende Punkte: *A* mit *P*, *B* mit *Q* und *C* mit *R*.

- Wieder stellst du fest, dass sich die Geraden *AP*, *BQ* und *CR* in .... Punkt schneiden. Diese Geraden heißen **Schwerlinien**. Nenne den Schnittpunkt *S*.

Versuche nun das $\triangle ABC$ auf einer Fingerspitze zu balancieren, indem du das Dreieck im Punkt .... unterstützt.

Na – hat es geklappt?

90 Figur

Der Punkt *S* heißt **Schwerpunkt** des Dreiecks.

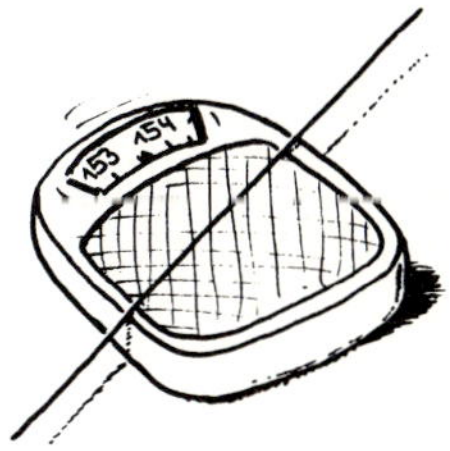

Verkleinert sieht das ausgeschnittene Dreieck *ABC* mit den Schwerlinien so aus:

91 Figur

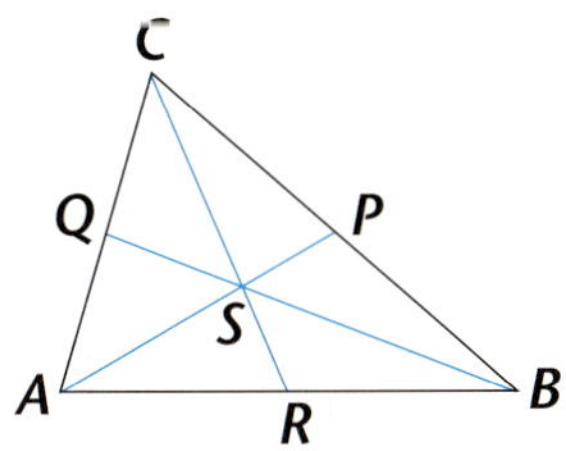

Miss nun folgende Strecken bei dem selbst gemachten Dreieck und trage ihre Längen hier ein:

$\overline{AS}$ = ...; $\overline{BS}$ = ...; $\overline{CS}$ = ...

$\overline{SP}$ = ...; $\overline{SQ}$ = ...; $\overline{SR}$ = ...

➜

Wenn du genau gezeichnet und gemessen hast, kannst du feststellen:

$\overline{AS}$ ist .... so lang wie $\overline{SP}$;

$\overline{BS}$ ist .... so lang wie $\overline{SQ}$;

$\overline{CS}$ ist .... so lang wie $\overline{SR}$.

Diese Besonderheit führt uns zu einer Vermutung, die sich beweisen lässt:

In jedem Dreieck teilt der Schwerpunkt die Schwerlinien im Verhältnis 2:1.

Beweis Wir werden die Gültigkeit dieser Behauptung für die Schwerlinie $\overline{AP}$ nachweisen. Dabei stützen wir uns auf die Voraussetzung, dass die Punkte P, Q und R die entsprechenden Dreiecksseiten halbieren. Wir können also folgende Streckengleichheiten voraussetzen:

$\overline{AR} = \overline{RB}$
$\overline{BP} = \overline{PC}$
$\overline{AQ} = \overline{QC}$

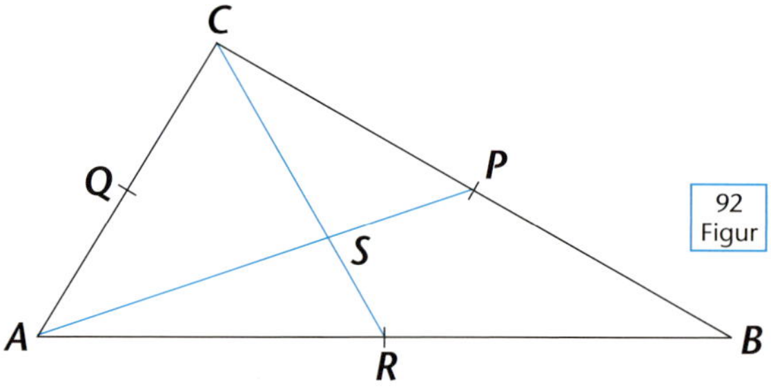

92 Figur

Zeichne in Figur 92 durch Q und P die Parallelen zur Schwerlinie CR gestrichelt ein und nenne die Schnittpunkte mit $[AB]$ U und V.

Aus der Grundkonstruktion zur Streckenteilung (vergleiche Seite 30) wissen wir: Da $CR \parallel QU$ ist, können wir aus der Streckengleichheit $\overline{AQ} = \overline{QC}$ folgern: $\overline{AU} = \overline{UR}$

Entsprechend gilt: Da $CR \parallel PV$ ist, können wir aus der Streckengleichheit $\overline{BP} =$ .... folgern: $\overline{BV} =$ ....

Damit wissen wir, dass $[AB]$ durch die Punkte U, R und V in .... gleiche Teile geteilt wird.

Da $[AP]$ einen Winkel mit $[AV]$ bildet, der von Parallelen geschnitten wird, gilt auch hier das Prinzip der Streckenteilung. Das bedeutet, dass $[AP]$ durch die Parallelen ($QU \parallel CR \parallel PV$) in drei gleiche Teile geteilt wird bzw.:

$\overline{AS} = 2\,\overline{SP}$

Genau das wollten wir beweisen!

Im nächsten Dreieck sind noch einmal die Seitenmittelpunkte P, Q und R eingezeichnet. Wenn du sie miteinander verbindest (mit Farbe), ergibt sich das so genannte **Mittendreieck**.

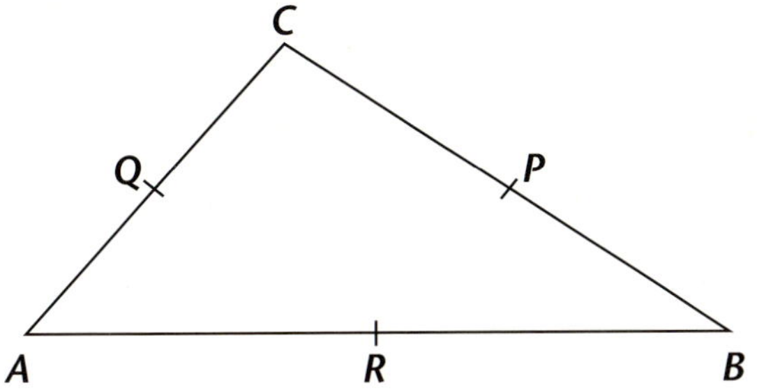

93
Figur

Wenn du die Zeichnung betrachtest und die Längen vergleichst, kannst du sicher die Lücken ergänzen.

Im Mittendreieck gilt: $QP \parallel AB$ und $2 \cdot \overline{QP} = \overline{AB}$
$RP \parallel$ .... und $2 \cdot \overline{RP} =$ ....
$QR \parallel$ .... und $2 \cdot \overline{QR} =$ ....

In Worten:

Die Seiten des Mittendreiecks sind halb so lang wie die entsprechenden Dreiecksseiten und verlaufen parallel zu diesen.

Auf den Beweis dieses Satzes werden wir verzichten.

Aufgaben

C 11 Bestimme zeichnerisch in Figur 94 (Zeichnungsteil) den Schwerpunkt im $\triangle ABC$.

C 12 Zeichne (mit Farbe) das Mittendreieck in das $\triangle ABC$ von Figur 95 im Zeichnungsteile ein.

3.4 Höhen im Dreieck

Wenn man das Lot von einem Eckpunkt auf die gegenüberliegende Dreiecksseite fällt, so heißt die Strecke vom Eckpunkt bis zum Schnittpunkt des Lotes mit der gegenüberliegenden Dreiecksseite die **Höhe** zur Dreiecksseite.

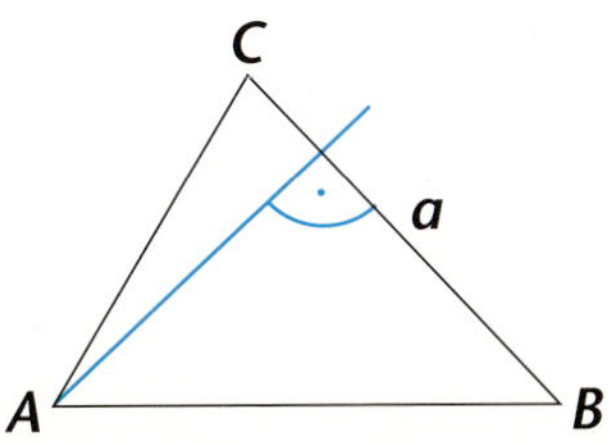

96a
Figur

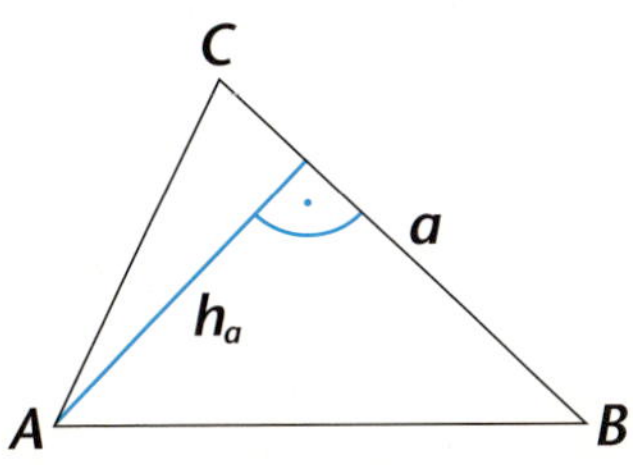

96b
Figur

Da es im Dreieck drei Eckpunkte gibt, hat jedes Dreieck auch drei Höhen.

Mit h_a wird sowohl die Strecke $[AD]$ als auch deren Länge $\overline{AD}$ bezeichnet. Entsprechendes gilt für h_b und h_c.

Zeichne in diesem Dreieck die beiden noch fehlenden Höhen (mit Farbe) ein und bezeichne sie mit h_b und h_c.
Nenne die Schnittpunkte mit den Dreiecksseiten E und F.

97 Figur

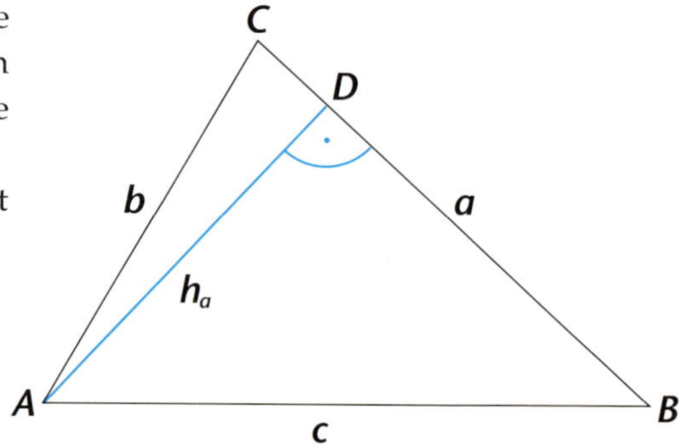

Die Eigenschaft, die du dabei feststellst, lässt sich als allgemein gültiger Satz formulieren und beweisen:

Die drei Geraden, auf denen die Dreieckshöhen liegen, schneiden sich in einem Punkt.

Beweis Der Beweis sei hier nur ganz kurz (mit einer verkleinerten Skizze) angedeutet:

Wenn man durch die Eckpunkte des Dreiecks ABC jeweils die Parallele zur gegenüberliegenden Seite zieht, erscheint das ursprüngliche Dreieck $\triangle ABC$ als Mittendreieck des Dreiecks $\triangle A'B'C'$. In diesem $\triangle A'B'C'$ sind die Geraden AD, BE und CF Mittelsenkrechte und haben deshalb einen gemeinsamen Schnittpunkt (vergleiche Seite 37). Gleichzeitig liegen auf diesen Geraden aber auch die Höhen des Dreiecks ABC – also haben die Dreieckshöhen einen gemeinsamen Punkt.

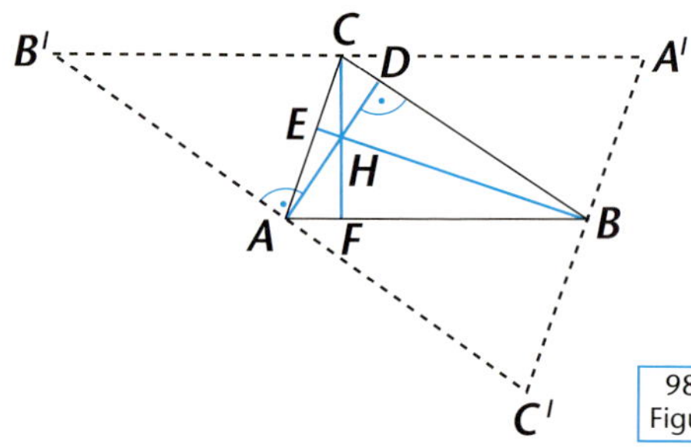

98 Figur

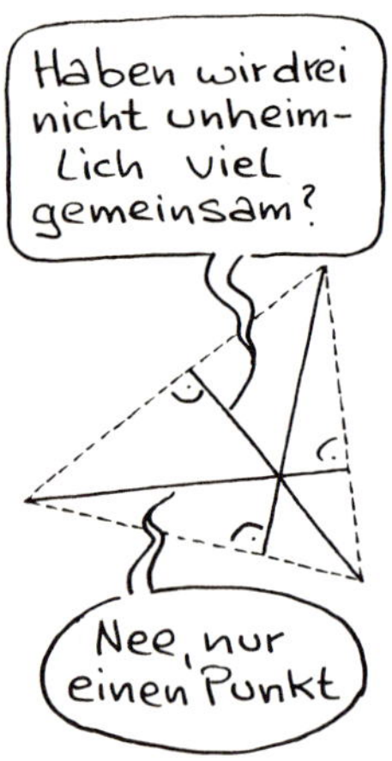

Wie du bei den nächsten Aufgaben sehen wirst, liegt der Schnittpunkt H der Höhengeraden nicht immer innerhalb des Dreiecks.

Aufgaben

Bestimme bei den folgenden drei Aufgaben jeweils den Schnittpunkt *H* der Geraden, auf denen die Dreieckshöhen liegen, miss in den Zeichnungen die Länge der Dreieckshöhen ab und trage sie ein.

C 13

99 Figur

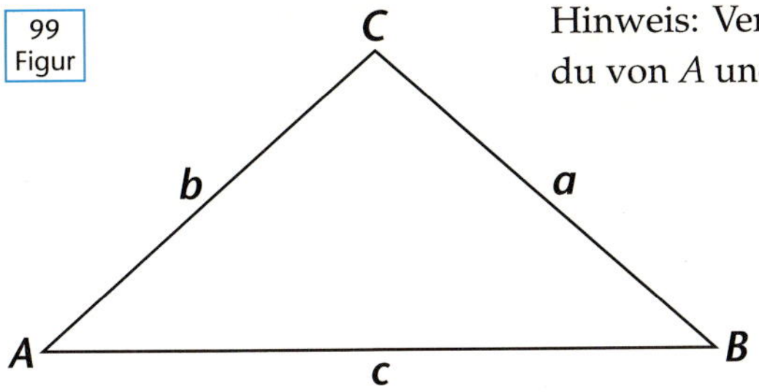

Hinweis: Verlängere [*AC*] und [*BC*], damit du von *A* und *B* aus das Lot fällen kannst.

$h_a =$ .... cm

$h_b =$ .... cm

$h_c =$ .... cm

C 14

Hinweis: Verlängere [*AB*] und [*BC*], damit du von *C* und *A* aus das Lot fällen kannst.

$h_a =$ .... cm

$h_b =$ .... cm

$h_c =$ .... cm

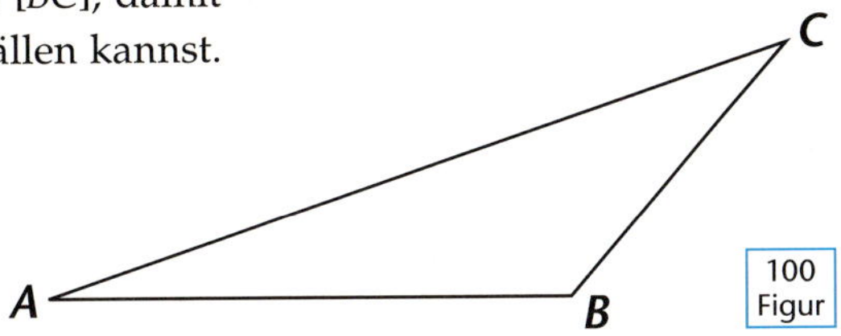

100 Figur

C 15

$h_a =$ .... cm $= a / b / c$

$h_b =$ .... cm $= a / b / c$

$h_c =$ .... cm

101 Figur

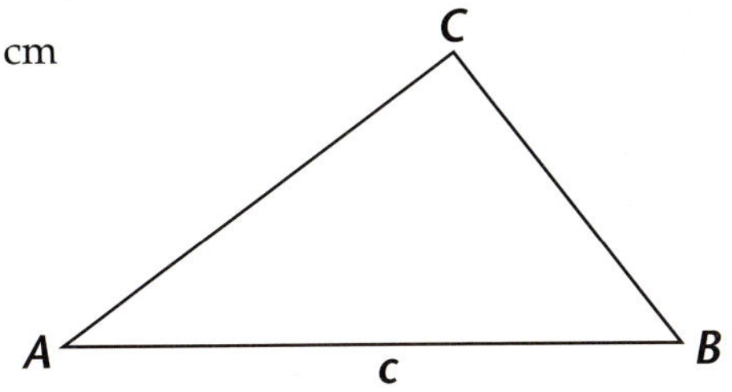

Beachte:
Wenn du die Figuren 99 bis 101 jetzt vergleichst, kannst du drei Fälle unterscheiden:

- Der Höhenschnittpunkt *H* kann innerhalb des Dreiecks liegen.
- Der Höhenschnittpunkt *H* kann außerhalb des Dreiecks liegen.
- Der Höhenschnittpunkt *H* kann mit einem Eckpunkt zusammenfallen.

Und deine Feststellungen bei Aufgabe C 15 gelten natürlich allgemein für jedes rechtwinklige Dreieck:

Im rechtwinkligen Dreieck fallen die Seiten, die den rechten Winkel einschließen, mit den entsprechenden Höhen zusammen.

4. Zusammengesetzte Kongruenzabbildungen

Im Band 1 der Geometrie für die 7./8. Klasse steht in Abschnitt A 6 bereits eine Definition für die Kongruenz von Dreiecken:

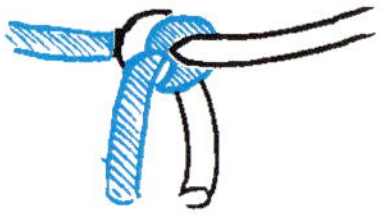

Zwei Dreiecke heißen **kongruent**, wenn die entsprechenden Strecken und die entsprechenden Winkel der beiden Dreiecke gleich groß sind.

1

Diese Definition stand im Zusammenhang mit den Kongruenzabbildungen (Achsenspiegelung, Drehung, Verschiebung), durch die weder Seitenlängen noch Winkelgrößen verändert werden. Deshalb können wir auch so formulieren:

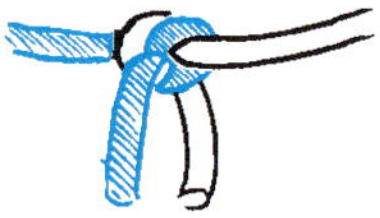

Zwei Dreiecke heißen **kongruent**, wenn sich Kongruenzabbildungen finden lassen, mit deren Hilfe das eine Dreieck auf das andere abgebildet werden kann.

2

Eine andere Formulierung lautet:

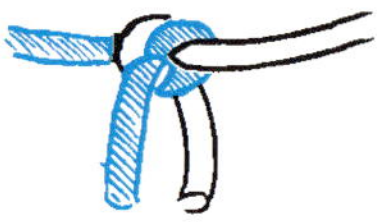

Zwei Dreiecke heißen **kongruent**, wenn sie in so viel Bestimmungsstücken (Seiten und Winkel) übereinstimmen, dass sich daraus in *eindeutiger* Weise ein Dreieck konstruieren lässt.

3

Bei den Kongruenzbeweisen dieses Kapitels stützen wir uns auf die Formulierung 3.

Zuvor aber ein „Kochrezept", wie du zu zwei kongruenten Dreiecken die Abbildungen finden kannst, durch die du das eine Dreieck auf das andere abbilden kannst. Dabei können die gegebenen Dreiecke **gleichsinnig** oder **ungleichsinnig** (man sagt auch **gegensinnig**) kongruent sein.

Überlege und streiche:

- Wenn ein Dreieck durch eine Achsenspiegelung abgebildet wird, gilt für den Drehsinn des Dreiecks: *Er ändert sich / er bleibt gleich.*
  Die beiden Dreiecke heißen deshalb *gleichsinnig / ungleichsinnig* kongruent.
- Wenn ein Dreieck durch eine Verschiebung oder eine Drehung (die Punktspiegelung entspricht einer Drehung um 180°) abgebildet wird, gilt für den Drehsinn des Dreiecks: *Er ändert sich / er bleibt gleich.*
  Die beiden Dreiecke heißen deshalb *gleichsinnig / ungleichsinnig* kongruent.

Fall 1

Zu zwei gleichsinnig kongruenten Dreiecken $\triangle ABC$ und $\triangle A_1B_1C_1$ werden Abbildungen gesucht, durch die das $\triangle A_1B_1C_1$ auf das $\triangle ABC$ abgebildet werden kann.

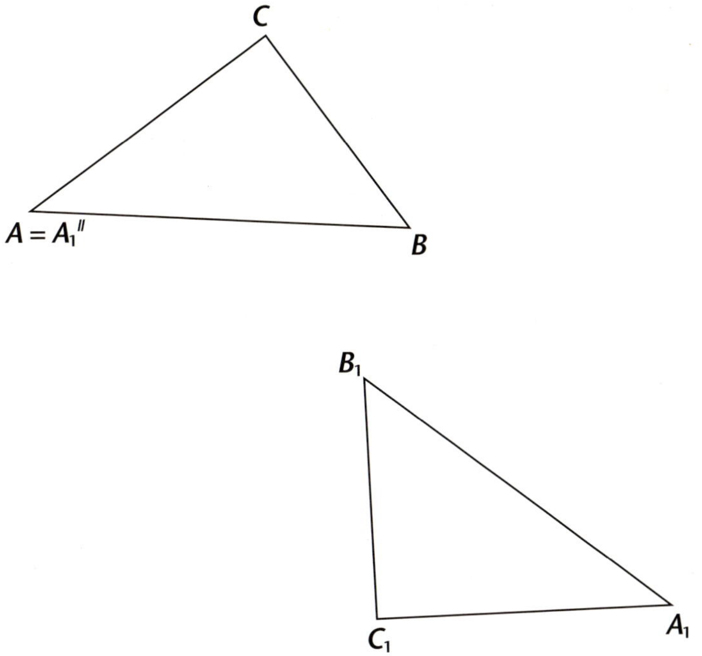

102a Figur

Wir sorgen dafür, dass durch die erste Abbildung zunächst ein Punkt mit seinem Bildpunkt zur Deckung gebracht wird.

Das $\triangle A_1B_1C_1$ soll an einer Achse g gespiegelt werden, mit $B_1 \xmapsto{g} B$. Die Achse g ist die .... senkrechte zu $[B_1B]$.
(Genauso hätten wir als Spiegelachse die Mittelsenkrechte zu $[A_1A]$ oder zu $[C_1C]$ wählen können.)

➡ Zeichne g ein sowie $\triangle A_1'BC_1'$ mit $\triangle A_1B_1C_1 \xmapsto{g} A_1'BC_1'$.

Deine Zeichnung sieht in der Verkleinerung so aus:

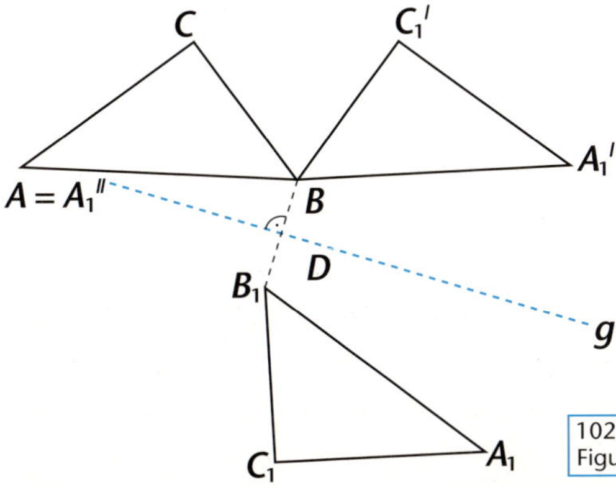

102b Figur

- Die beiden Dreiecke $\triangle A_1B_1C_1$ und $\triangle A_1'BC_1'$ sind *gleichsinnig / ungleichsinnig*.
- Die beiden Dreiecke $\triangle A_1'BC_1'$ und $\triangle ABC$ sind *gleichsinnig / ungleichsinnig*.

Für die nächste Achsenspiegelung soll gelten: $C_1' \xmapsto{h} C$

Die Spiegelachse h ist die .... senkrechte zu $[C_1'C]$.
Da C und C_1' von B gleich weit entfernt sind, geht die Mittelsenkrechte zu $[C_1'C]$ durch ....

➡ Zeichne h ein sowie $\triangle A_1''BC$ mit $\triangle A_1'BC_1' \xmapsto{h} A_1''BC$.

Wenn du genau gezeichnet hast, hast du als Spiegelpunkt von A_1' an h den Punkt .... erhalten.

Diese Erkenntnis gilt allgemein und deshalb kannst du dich an folgenden Satz halten (der hier nicht bewiesen wird):

Jedes Dreieck, das zu einem anderen Dreieck gleichsinnig kongruent ist, lässt sich durch zwei hintereinander ausgeführte Achsenspiegelungen auf das andere Dreieck abbilden.

Zusatz:
Wie du aus dem ersten Band (ML 625) vielleicht noch weißt, ergeben zwei hintereinander ausgeführte Achsenspiegelungen entweder eine Drehung oder, falls die Spiegelachsen sich nicht schneiden, eine Verschiebung.

Da sich in der Figur 102, die du ergänzt hast, die Achsen g und h schneiden, entspricht die Gesamtabbildung dort einer ....

Bezeichne den Schnittpunkt von g und h mit D und zeichne gestrichelt die Kreisbögen um D ein, auf denen A_1, B_1 und C_1 nach A, B und C gedreht wurden.

Fall 2

Zu zwei ungleichsinnig kongruenten Dreiecken $\triangle ABC$ und $\triangle A_1B_1C_1$ werden Abbildungen gesucht, durch die das $\triangle A_1B_1C_1$ auf das $\triangle ABC$ abgebildet werden kann.

Wieder sorgen wir dafür, dass durch die erste Abbildung zunächst ein Dreieckspunkt mit seinem Bildpunkt zur Deckung gebracht wird.

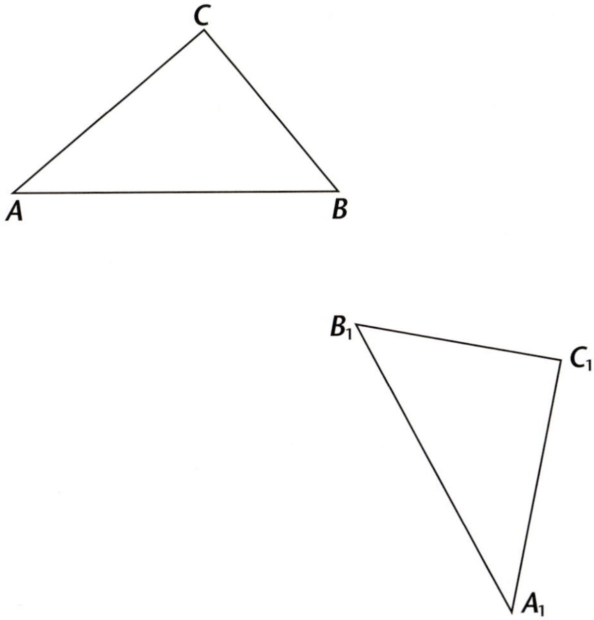

103a Figur

Das $\triangle A_1B_1C_1$ soll an einer Achse g gespiegelt werden mit $B_1 \xmapsto{g} B$. Die Achse g ist die .... senkrechte zu $[B_1B]$.
(Wieder hätten wir als Spiegelachse natürlich auch die Mittelsenkrechte zu $[A_1A]$ oder auch zu $[C_1C]$ wählen können.)

➡ Zeichne g ein sowie $\triangle A_1'BC_1'$ mit $\triangle A_1B_1C_1 \xmapsto{g} A_1'BC_1'$.

Verkleinert sieht deine Zeichnung so aus:

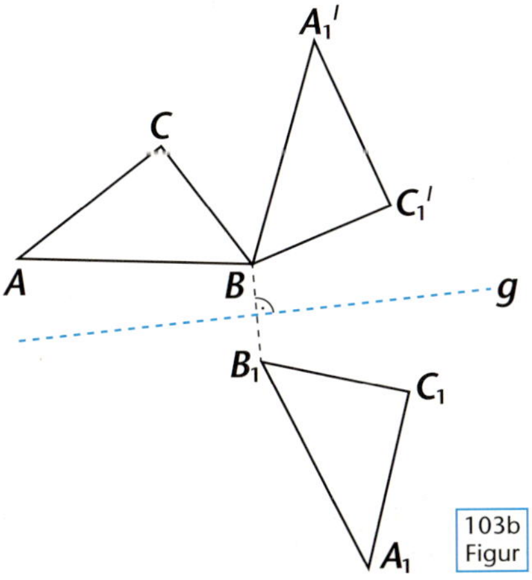

103b Figur

- Die beiden Dreiecke $\triangle A_1B_1C_1$ und $\triangle A_1'BC_1'$ sind *gleichsinnig / ungleichsinnig*.
- Die beiden Dreiecke $\triangle A_1'BC_1'$ und $\triangle ABC$ sind *gleichsinnig / ungleichsinnig*.

Da die beiden gleichsinnigen Dreiecke auch kongruent sind und in einem Eckpunkt bereits übereinstimmen, kann $\triangle A_1'BC_1'$ durch eine Drehung um den Punkt .... in das $\triangle ABC$ abgebildet werden.

Zeichne in Figur 103a die Kreisbögen ein, auf denen A_1' und C_1' nach A und C gedreht werden.

Die Erkenntnis, die sich aus der letzten Konstruktion ziehen lässt, kann auch allgemein als Satz formuliert werden (der hier nicht bewiesen wird):

Jedes Dreieck, das zu einem anderen Dreieck ungleichsinnig kongruent ist, lässt sich durch eine Achsenspiegelung und eine nachfolgende Drehung auf das andere Dreieck abbilden.

Aufgaben

Führe in den Figuren 104 bis 106 die Abbildungen nacheinander aus, durch die $\triangle A_1B_1C_1$ auf $\triangle ABC$ abgebildet werden kann; also entweder zwei Achsenspiegelungen oder eine Achsenspiegelung und eine Drehung.

C16 Die Figur 104 zu dieser Aufgabe findest du im Zeichnungsteil.

C17 Die Figur 105 zu dieser Aufgabe findest du im Zeichnungsteil.

C18 Hinweis: Da die beiden Dreiecke in Figur 106 gleichsinnig sind, könnte man zwei Achsenspiegelungen durchführen. Du hast aber sicherlich bemerkt, dass alle einander entsprechenden Dreiecksseiten zueinander parallel sind, daher kann man die Dreiecke auch durch eine .... abbilden.

Zeichne den ....pfeil $\vec{v}$ ein, für den gilt: $\triangle A_1B_1C_1 \xmapsto{\vec{v}} ABC$.

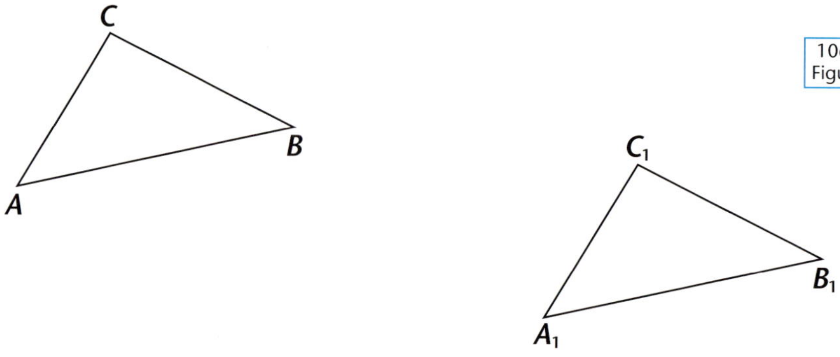

106 Figur

5. Kongruenzsätze

Bevor du mit den Kongruenzsätzen weitermachst, lies noch einmal die Formulierung 3 für kongruente Dreiecke durch (auf Seite 52).

Aus dem Schulunterricht kennst du sicher bereits den Satz:

> Damit ein Dreieck konstruiert werden kann, müssen .... voneinander unabhängige Bestimmungsstücke gegeben sein.

Nur ganz kurz zwei Beispiele, die dir diesen Satz verdeutlichen sollen.

Beispiel

Konstruiere ein $\triangle ABC$ mit $c = 6$ cm und $a = 4$ cm.

Mach dir wieder bei allen Konstruktionsaufgaben eine kleine Planfigur, in der du die gegebenen Stücke farbig markierst.

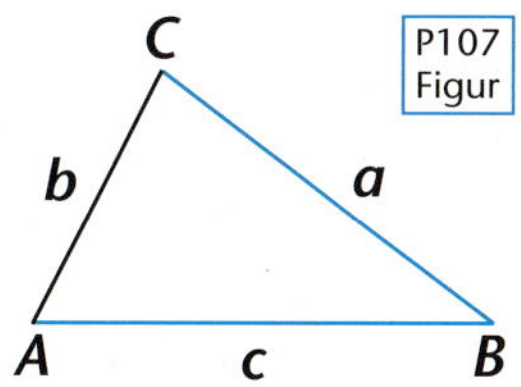

P107 Figur

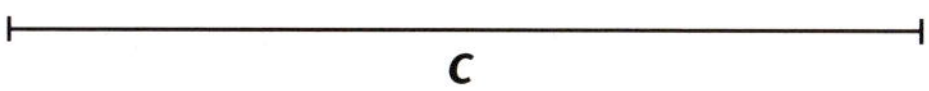

108 Figur

Wenn du die Seite c zeichnest, liegen damit die Punkte .... und .... fest.

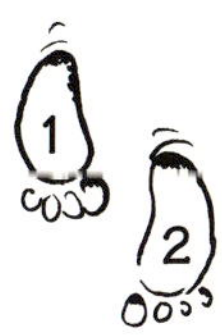

Für den Punkt C ist nur *eine* Bedingung angegeben: $C \in k(B; r = 4\text{ cm})$

➡ Zeichne diese Kreislinie ein, wähle auf ihr drei verschiedene Punkte C_1, C_2 und C_3 und zeichne $\triangle ABC_1$, $\triangle ABC_2$ und $\triangle ABC_3$.

Alle drei Dreiecke erfüllen die oben angegebenen Bedingungen ($c = 6$ cm und $a = 4$ cm).

- Die Dreiecke sind aber *nicht kongruent* zueinander, denn

  $b_1 \neq b_2 \neq b_3$ oder auch
  $\alpha_1 \neq \alpha_2 \neq \alpha_3$.

Beispiel Konstruiere ein $\triangle ABC$ mit $\alpha = 70°$, $\beta = 50°$ und $\gamma = 60°$.

P109 Figur

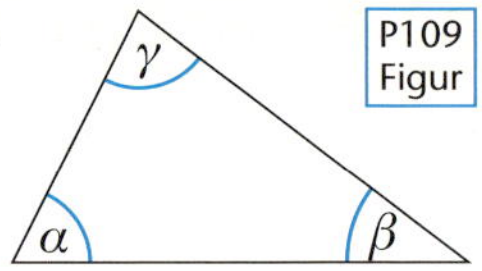

1. Wenn du den Winkel α zeichnest, liegt damit als Scheitel von α der Punkt .... fest.

2. Wähle dir auf dem ersten Schenkel von α drei verschiedene Punkte B_1, ...$_2$ und ....$_3$.

➡ Trage dort den Winkel $\beta = 50°$ an.

110 Figur

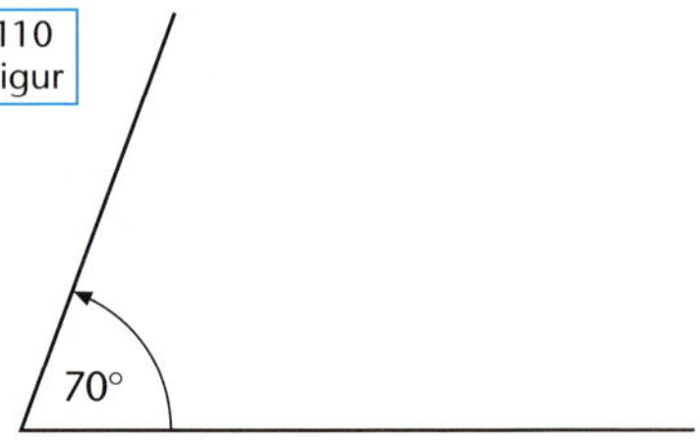

3. Wo der freie Schenkel von β jeweils den 2. Schenkel von α trifft, liegen die Punkte ....$_1$, ...$_2$ und ....$_3$.

➡ Zeichne $\triangle AB_1C_1$, $\triangle AB_2C_2$ und $\triangle AB_3C_3$.

Alle drei Dreiecke erfüllen die Bedingungen von oben, da mit α und β wegen der Winkelsumme im Dreieck ($\alpha + \beta + \gamma =$ ....°) auch γ festliegt.

- Die drei Dreiecke sind aber nicht ...., da zum Beispiel $c_1 \neq c_2 \neq c_3$.

$\Rightarrow$ Drei Winkel eines Dreiecks sind also keine *unabhängigen* Bestimmungsstücke, da über die Winkelsumme bereits durch zwei Winkel der dritte Winkel festgelegt ist.

5.1 1. Kongruenzsatz (sss)

Problem

Konstruiere ein $\triangle ABC$ mit $a = 5$ cm, $b = 3$ cm, $c = 6$ cm.

P111 Figur

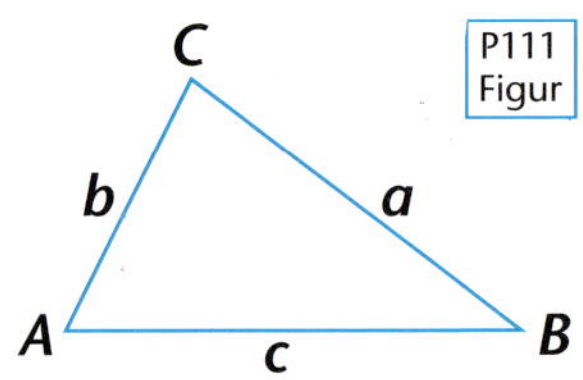

Lösung

1. Wenn du die Seite c anträgst, liegen damit die Punkte .... und .... fest.

➡ Trage die Bezeichnungen an.

112 Figur

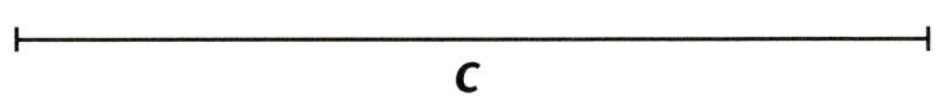

2. Da $a = 5$ cm ist, gilt für C: $C \in k$ (..........; $r = a = 5$ cm)

➡ Zeichne den Kreisbogen ein (nicht nur „über“ c sondern auch „unterhalb“ von c).

Da $b = 3$ cm ist, gilt für C: $C \in k$ (.........; $r = b = 3$ cm)

➡ Zeichne den Kreisbogen ein.

Wenn du die beiden Kreisbögen (weit genug) gezeichnet hast, erhältst du .... Schnittpunkte.

➡ Bezeichne den Schnittpunkt oberhalb von $[AB]$ mit C und den Schnittpunkt unterhalb von $[AB]$ mit C'.

➡ Zeichne die beiden Dreiecke $\triangle ABC$ und $\triangle ABC'$ ein.

Da C und C' spiegelbildlich (symmetrisch) zu AB liegen, gelten die Gesetze der Achsensymmetrie: Entsprechende Seiten sind gleich lang und entsprechende Winkel sind gleich groß. Also gilt:

$\triangle ABC \cong \triangle ABC'$

Damit ist der **Seite-Seite-Seite-Satz** (sss) bewiesen:

Wenn zwei Dreiecke in den drei Seiten übereinstimmen, sind die beiden Dreiecke kongruent.
(sss-Satz; erster Kongruenzsatz)

5.2 2. Kongruenzsatz (sws)

Problem

Konstruiere ein $\triangle ABC$ mit $b = 5$ cm, $\alpha = 70°$, $c = 6$ cm.

P113 Figur

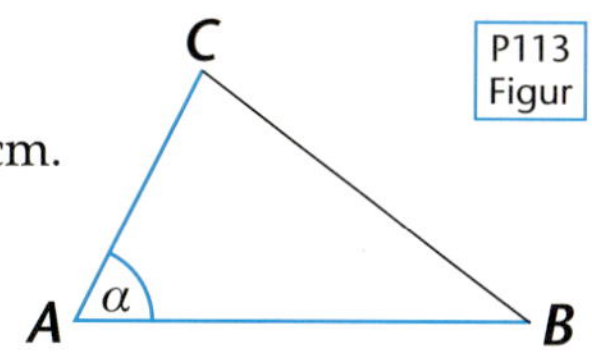

Lösung

Wenn du die Seite c anträgst, liegen damit die Punkte .... und .... fest.

➡ Trage die Bezeichnungen an.

114 Figur

Da der Winkel α an c anliegt (mit dem Scheitel in ....), liegt der Punkt .... auf dem freien Schenkel von α.

➡ Zeichne den Winkel α ein.

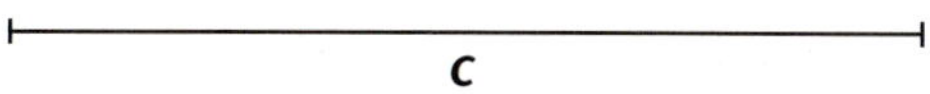

Da $b = 5$ cm ist, gilt für C: $C \in k$ (.........; $r = b = 5$ cm)

➡ Zeichne den Kreisbogen ein.

Da es genau .... Schnittpunkt des Kreises mit dem freien Schenkel von α gibt, ist die Konstruktion *eindeutig / nicht eindeutig*.

➡ Benenne den gefundenen Schnittpunkt und zeichne das $\triangle ABC$ ein.

Die Konstruktion von Figur 114 ist eindeutig und damit ist der **Seite-Winkel-Seite-Satz** (sws) bewiesen:

Wenn zwei Dreiecke in zwei Seiten und dem eingeschlossenen Winkel übereinstimmen, sind die beiden Dreiecke kongruent.
(**sws-Satz; zweiter Kongruenzsatz**)

5.3 3. Kongruenzsatz (wsw, wws)

Wenn zwei Winkel und eine Seite gegeben sind, sind zwei Kombinationen möglich.

Wir werden zuerst den Fall behandeln, dass die gegebene Seite zwischen den beiden gegebenen Winkeln liegt und dann den anderen Fall darauf zurückführen.

Problem **wsw**

Konstruiere ein $\triangle ABC$ mit $c = 6$ cm, $\alpha = 70°$, $\beta = 60°$.

P115 Figur

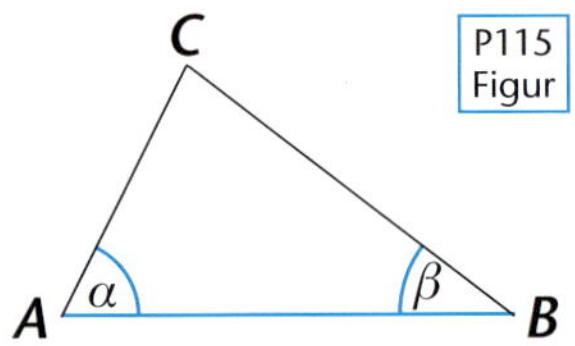

Lösung

1 Wenn du die Seite c anträgst, liegen damit die Punkte ……… und ……… fest.

➡ Trage die Bezeichnungen an.

2 Da der Winkel α an c anliegt (mit dem Scheitel in ………), liegt der Punkt ……… auf dem freien Schenkel von α.

➡ Zeichne den Winkel α ein.

116 Figur

3 Da der Winkel β an c anliegt (mit dem Scheitel in ………), liegt der Punkt ……… auf dem freien Schenkel von β.

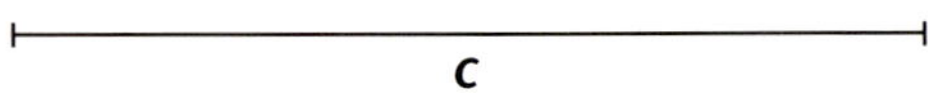

➡ Zeichne den Winkel β ein.

4 Da die beiden freien Schenkel genau ……… Schnittpunkt besitzen, ist die Konstruktion *eindeutig / nicht eindeutig*.

➡ Benenne den gefundenen Schnittpunkt und zeichne das $\triangle ABC$.

Problem **wws**

Konstruiere ein $\triangle ABC$ mit $c = 6$ cm, $\alpha = 70°$, $\gamma = 50°$.

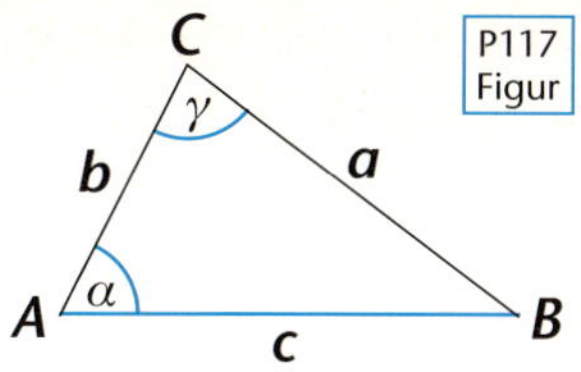

Lösung

Wenn dir zwei Dreieckswinkel gegeben sind, kannst du den dritten Winkel berechnen. Für β gilt hier:

$\beta =$ .... ° – (........... ° + ... °) = ... °

Damit haben wir den Fall wws auf den Fall wsw zurückgeführt. – Denn zur gegebenen Seite sind jetzt die beiden anliegenden Winkel gegeben.

Da die Konstruktionsschritte in beiden Fällen gleich sind, ergibt sich auch für wws wieder eine eindeutige Lösung. Damit können wir den dritten Kongruenzsatz formulieren:

Wenn zwei Dreiecke in einer Seite und zwei Winkeln übereinstimmen, sind die beiden Dreiecke kongruent.
(**wws-Satz** und **wsw-Satz**; **dritter Kongruenzsatz**)

5.4 4. Kongruenzsatz (Ssw)

Wenn zwei Seiten und ein – nicht dazwischenliegender – Winkel gegeben sind, gibt es drei Möglichkeiten:

a) die Seite, die dem Winkel gegenüberliegt, ist größer als die anliegende Seite (Ssw bzw. ssw_g);

b) die Seite, die dem Winkel gegenüberliegt, ist kleiner als die anliegende Seite (sSw bzw. ssw_k);

c) die beiden Seiten sind gleich lang (ssw).

Problem **Ssw**

Konstruiere ein $\triangle ABC$ mit $c = 6$ cm, $b = 7$ cm, $\beta = 50°$.

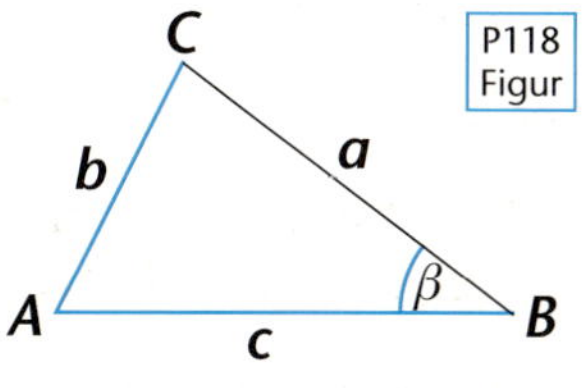

Lösung

Wenn du die Seite c anträgst, liegen damit die Punkte .... und .... fest.

➡ Trage die Bezeichnungen an.

Da der Winkel β an c anliegt (mit dem Scheitel in ....), liegt der Punkt .... auf dem freien Schenkel von β.

➡ Zeichne den Winkel β ein.

119 Figur

Da $b = 7$ cm ist, gilt für C:
$C \in k$ (..........; $r = b = 7$ cm)

➡ Zeichne den Kreisbogen ein.

c

Da es genau .... Schnittpunkt des Kreises mit dem freien Schenkel von β gibt, ist die Konstruktion *eindeutig / nicht eindeutig*.

➡ Benenne den gefundenen Schnittpunkt und zeichne das $\triangle ABC$ ein.

Damit ist der vierte Kongruenzsatz (Ssw) bewiesen:

Wenn zwei Dreiecke in zwei Seiten und dem Winkel übereinstimmen, der gegenüber der längeren Seite liegt, sind die beiden Dreiecke kongruent.
(**Ssw-Satz; vierter Kongruenzsatz**)

Problem sSw

Konstruiere ein $\triangle ABC$ mit $c = 6$ cm, $b = 5$ cm, $\beta = 50°$.

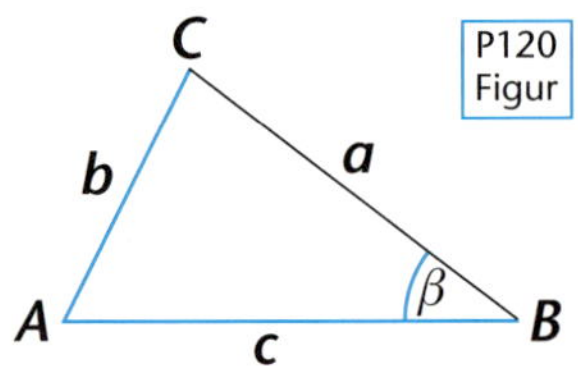

P120 Figur

Lösung

Wenn du die Seite c anträgst, liegen damit die Punkte .... und .... fest.

➡ Trage die Bezeichnungen an.

121 Figur

Da der Winkel β an c anliegt (mit dem Scheitel in ....), liegt der Punkt .... auf dem freien Schenkel von β.

➡ Trage den Winkel β an.

c

Da $b = 5$ cm ist, gilt für C: $C \in k$ (…………; $r = b = 5$ cm)

➡ Zeichne den Kreisbogen ein.

Da es hier ………………… Schnittpunkte des Kreises mit dem freien Schenkel von β gibt, ist die Konstruktion *eindeutig / nicht eindeutig*.

➡ Benenne die gefundenen Schnittpunkte mit C_1 und C_2 und zeichne $\triangle ABC_1$ und $\triangle ABC_2$ ein.

Obwohl die beiden Dreiecke in den drei gegebenen Stücken übereinstimmen, gilt $\triangle ABC_1 \not\cong \triangle ABC_2$, denn es ist zum Beispiel $\overline{BC_1} \neq \overline{BC_2}$!
Deshalb können wir in diesem Fall *keinen* Kongruenzsatz formulieren.

Die letzten beiden Beispiele sollten dir zeigen, dass es sehr wohl darauf ankommt, ob der gegebene Winkel der größeren Seite gegenüberliegt (Ssw) oder ob er an der größeren Seite anliegt (sSw); nur im ersten dieser beiden Fälle lässt sich ein zugehöriger Kongruenzsatz formulieren.

Problem ssw

Konstruiere ein $\triangle ABC$ mit $b = c = 6$ cm, $\beta = 50°$.

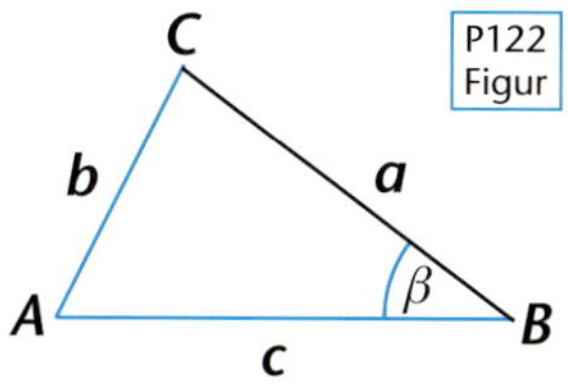

Lösung

Diesen Fall können wir auf einen anderen Kongruenzsatz zurückführen, den wir bereits kennen:

- Ein Dreieck, in dem zwei Seiten gleich lang sind, heißt ……………………………… Dreieck.
- In solchen Dreiecken sind die Winkel an der Basis ……………………………; daher gilt hier: $\beta =$ ………
- Wenn zwei Winkel bekannt sind, lässt sich der dritte berechnen; für α gilt in unserem Beispiel: $\alpha =$ …………°

Damit lässt sich der 2. Kongruenzsatz (sws) anwenden!
(Auf die Konstruktion können wir verzichten.)

5.5 Gemischte Aufgaben zu den Kongruenzsätzen

Aufgaben Konstruiere aus den gegebenen Bestimmungsstücken ein bzw. zwei Dreiecke und entscheide, ob die Konstruktion eindeutig bzw. nicht eindeutig ist. Markiere die gegebenen Stücke in den Planfiguren farbig.

C 19 $b = 6$ cm, $\alpha = 60°$, $\beta = 75°$

Die Figur 124 zur Aufgabe C 19 findest du im Zeichnungsteil.

Die Konstruktion ist *eindeutig / nicht eindeutig*.

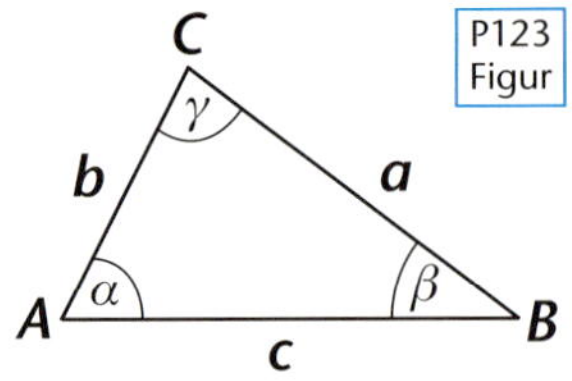

P123 Figur

C 20 $a = 7$ cm, $b = 4$ cm, $\beta = 30°$

Die Figur 126 zur Aufgabe C 20 findest du im Zeichnungsteil.

Die Konstuktion ist *eindeutig / nicht eindeutig*.

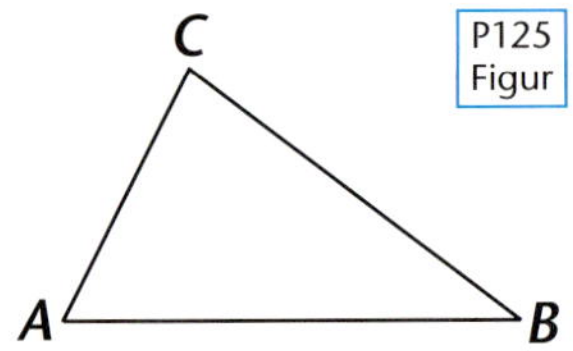

P125 Figur

C 21 $a = 5$ cm, $b = 2{,}8$ cm, $\alpha = 40°$

Die Figur 128 zur Aufgabe C 21 findest du im Zeichnungsteil.
Hinweis: Beginne die Konstruktion mit der Dreiecksseite b (als Schenkel des Winkels α).

Die Konstruktion ist *eindeutig / nicht eindeutig*.

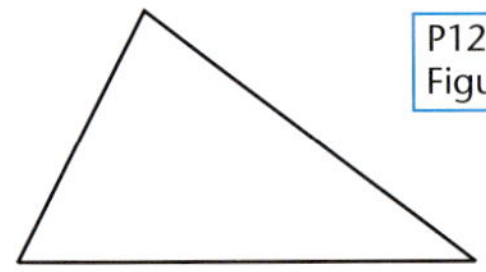

P127 Figur

C 22 Zwischen den Orten A und C liegt ein Berg, durch den ein Tunnel gebohrt werden soll. Von einem dritten Ort B aus werden A und C anvisiert. Mit einem Theodoliten wird die Größe des Winkels β bestimmt, sie beträgt 80°. Für die Längen wird gemessen: $\overline{AB} = 500$ m, $\overline{BC} = 350$ m.

Bestimme durch Zeichnung in geeignetem Maßstab (Figur 130 im Zeichnungsteil):

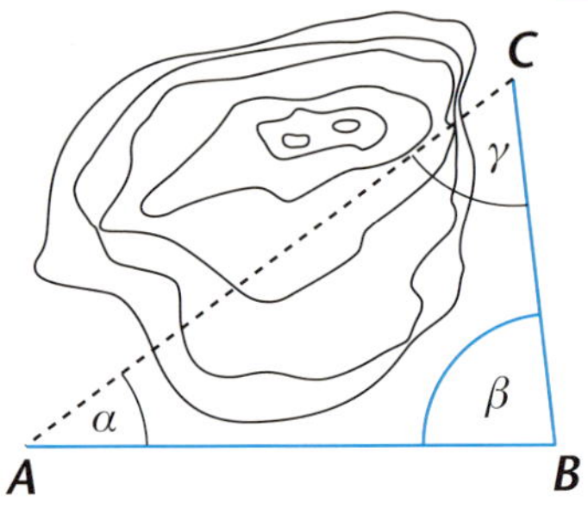

P129 Figur

a) Die Länge des Tunnels.

b) Die Winkel α bzw. γ, unter denen die Bohrung vorgenommen wird.

Die Länge des Tunnels $\overline{AC}$ beträgt .... m.

Der Winkel α misst ....°.

Der Winkel γ misst ....°.

6. Dreieckskonstruktionen

Zur Konstruktion von Dreiecken können außer Seiten und Winkeln auch Dreieckshöhen oder Umkreis- bzw. Inkreisradius gegeben sein.

6.1 Konstruktionen mit Dreieckshöhen

Hier sind einige der möglichen Problemstellungen aufgeführt. Eine weitere findest du in Aufgabe E 4.

Problem 1

Winkel liegt an Seite an, Höhe geht vom gegenüberliegenden Eckpunkt aus.

Konstruiere ein $\triangle ABC$ mit $a = 7$ cm, $\gamma = 40°$, $h_a = 3$ cm.

P131 Figur

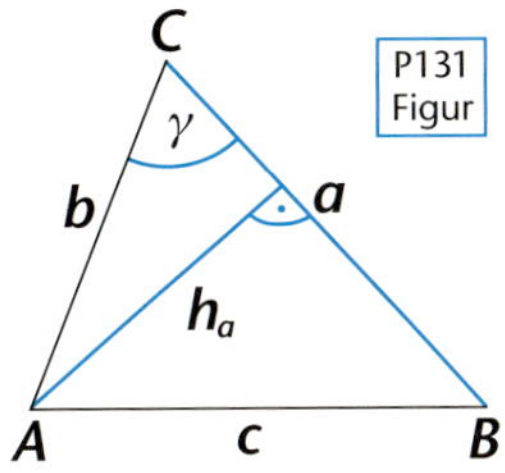

Lösung

132 Figur

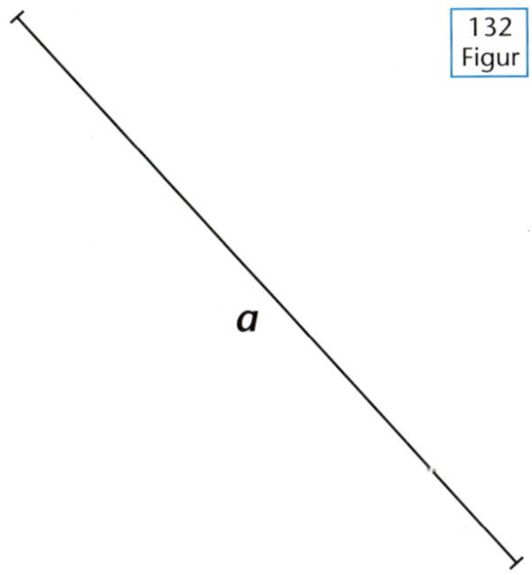

Wenn du die Seite a zeichnest, liegen damit die Punkte .... und .... fest.

➡ Trage die Bezeichnungen an.

Da der Winkel γ an a anliegt (mit dem Scheitel in ....), liegt der Punkt .... auf dem freien Schenkel von γ.

➡ Zeichne den Winkel ein.

Mit der Höhe h_a ist festgelegt, dass der Punkt .... von BC einen Abstand von 3 cm hat.

➡ Zeichne (gestrichelt) die Parallele zu BC im Abstand 3 cm ein.

➡ Benenne den Schnittpunkt der Parallelen mit dem freien Schenkel von γ und zeichne das $\triangle ABC$.

Problem 2

Winkel liegt an Seite an, Höhenspitze und Scheitel fallen zusammen.

Konstruiere ein $\triangle ABC$ mit $b = 6{,}5$ cm, $\gamma = 60°$, $h_c = 5$ cm.

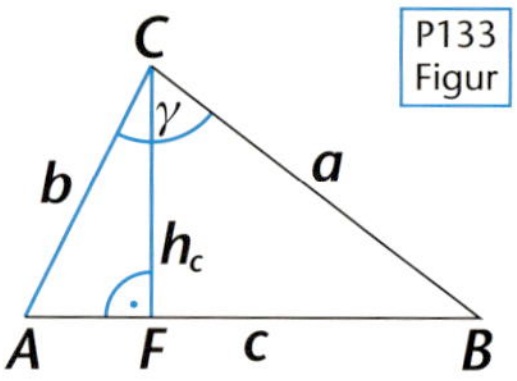

P133 Figur

Lösung

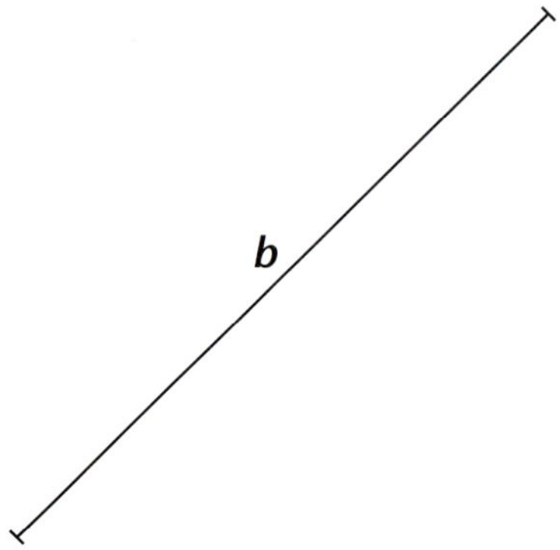

134 Figur

1 Wenn du die Seite b zeichnest, liegen damit die Punkte .... und .... fest.

➡ Trage die Bezeichnungen an.

2 Da der Winkel γ an b anliegt (mit dem Scheitel in ....), liegt der Punkt .... auf dem freien Schenkel von γ.

➡ Zeichne den Winkel γ ein.

3 Da im $\triangle AFC$ bei F ein rechter Winkel ist, liegt F auf dem ....-kreis über $[AC]$ (vergleiche Abschnitt A 4).

➡ Zeichne diesen Kreisbogen über $[AC]$ gestrichelt ein.

4 Durch die Höhe h_c ist festgelegt, dass F von .... 5 cm entfernt ist; damit gilt: $F \in k$ (..........; $r = h_c = 5$ cm)

➡ Zeichne diesen Kreisbogen und nenne seinen Schnittpunkt mit dem Thaleskreis F.

➡ Verlängere $[AF]$ über F hinaus bis zum freien Schenkel von γ, benenne den Schnittpunkt und zeichne das $\triangle ABC$.

Aufgaben

Konstruiere im Zeichnungsteil ein $\triangle ABC$ mit:

C 23 $c = 6$ cm, $\alpha = 70°$, $h_c = 3{,}4$ cm (Figur 136)

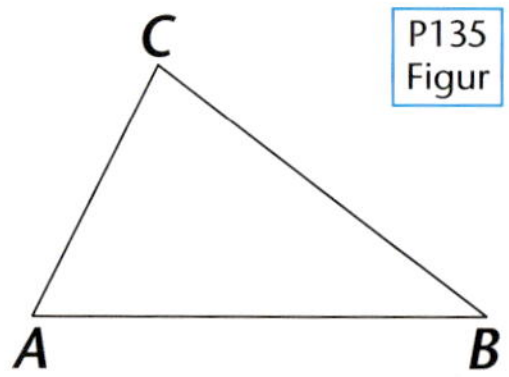

P135 Figur

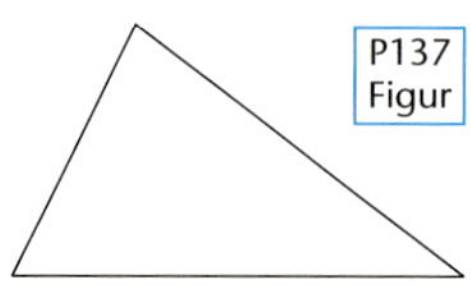

P137 Figur

C 24 $a = 7$ cm, $\beta = 65°$, $h_b = 5$ cm (Figur 138)

6.2 Konstruktionen mit Umkreisradius

Problem 1

Von dem Dreieck, das konstruiert werden soll, kennen wir die Längen von zwei Seiten und den Radius des Umkreises, auf dem alle drei Eckpunkte liegen.

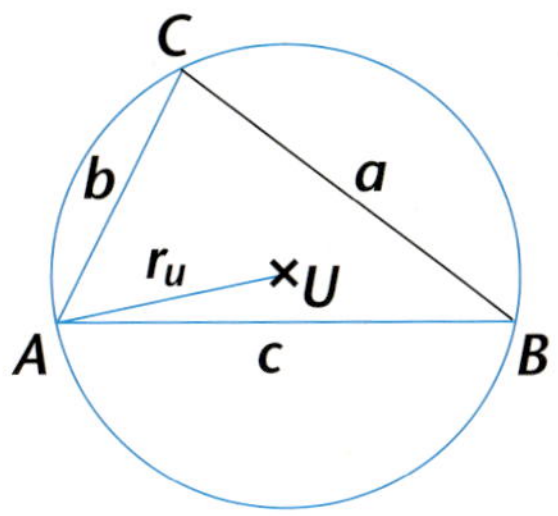

P139 Figur

Konstruiere ein $\triangle ABC$ mit Umkreisradius $r_u = 3$ cm, $b = 4{,}5$ cm, $c = 5$ cm.

Lösung

Alle drei ………………………… des $\triangle ABC$ liegen auf dem Kreis:
k (………; $r = r_u = 3$ cm)

➡ Zeichne den Kreis um U.
➡ Wähle auf dem Kreis einen beliebigen Punkt und nenne ihn A.

Da c gegeben ist, kannst du B konstruieren:
$B \in k$ (………; $r = c =$ ……… cm)

➡ Konstruiere B.

140 Figur

Da b gegeben ist, kannst du C konstruieren:
$C \in k$ (………; $r =$ ……… = …………… cm)

➡ Zeichne das $\triangle ABC$.
(Achte dabei auf den positiven Drehsinn des $\triangle ABC$!)

Problem 2

Von dem Dreieck, das konstruiert werden soll, kennen wir den Umkreismittelpunkt und einen Eckpunkt sowie die Längen der beiden Seiten, die sich in diesem Eckpunkt schneiden.

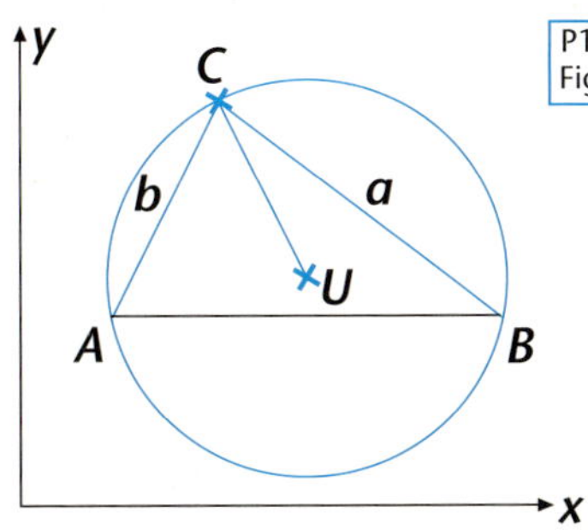

P141 Figur

Konstruiere ein $\triangle ABC$ mit $C\ (2\,|\,5{,}5)$, $U\ (3\,|\,3)$, $b = 4{,}5$ cm, $a = 4$ cm.

Lösung

1 Für den Umkreis gilt: k (.........; $r = \overline{UC}$)

➡ Trage C und U ein und zeichne den Umkreis.

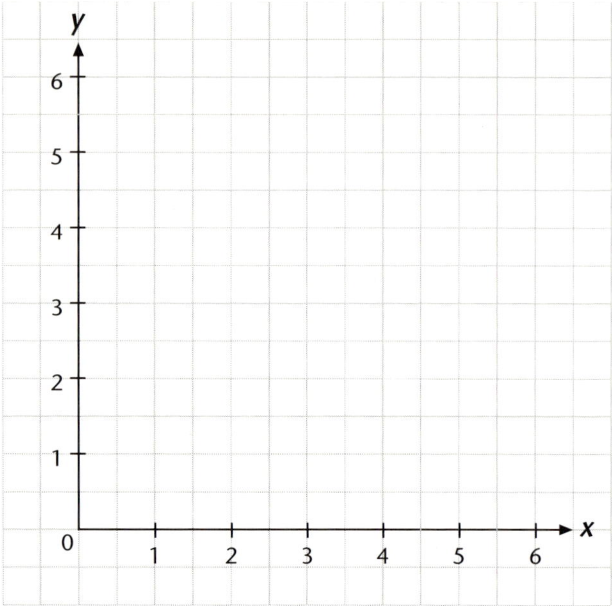

142 Figur

2 Da a gegeben ist, kannst du B konstruieren: $B \in k$ (.........; $r = a = 4$ cm)

➡ Konstruiere B.

3 Da b gegeben ist, kannst du A konstruieren:
$A \in k$ (.........; $r =$ .... $=$ .... cm)

➡ Konstruiere A und zeichne das $\triangle ABC$.

Aufgaben

Konstruiere im Zeichnungsteil ein $\triangle ABC$ mit:

C 25 Umkreisradius $r_u = 3$ cm, $a = 5{,}5$ cm, $c = 5$ cm (Figur 144)

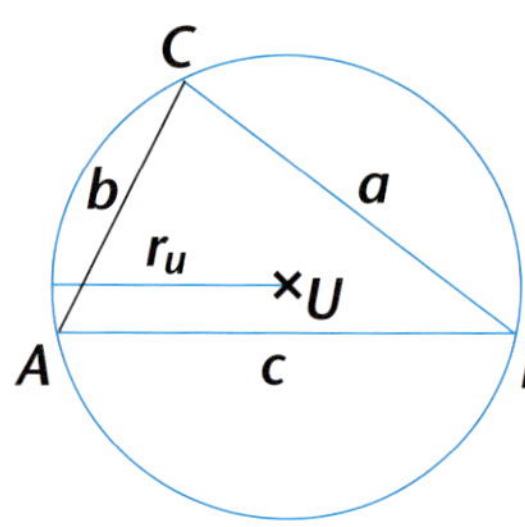

P143 Figur

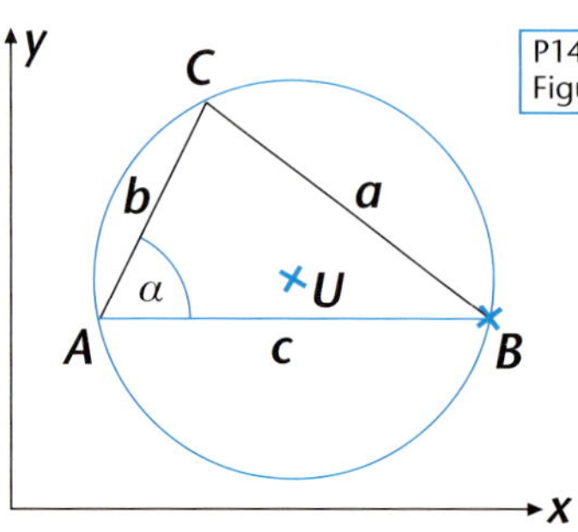

P145 Figur

C 26 $U(3|3)$, $B(5|1)$, $c = 5$ cm, $\alpha = 80°$ (Figur 146)

6.3 Konstruktionen mit Inkreisradius

Problem 1

Konstruiere ein $\triangle ABC$ mit Inkreisradius $r_I = 2$ cm, $\alpha = 70°$, $c = 6$ cm.

P147 Figur

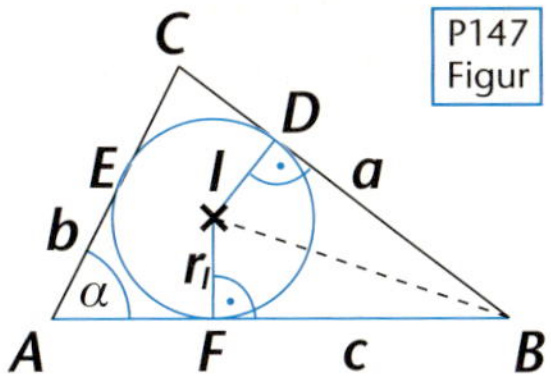

Lösung

148 Figur

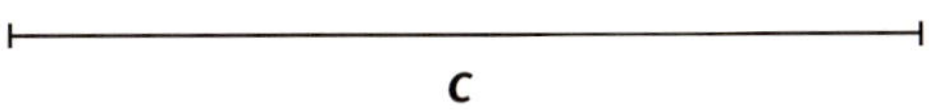

Wenn du die Seite c zeichnest, liegen damit die Punkte .... und .... fest.

➡ Trage die Bezeichnungen an.

Da der Winkel α an c anliegt (mit dem Scheitel in ....), liegt der Punkt .... auf dem freien Schenkel von α.

➡ Zeichne den Winkel α ein.

Damit wir den Inkreis zeichnen können, müssen wir seinen Mittelpunkt I finden:

Der Inkreismittelpunkt I liegt auf der .... des Winkels .... (vergleiche Seite 46).

➡ Zeichne sie gestrichelt ein.

Da der Inkreis AB berührt, liegt I auf der .... zu AB im Abstand 2 cm.

➡ Zeichne sie gestrichelt ein.

➡ Nenne den Schnittpunkt der Winkelhalbierenden und der Parallelen I und zeichne den Inkreis.

Der gesuchte Punkt C liegt auf $[BD]$. Damit wir diese Halbgerade zeichnen können, müssen wir D auf dem Inkreis finden:
Da im $\triangle IBD$ bei D ein rechter Winkel auftritt, liegt D auf dem ....-kreis zu $[IB]$ (vergleiche Abschnitt A 4).

➡ Zeichne ihn gestrichelt ein und nenne den Schnittpunkt mit dem Inkreis D.

➡ Zeichne $[BD$ und nenne den Schnittpunkt mit dem freien Schenkel von α ....

Problem 2

Konstruiere ein $\triangle ABC$ mit $B\,(6\,|\,1)$, $I\,(2{,}5\,|\,3{,}5)$, $r_I = 1{,}5$ cm, $c = 6$ cm.

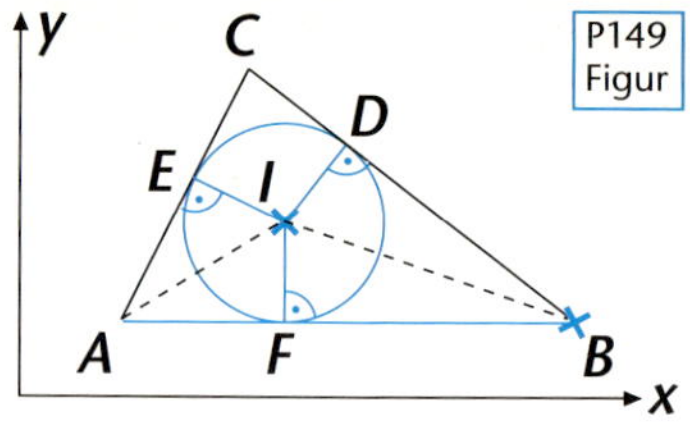

P149 Figur

Lösung

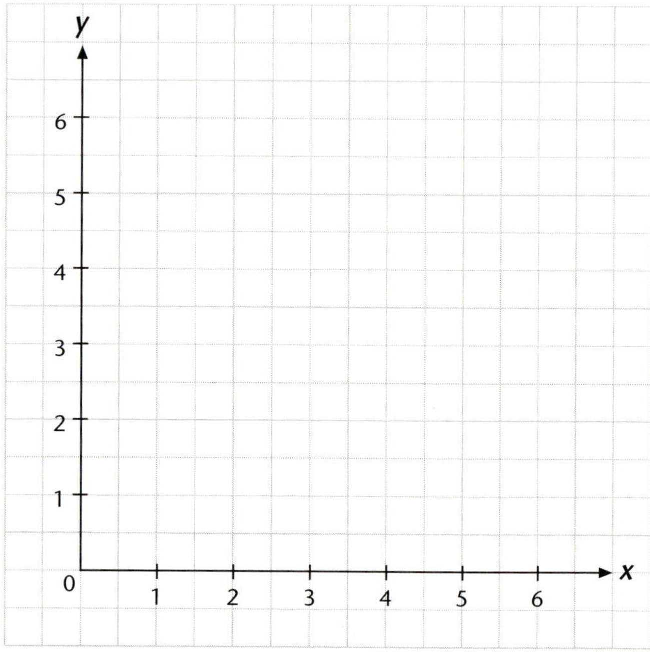

150 Figur

Trage die bekannten Angaben ins Koordinatensystem ein.

➡ Zeichne die Punkte I und B sowie den Inkreis.

Damit wir $[BD$ und $[BF$ zeichnen können, müssen wir die Punkte D und F konstruieren:
Da in den Dreiecken $\triangle IBD$ und $\triangle IFB$ bei D bzw. F rechte Winkel auftreten, liegen D und F auf dem ……………… kreis zu $[IB]$.

➡ Zeichne ihn gestrichelt ein und bezeichne die Schnittpunkte mit dem Inkreis mit D und F.

Zeichne $[BF$, trage von B aus c ab und nenne den Punkt …… .

Da im $\triangle AIE$ bei E ein rechter Winkel auftritt, liegt E auf dem ……………… -kreis zu $[AI]$.

➡ Zeichne ihn gestrichelt ein und bezeichne den Schnittpunkt mit dem Inkreis mit E.

Zeichne $[AE$ sowie $[BD$ und nenne ihren Schnittpunkt …… .

Konstruiere im Zeichnungsteil ein $\triangle ABC$ mit:

Aufgaben

C 27

Inkreisradius $r_I = 2$ cm, $\beta = 50°$, $c = 6{,}5$ cm (Figur 152)

P151 Figur

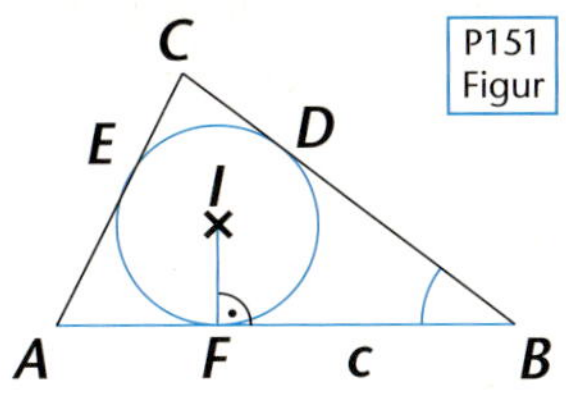

C 28

$C\,(2\,|\,8)$, $I\,(3\,|\,4)$, $r_I = 2$ cm, $a = 7$ cm (Figur 154)

P153 Figur

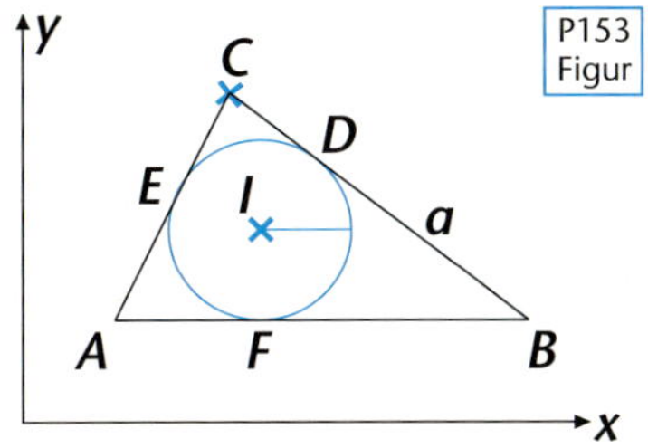

D Flächeninhalt

Aus früheren Schuljahren kennst du bereits die Formeln für die Flächenberechnungen von Quadrat und Rechteck.

1. Quadrat und Rechteck

Ein Viereck mit vier .... langen Seiten und vier .... Winkeln heißt Quadrat.

Der **Flächeninhalt** *A* eines **Quadrats** wird nach der Formel

$$A_{\square} = a \cdot a$$
$$A_{\square} = a^2$$

berechnet.

Beispiel

Für $a = 3$ cm
erhält man:

$A_{\square} = 3 \text{ cm} \cdot 3 \text{ cm} = \ldots\ldots\ldots \text{ cm}^2$

155 Figur

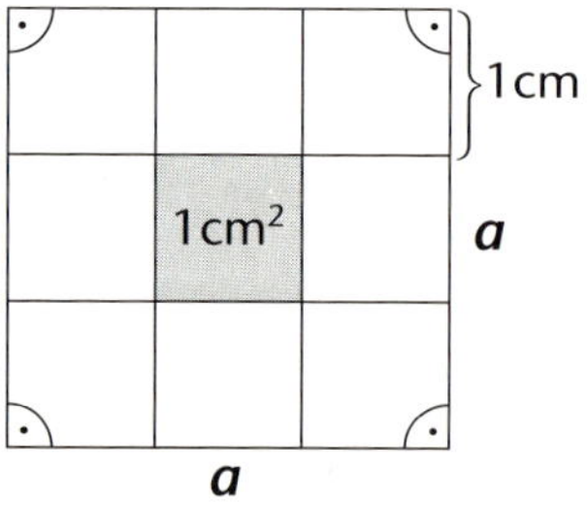

Ein Viereck mit je zwei .... langen Seiten (die sich gegenüberliegen) und vier .... Winkeln heißt Rechteck.

Der **Flächeninhalt** *A* eines **Rechtecks** wird nach der Formel

$$A_{\square} = a \cdot b$$

berechnet.

Beispiel

Für $a = 5$ cm und $b = 2$ cm
erhält man:

$A_{\square} = 5 \text{ cm} \cdot 2 \text{ cm} = \ldots\ldots\ldots \text{ cm}^2$

156 Figur

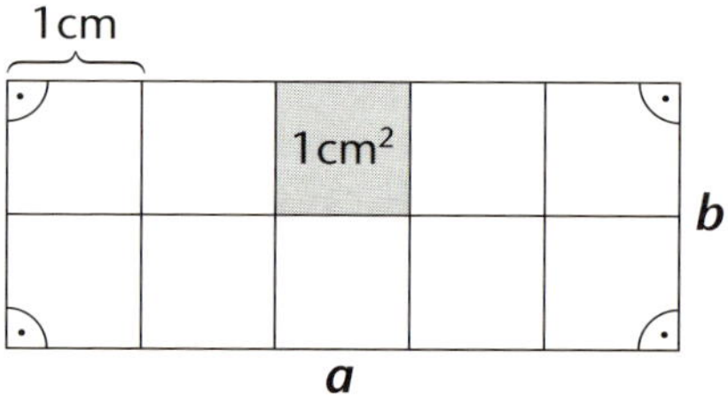

Aufgaben

D 1

Der Bodenbelag eines Wirtshaussaales muss erneuert werden. Berechne die Bodenfläche und berücksichtige dabei, dass unter Bühne und Theke der alte Bodenbelag bleibt. (Die Angaben im Plan sind die Originalmaße.)

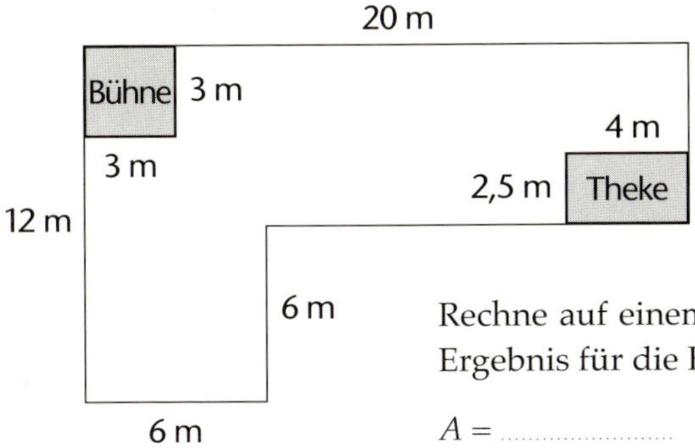

157 Figur

Rechne auf einem Beiblatt und trage hier dein Ergebnis für die Fläche A des Bodenbelags ein:

$A =$ ....

D 2

Berechne den Flächeninhalt folgender Figur und lies die benötigten Maße aus der Zeichnung ab.

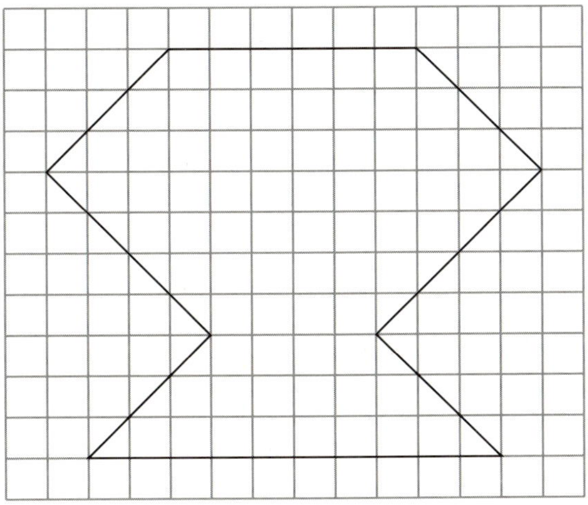

158 Figur

$A =$ ....

Hinweis: Wenn du mit der Aufgabe nicht zurechtkommst, helfen dir vielleicht die Hilfslinien in der Figur 159.

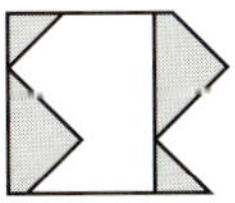

159 Figur

Bei Aufgabe D 1 bist du sicher so vorgegangen, dass du die gesuchte Fläche aus Rechtecken bzw. Quadraten zusammengesetzt hast. Bei der zweiten Aufgabe hat sich als Lösungsmöglichkeit angeboten, die gegebene Fläche zu „zerschneiden und neu „zusammenzusetzen“. Dabei hast du den Grundsatz angewendet, dass man Fächeninhalte addieren kann.

Mithilfe dieses Prinzips werden wir die Flächenformeln für weitere Vierecke und Dreiecke herleiten.

2. Parallelogramm

Ein Viereck, bei dem je zwei (gegenüberliegende) Seiten parallel sind, heißt **Parallelogramm**.

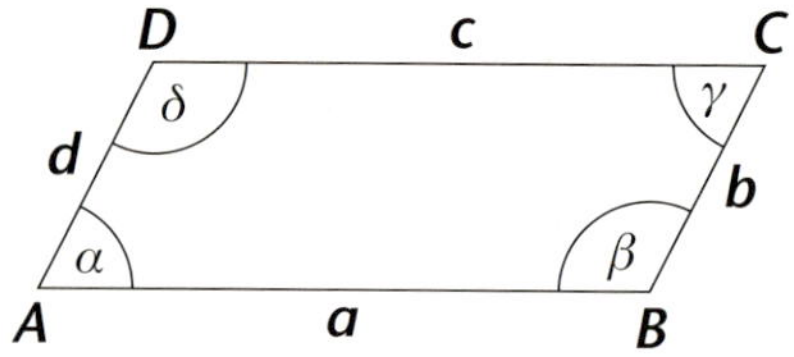

160
Figur

Für Parallelogramme gilt:

- Je zwei gegenüberliegende Seiten sind ....

  $a =$ ....; $b =$ ....

- Je zwei gegenüberliegende Winkel sind ....

  $\alpha =$ ....; $\beta =$ ....

Bei allen Vierecken gilt für die Bezeichnung der Seiten:

$\overline{AB} = a$; $\overline{BC} = b$; $\overline{CD} = c$; $\overline{DA} = d$

(Bei Fünfecken, Sechsecken usw. werden die Seiten dem Alphabet nach weiter benannt.)

Wenn wir ein Parallelogramm geschickt „zerschneiden" und neu „zusammensetzen", erhalten wir eine Figur, deren Flächeninhaltsformel wir bereits kennen.

Zeichne in Figur 161 das Lot von B auf c gestrichelt ein und nenne den Fußpunkt E. Schraffiere $\triangle BCE$.

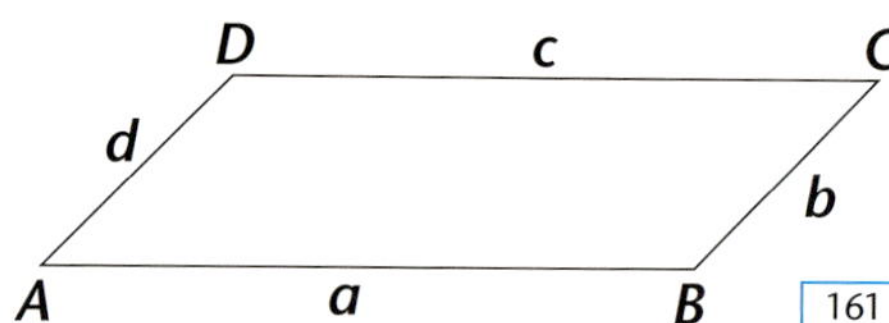

161
Figur

Verlängere (gestrichelt) CD über D hinaus, fälle von A aus das Lot auf $[CD$ und nenne den Fußpunkt F. Schraffiere $\triangle ADF$.

- Für die beiden schraffierten Dreiecke gilt: $\triangle BCE$ .... $\triangle ADF$.
  (Denn $\overline{BC} =$ ....; $\overline{BE} =$ .... als Abstand von Parallelen und $\sphericalangle BEC = \sphericalangle$ .... $= 90°$ – also sind die Dreiecke kongruent.)

Wenn du dir das $\triangle BCE$ abgeschnitten und bei $[AD]$ angefügt denkst, erkennst du:

- Die Fläche des Parallelogramms $ABCD$ ist inhaltsgleich zur Fläche des .... $ABEF$.

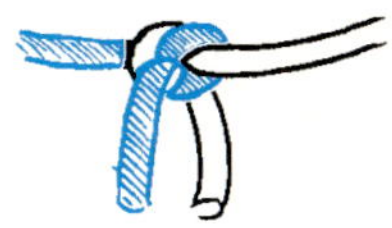

Damit haben wir für das **Parallelogramm** die **Flächeninhaltsformel** (oder **Flächenformel**) gefunden:

$$A_{\square} = a \cdot h_a$$

Dabei ist a die Grundlinie des Parallelogramms und h_a die zugehörige Höhe.

Entsprechend hätten wir auch b als Grundlinie wählen können und h_b als zugehörige Höhe gefunden:

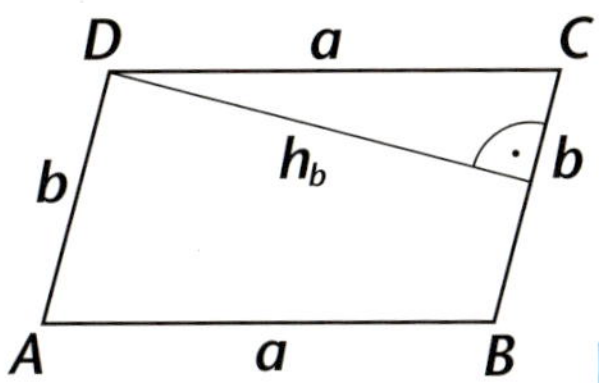

162a Figur

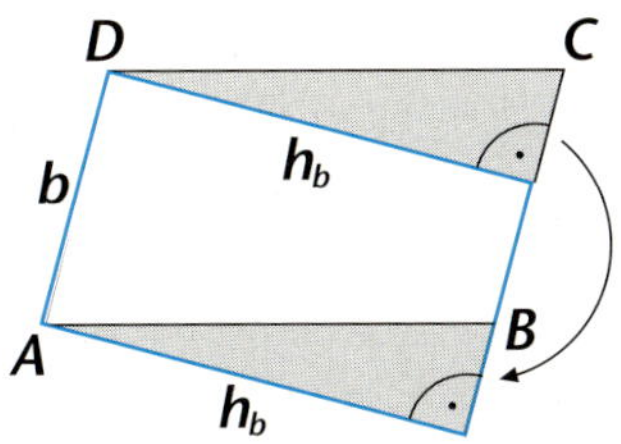

162b Figur

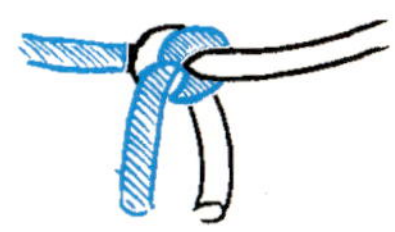

Damit können wir die **Flächenformel** also schreiben:

$$A_{\square} = a \cdot h_a \text{ oder}$$
$$A_{\square} = b \cdot h_b$$

Aufgabe D 3

a) Zeichne beim nebenstehenden Parallelogramm die beiden Höhen h_a und h_b ein.

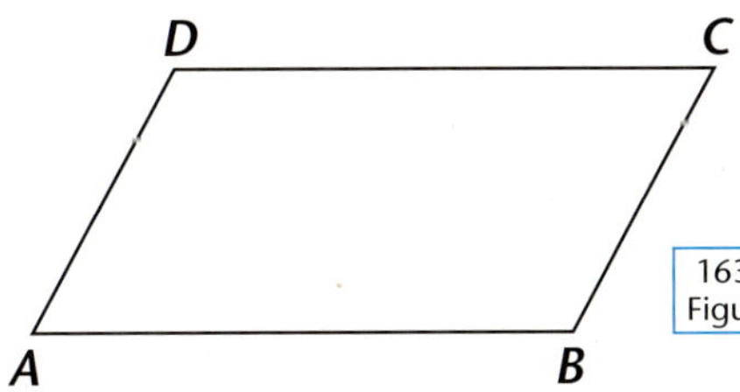

163 Figur

b) Miss die entsprechenden Längen und berechne den Flächeninhalt des Parallelogramms nach der Formel $A_{\square} = a \cdot h_a$:

A = ... cm · .... cm = ...

c) Miss die entsprechenden Längen und berechne den Flächeninhalt des Parallelogramms nach der Formel $A_{\square} = b \cdot h_b$:

A = ... cm · .... cm = ...

Aufgaben D 4

a) Zeichne den Mittelpunkt der Strecke [BD] ein und nenne ihn Z.

b) Spiegle den Punkt A an Z mit $A \xmapsto{Z} C$.

Hinweis: Das Viereck $ABCD$ ist ein Parallelogramm, da bei der Punktspiegelung gilt: Strecken und Bildstrecken sind parallel und gleich lang! Vergleiche Band ML 625, Kapitel D.

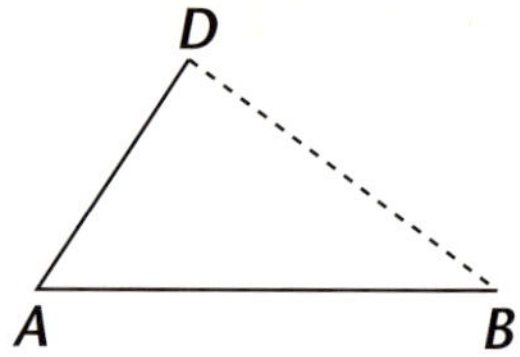

164 Figur

c) Berechne den Flächeninhalt des Vierecks $ABCD$: $A =$ ....

D 5

a) Zeichne h_a gestrichelt ein, miss $h_a =$ .... und $a =$ .... ab und berechne damit den Flächeninhalt des Parallelogramms $ABCD$:

$A_{\square} = a \cdot h_a \quad \Rightarrow$

$A \;=$ ....

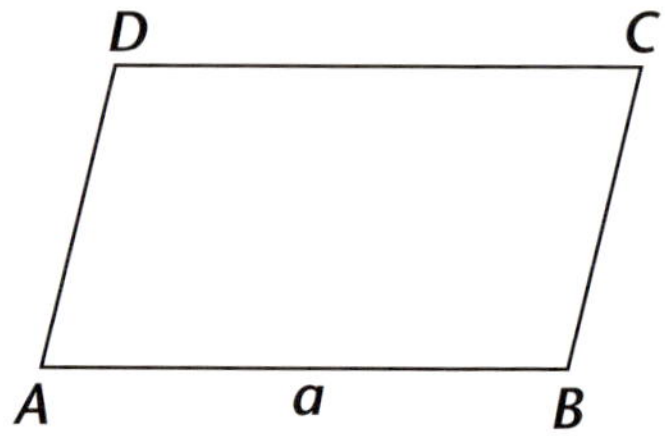

165 Figur

b) Zeichne h_p gestrichelt ein, miss $h_p =$ .... und $p =$ .... und berechne damit den Flächeninhalt des Parallelogramms $PQRS$:

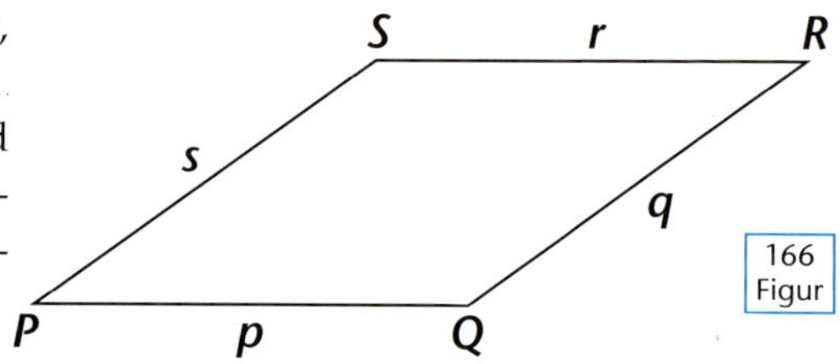

166 Figur

$A_{\square} = p \cdot h_p \quad \Rightarrow$

$A \;=$ ....

c) Damit kannst du die fehlenden Wörter ergänzen:

Wenn zwei Parallelogramme in einer Seite und der zugehörigen .... übereinstimmen, sind sie flächen ....

3. Dreieck

Wenn wir ein Dreieck geschickt „ergänzen", erhalten wir eine Figur, deren Flächenformel wir bereits kennen.

Gegeben sei das Dreieck ABC:

Trage den Mittelpunkt der Strecke [BC] ein und nenne ihn Z.

Spiegle A an Z, mit $A \xmapsto{Z} A'$ und zeichne gestrichelt [BA'] und [$A'C$] ein.

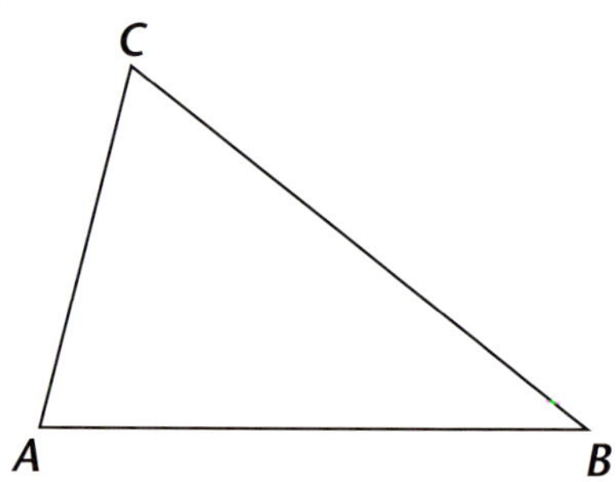

167 Figur

- Das entstandene Viereck $ABA'C$ ist ein …………………………………………………………… .
(Vergleiche Aufgabe D 4.)
- Die Fläche des $\triangle ABC$ ist ……………………… so groß wie die Fläche des ………………………
…………………………………………………… $ABA'C$.

Zeichne im $\triangle ABC$ die Höhe h_c gestrichelt ein und miss sie und die zugehörige Seite c:

$h_c =$ ………… cm; $c =$ ………… cm

- Damit gilt für den Flächeninhalt des $\triangle ABC$:

$A_\triangle = \frac{1}{2} \cdot c \cdot h_c \quad \Rightarrow A = \frac{1}{2} \cdot$ ……………… cm $\cdot$ ……………… cm $=$ ………………………

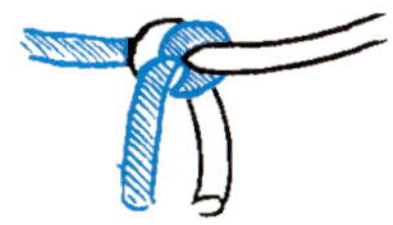

Die Formel für den **Flächeninhalt** von **Dreiecken** lautet:

$$A_\triangle = \frac{1}{2} \cdot g \cdot h_g$$

Dabei steht g in der Formel für die Länge einer beliebigen Dreiecksseite als Grundlinie und h_g für die Länge der *zugehörigen* Höhe.

Beispiel

Zeichne im nebenstehenden Dreieck alle drei Höhen h_a, h_b und h_c ein.

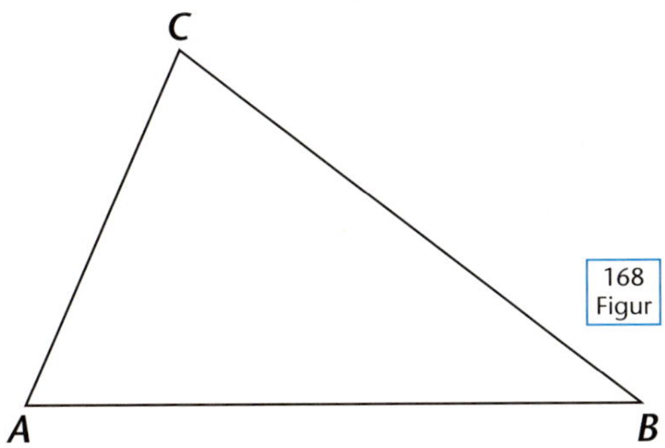

Miss die folgenden Strecken und trage ihre Längen ein:

$a =$ ……………………… cm, $h_a =$ ……………………… cm

$b =$ ……………………… cm, $h_b =$ ……………………… cm

$c =$ ……………………… cm, $h_c =$ ……………………… cm

Berechne nun den Flächeninhalt des $\triangle ABC$ auf dreierlei Weise:

$A_\triangle = \frac{1}{2} \cdot a \cdot h_a = \frac{1}{2} \cdot$ ……………………………………………

$A_\triangle = \frac{1}{2} \cdot b \cdot h_b = \frac{1}{2} \cdot$ ……………………………………………

$A_\triangle = \frac{1}{2} \cdot c \cdot h_c = \frac{1}{2} \cdot$ ……………………………………………

Aufgaben

D 6

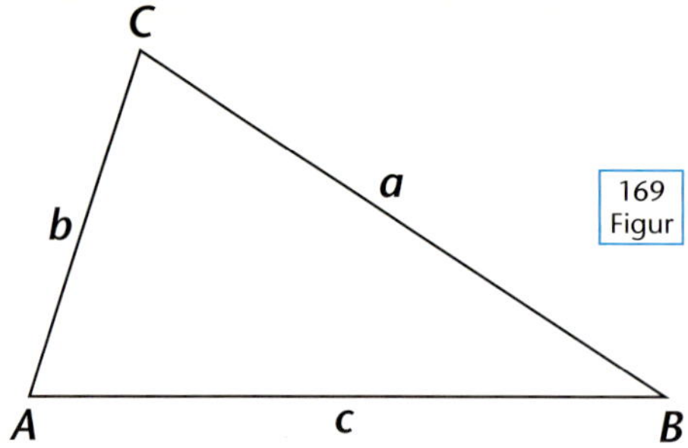

169 Figur

Bestimme den Flächeninhalt des $\triangle ABC$ und zeichne die „Hilfslinie" ein, die du dabei verwendest.

$A = \frac{1}{2} \cdot$ .... = ...

D 7 Ein dreieckiges Grundstück hat die Seitenlängen: $a = 10$ m, $b = 12$ m, $c = 14$ m

a) Konstruiere das Dreieck im Zeichnungsteil (Figur 170) in einem geeigneten Maßstab.

b) Berechne den Flächeninhalt des Grundstücks. Beachte beim Ablesen den Maßstab, den du gewählt hast!

$A =$ ....

D 8 Berechne den Flächeninhalt des rechtwinkligen Dreiecks rechts auf dreierlei Weise (vergleiche Seite 77).

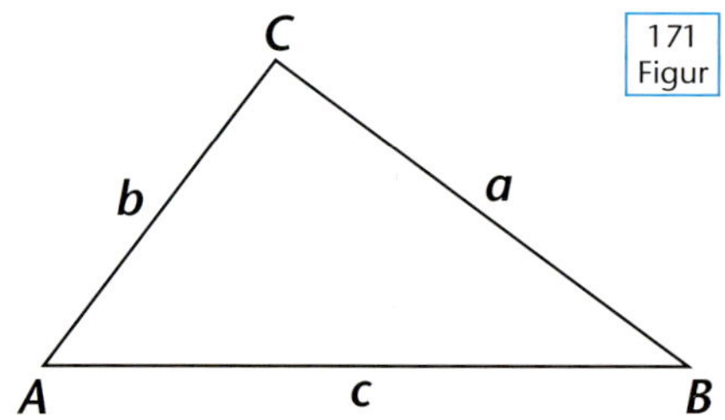

171 Figur

a) $A = \frac{1}{2} \cdot a \cdot h_a =$

....

b) $A = \frac{1}{2} \cdot b \cdot h_b =$ ....

c) $A = \frac{1}{2} \cdot c \cdot h_c =$ ....

D 9

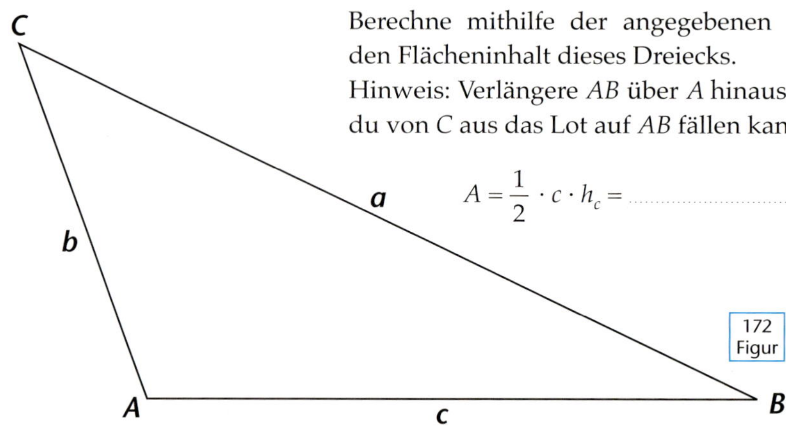

Berechne mithilfe der angegebenen Formel den Flächeninhalt dieses Dreiecks.
Hinweis: Verlängere AB über A hinaus, damit du von C aus das Lot auf AB fällen kannst.

$A = \frac{1}{2} \cdot c \cdot h_c =$ ....

172 Figur

4. Raute

Ein Parallelogramm mit der „Zusatzeigenschaft“, dass alle vier Seiten .... lang sind, heißt **Raute** („verschobenes“ Quadrat).

Die Flächenformeln lauten also wie beim Parallelogramm:

$A_\Diamond = a \cdot h_a$
$A_\Diamond = b \cdot h_b$

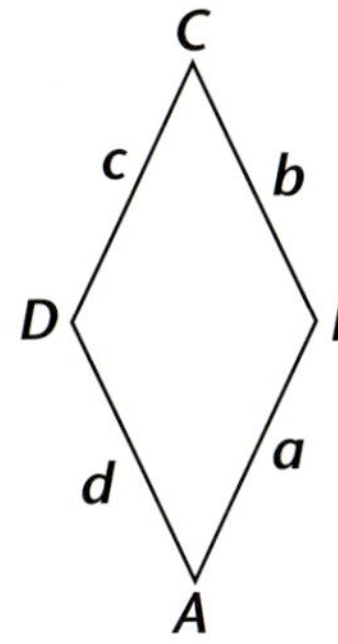

173
Figur

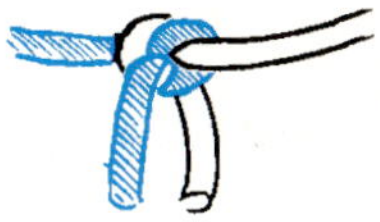

Für Rauten gilt:

- Die beiden Diagonalen [*AC*] und [*BD*] stehen .... aufeinander.
- Die Diagonalen .... sich gegenseitig.
- Die Winkel werden durch die Diagonalen ....

Figur 174 im Zeichnungsteil: Ergänze zum gleich.............................. △*ABC* den Punkt *D* so, dass das Viereck *ABCD* eine Raute ist, und zeichne die Raute.

Aufgaben D 10

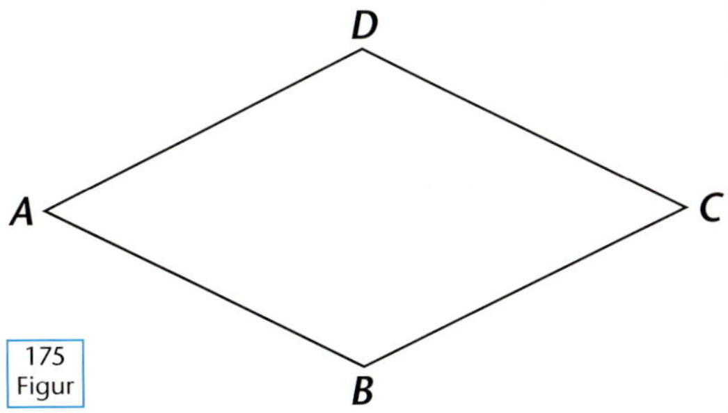

175
Figur

Bestimme den Flächeninhalt der Raute *ABCD*.

D 11

A = ...

5. Trapez

Ein Viereck mit nur zwei parallelen Seiten ist ein **Trapez**.

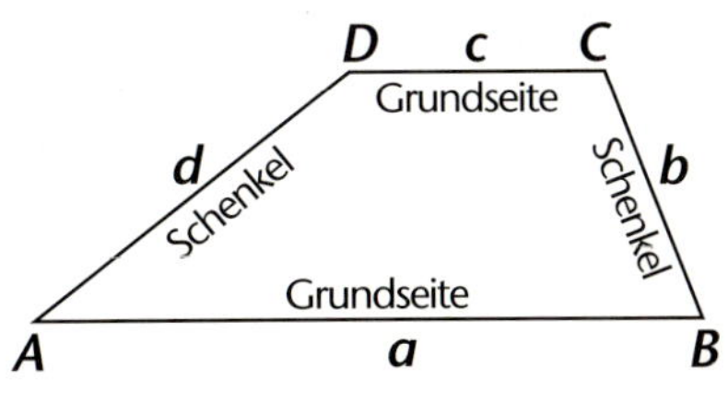

176
Figur

Wenn wir ein Trapez „zerschneiden“ und neu „zusammensetzen“ wollen, ist es zweckmäßig, zuerst die Mittelparallele *m* einzuzeichnen:

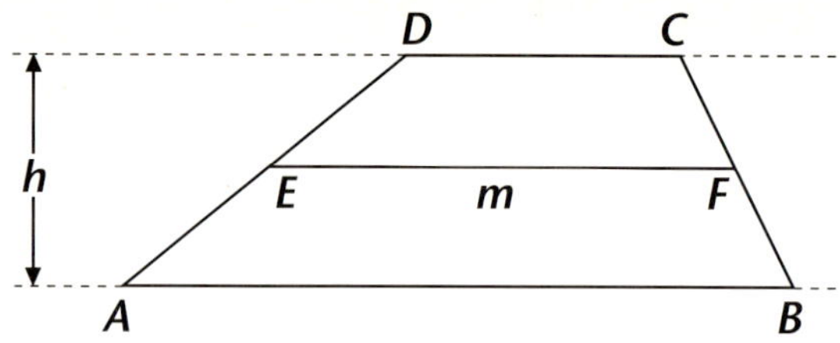

177
Figur

Da $AB \parallel CD$ ist, gilt: $\overline{AE} =$ …………… und $\overline{BF} =$ …………… (vergleiche Seite 29).

➡ Zeichne in E die Senkrechte zu den Parallelen und nenne den Schnittpunkt von AB mit der Senkrechten G und von CD mit der Senkrechten H.

Das $\triangle AGE$, das wir unten „abschneiden“, ist kongruent zum $\triangle$……………………, das wir oben „anfügen“.

➡ Zeichne in F die Senkrechte zu den Parallelen und nenne den Schnittpunkt von AB mit der Senkrechten I und von DC mit der Senkrechten K.

Das $\triangle BFI$, das wir unten „abschneiden“, ist kongruent zum $\triangle$……………………, das wir oben „anfügen“.

- Damit haben wir das Trapez $ABCD$ in ein flächengleiches …………………………… $GIKH$ verwandelt; hier gilt:

  $\overline{GH} =$ …………… $= h$ und $\overline{GI} =$ …………… $= m$!

Die Länge der Mittelparallelen können wir uns an folgender Skizze klarmachen:

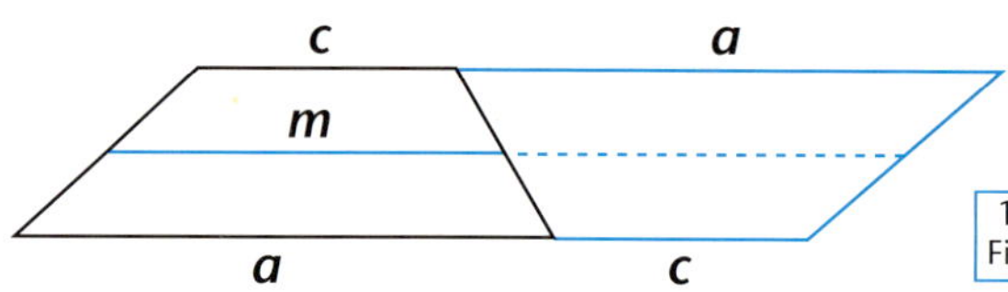

178
Figur

Die Länge von m „liegt genau zwischen“ der Länge von a und der Länge von c.

Für m gilt: $2m = a + c$

$$m = \frac{a + c}{2}$$

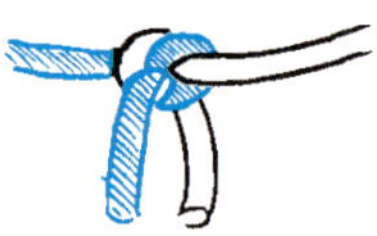

Damit lautet die **Flächenformel** für das **Trapez**:

$A_{\triangle} = m \cdot h$ bzw.

$$A_{\triangle} = \frac{a + c}{2} \cdot h$$

Aufgaben

D 12

Berechne den Flächeninhalt des Trapezes *ABCD*

179 Figur

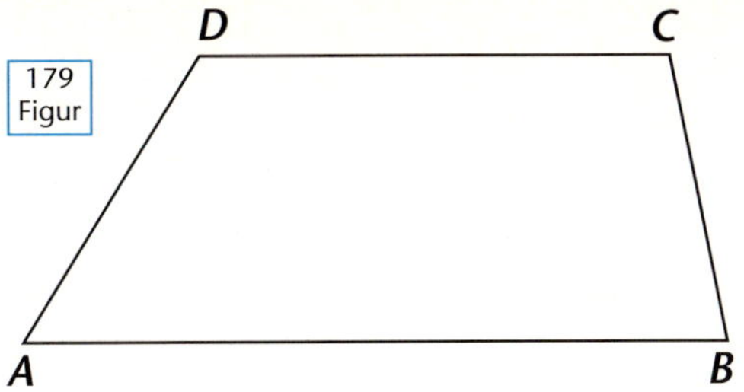

$A =$ ....

D 13

Zeichne die Menge aller Punkte *C* ein, sodass das Viereck *ABCD* ein Trapez ist.

Hinweis:

C kann auf der Parallelen zu *AB* durch .... liegen.

oder

C kann auf der Parallelelen zu *AD* durch .... liegen.

180a Figur

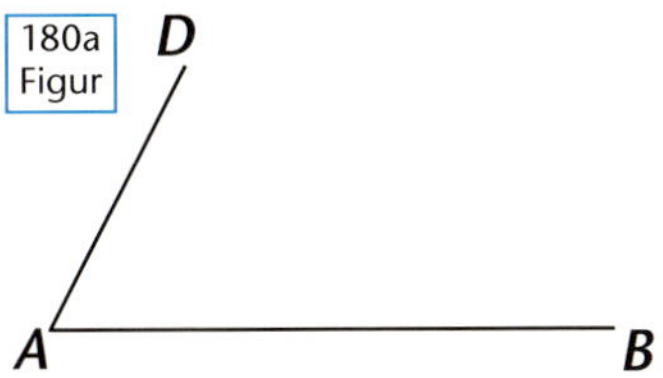

180b Figur

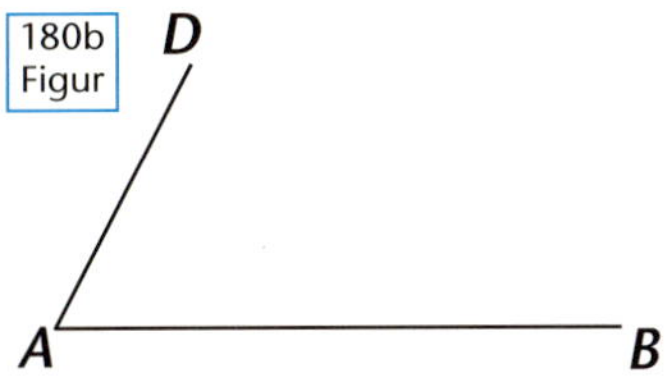

D 14

181 Figur

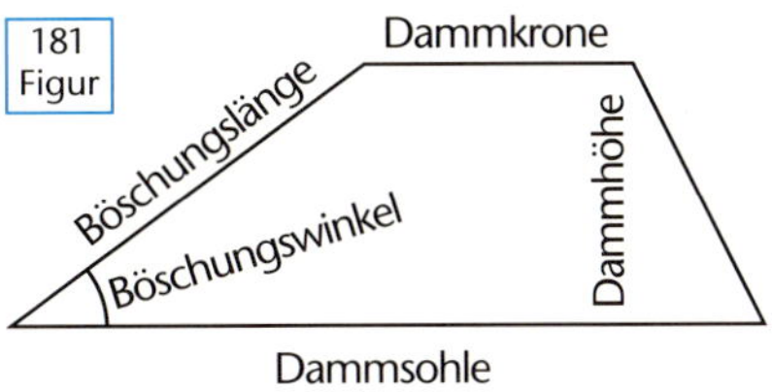

Die Querschnittsfläche eines Staudammes ist ein Trapez. Die Dammsohle misst 12 m, die Böschungslänge 10 m, die Dammkrone 3 m und der Böschungswinkel 45°.

a) Zeichne in Figur 182 des Zeichnungsteils den Querschnitt des Staudammes im Maßstab 1:200 (d.h. 1 cm ≙ 2 m).

b) Lies aus deiner Zeichnung die Dammhöhe ab, bestimme daraus ihre wahre Länge in Metern und berechne die Querschnittsfläche des Staudammes.

In der Zeichnung:
Dammhöhe = ... cm

Wahre Länge:
Dammhöhe = ... m

$A =$ ....

D 15

Nur wenn die beiden .... des Trapezes gleich lang sind, hat das Trapez eine Symmetrieachse.
Zeichne in das nebenstehende gleichschenklige Trapez die Symmetrieachse ein.

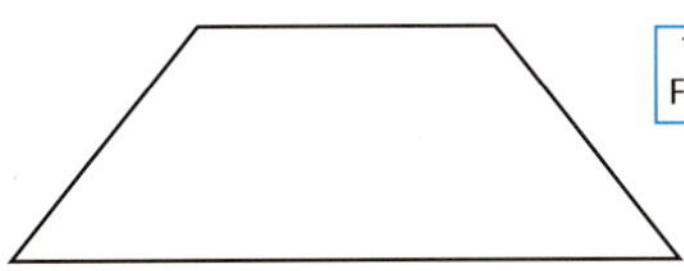

183 Figur

6. Drachen

Zeichne in der Figur 184 die Symmetrieachse d_1 mit Farbe ein.

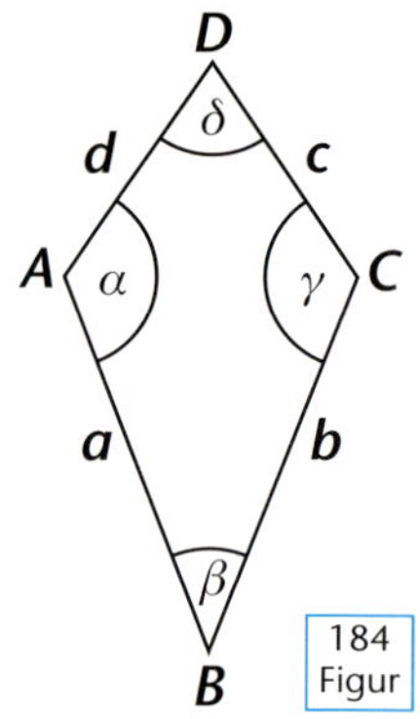

184 Figur

Ein Viereck heißt **Drachen**(-viereck), wenn seine Symmetrieachse durch zwei .... hindurchgeht.

Damit gilt auch:

- Je zwei Seiten, die sich auf der Symmetrieachse treffen, sind .... lang.
  In der Zeichnung: $\overline{AB}$ = ... $\overline{AD}$ = ...
- Zwei Winkel werden von der Symmetrieachse ....; in der Zeichnung sind das .... und ....
- Die beiden Winkel, deren Scheitel nicht auf der Symmetrieachse liegen, sind ....; in der Zeichnung: α = ...

Zeichne in Figur 184 die Diagonale $[AC]$ bzw. d_2 gestrichelt ein.

- Die Symmetrieachse steht .... auf der anderen Diagonale und .... sie.

Um den Flächeninhalt des Drachens zu berechnen, suchen wir den Flächeninhalt des $\triangle ABD$, denn wegen der Symmetrie gilt: $\triangle ABD \cong \triangle$ ....

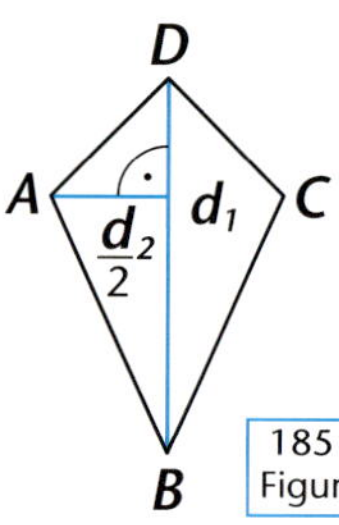

185 Figur

Für $\triangle ABD$ gilt:

$$A_{\triangle} = \frac{1}{2} \cdot d_1 \cdot \text{...........}$$

Für das gesamte Viereck *ABCD* gilt also:

$$A_{\Diamond} = 2 \cdot \frac{1}{2} \cdot d_1 \cdot \text{...........}$$

Damit gilt für den **Flächeninhalt** des **Drachens**:

$$A_{\Diamond} = d_1 \cdot \frac{d_2}{2}$$

$$A_{\Diamond} = \frac{1}{2} \cdot d_1 \cdot d_2$$

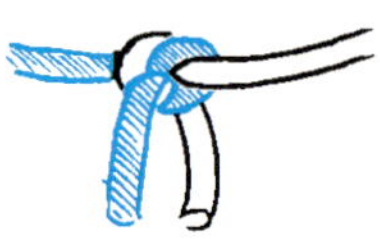

D 16

a) Ergänze in Figur 186 (Zeichnungsteil) die Punkte *ABD* zum Drachen *ABCD*.

b) Berechne den Flächeninhalt des Drachens *ABCD*.

$A =$ ....

D 17

Entscheide, ob folgende Sätze richtig sind, und kreuze an.

	Ja	Nein
a) Jedes Quadrat ist ein Drachen.		
b) Jedes Rechteck ist ein Drachen.		
c) Jede Raute ist ein Drachen.		
d) Jedes Parallelogramm ist ein Drachen.		
e) Jedes Trapez ist ein Drachen.		

Hinweis: Überlege, ob die angesprochenen Vierecke jeweils eine Symmetrieachse haben, die durch zwei Eckpunkte hindurchgeht.

D 18

Ergänze im folgenden Mengendiagramm die Bezeichnungen: Parallelogramm, Quadrat, Raute, Trapez.

Dabei sollen die Vierecke der jeweils eingeschlossenen Menge alle Definitionsmerkmale der umschließenden Menge erfüllen.

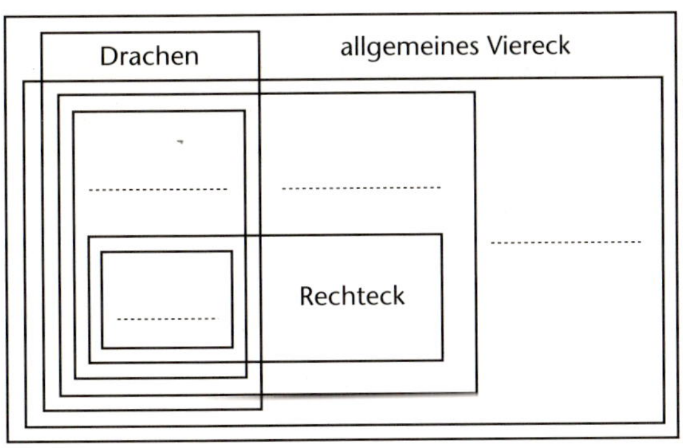

187 Figur

Aufgabe D 19

Zeichne in die folgenden Vierecke die Mittellinien gestrichelt ein (verbinde dazu die Mittelpunkte von gegenüberliegenden Seiten) und entscheide, ob dies Symmmetrieachsen sind.

a) Quadrat:
eine / *beide* / *keine* Mittellinie(n)
ist / *sind* Symmetrieachse(n).

188 Figur

b) Rechteck:
eine / *beide* / *keine* Mittellinie(n)
ist / *sind* Symmetrieachse(n).

189 Figur

c) Parallelogramm:
eine / *beide* / *keine* Mittellinie(n)
ist / *sind* Symmetrieachse(n).

190 Figur

d) Raute:
eine / *beide* / *keine* Mittellinie(n)
ist / *sind* Symmetrieachse(n).

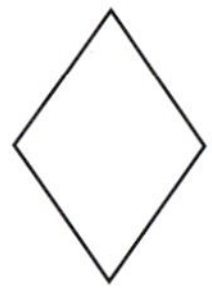

191 Figur

e) Trapez:
eine / *beide* / *keine* Mittellinie(n)
ist / *sind* Symmetrieachse(n).

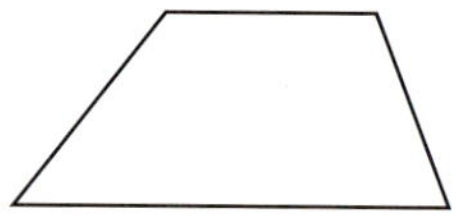

192 Figur

f) gleichschenkliges Trapez:
eine / *beide* / *keine* Mittellinie(n)
ist / *sind* Symmetrieachse(n).

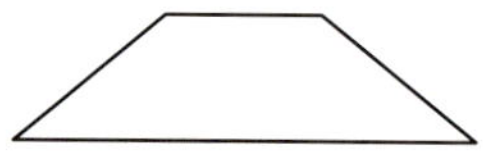

193 Figur

g) Drachen:
eine / *beide* / *keine* Mittellinie(n)
ist / *sind* Symmetrieachse(n).

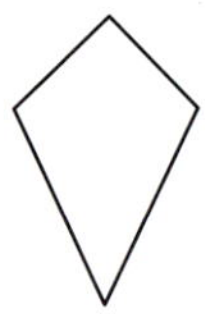

194 Figur

h) allgemeines Viereck:
eine / *beide* / *keine* Mittellinie(n)
ist / *sind* Symmetrieachse(n).

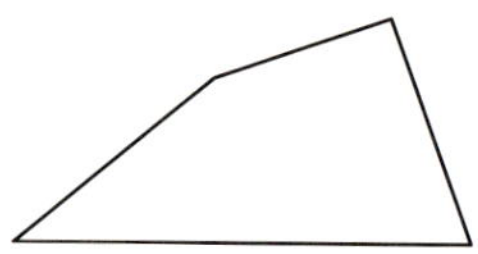

195 Figur

Aufgabe D 20

Zeichne die Symbole von

an die Äste des Baumdiagramms von Figur 196.

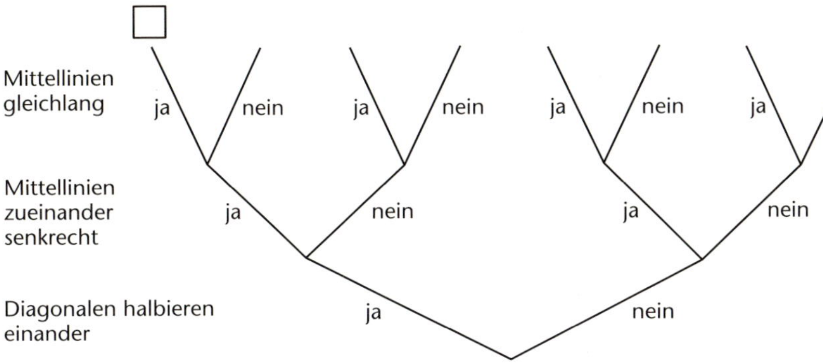

196 Figur

E

Kreis und Gerade

1. Relative Lage und Tangenten

1.1 Relative Lage von Kreis und Gerade

Wenn wir einen Kreis und eine Gerade zeichnen, können wir für den Abstand des Mittelpunktes M von der Geraden g, kurz $d\,(M; g)$, drei Fälle unterscheiden. Ergänze unter den Skizzen die entsprechende Bedingung für den Radius.

Fall 1

Eine Gerade g schneidet eine Kreislinie in zwei Punkten S_1 und S_2, wenn gilt:

$d\,(M; g)$ .... r

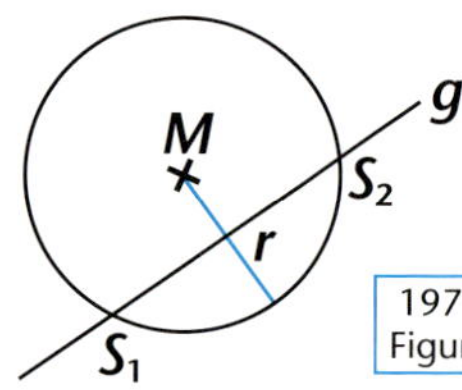

197 Figur

- Die Gerade g heißt in diesem Fall **Sekante**, die Strecke S_1S_2 heißt **Sehne**.

Zu jeder Sehne gehören zwei **Kreisbögen**:

Kreisbogen $\overset{\frown}{S_1S_2}$

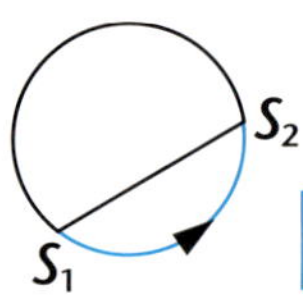

198a Figur

und

Kreisbogen $\overset{\frown}{S_2S_1}$

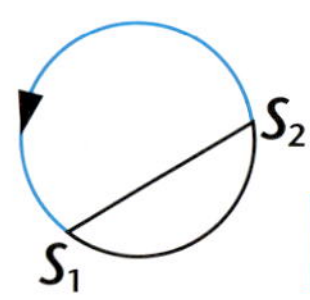

198b Figur

Man betrachtet auch die Punkte auf der Kreislinie immer gegen den Uhrzeigersinn. Daher kannst du anhand der Reihenfolge der Endpunkte im Kreisbogensymbol genau erkennen, welcher der beiden möglichen Kreisbögen gemeint ist.

Fall 2

Eine Gerade g berührt eine Kreislinie in genau einem Punkt B, wenn gilt:

$d\,(M; g)$ .... r

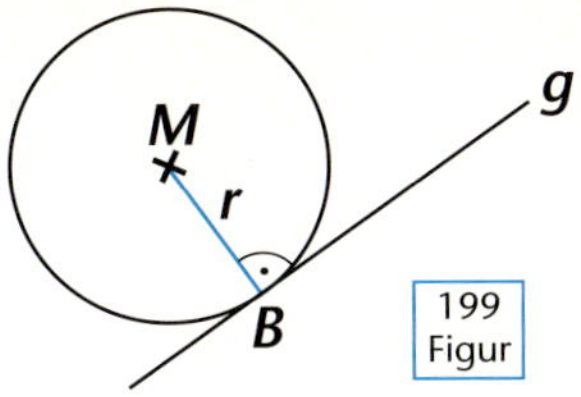

199 Figur

- Die Gerade g heißt in diesem Fall **Tangente** an den Kreis k.

Der Radius k, mit $\overline{MB} = r$, steht .... auf g, da r auch der Abstand des Punktes M von der Geraden g ist. (kurz: $[MB] \perp g$)

Fall 3

Eine Gerade g hat mit einer Kreislinie keinen gemeinsamen Punkt, wenn gilt:

$d\,(M; g)$ .... r

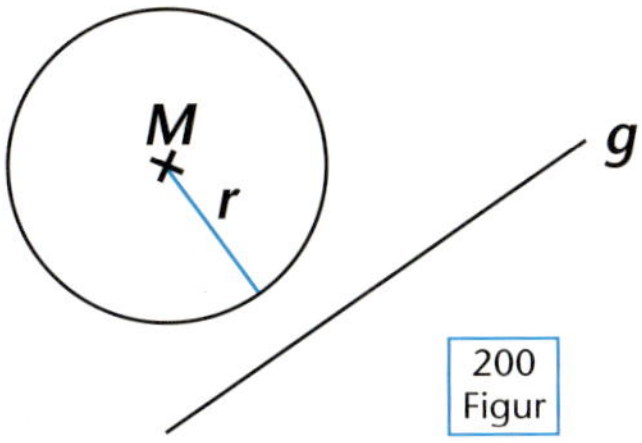

200 Figur

- Die Gerade g heißt in diesem Fall **Passante**.

1.2 Relative Lage zweier Kreise

Nachdem wir im letzten Abschnitt untersucht haben, wie ein Kreis und eine Gerade zueinander liegen können, wollen wir jetzt die verschiedenen Möglichkeiten betrachten, wie zwei Kreise zueinander liegen können. Und die gegenseitige Lage dieser Kreise werden wir algebraisch, also mithilfe einer Gleichung bzw. einer Ungleichung für die beiden Kreisradien ausdrücken.

Wir können fünf Fälle unterscheiden. Ergänze neben den Skizzen jeweils die entsprechende Bedingung für die Radien der Kreise.

Fall 1

Zwei Kreislinien liegen nebeneinander und **berühren** sich in einem Punkt, wenn gilt:

$\overline{M_1M_2}$ .... $r_1 + r_2$

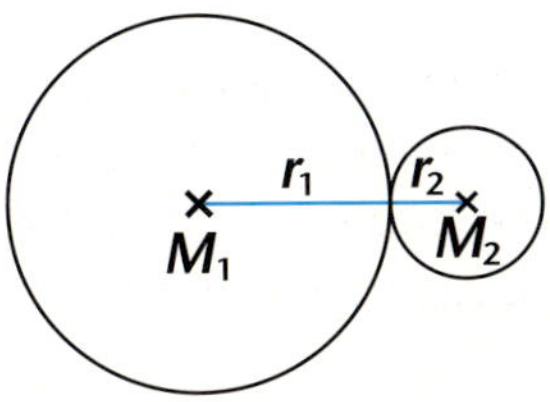

201 Figur

Fall 2

Eine Kreislinie liegt in einer zweiten. Sie **berühren** sich in einem Punkt, wenn gilt:

$\overline{M_1M_2}$ .... $r_1 - r_2$

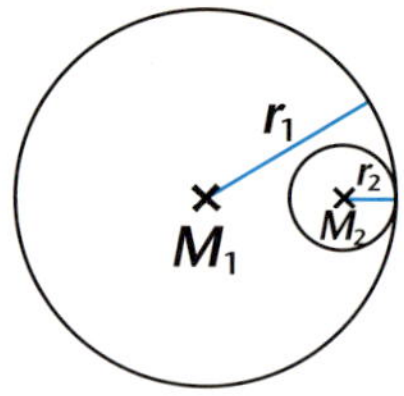

202 Figur

Fall 3

Zwei Kreislinien liegen nebeneinander und haben keinen Punkt gemeinsam, wenn gilt:

$\overline{M_1M_2}$ .... $r_1 + r_2$

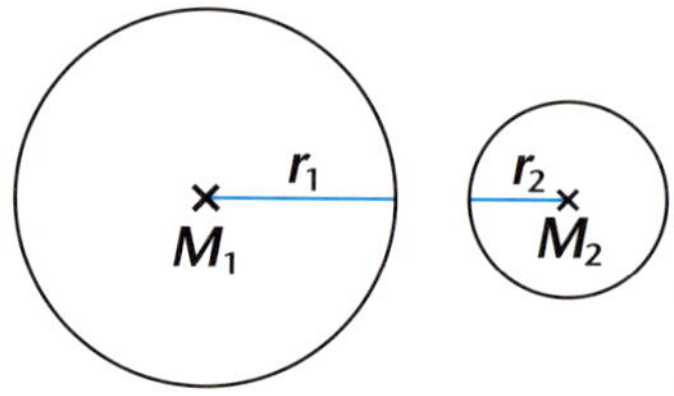

203 Figur

Fall 4

Eine Kreislinie liegt in einer zweiten. Sie haben keinen Punkt gemeinsam, wenn gilt:

$\overline{M_1M_2}$ .... $r_1 - r_2$

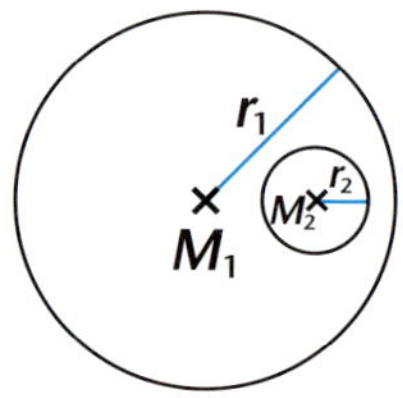

204 Figur

Fall 5

Zwei Kreislinien schneiden sich in zwei Punkten, wenn gilt:

$\overline{M_1M_2}$ .... $r_1 - r_2$

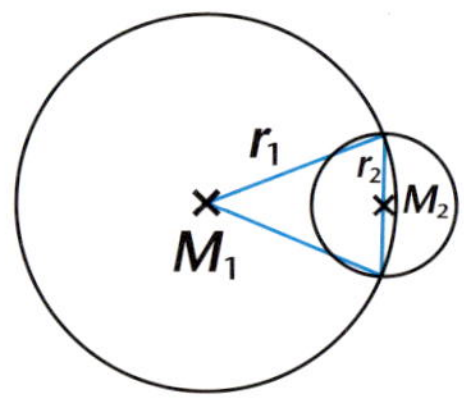

205 Figur

und zugleich:

$\overline{M_1M_2}$ .... $r_1 + r_2$

(Vergleiche die Dreiecksungleichungen auf Seite 42.)

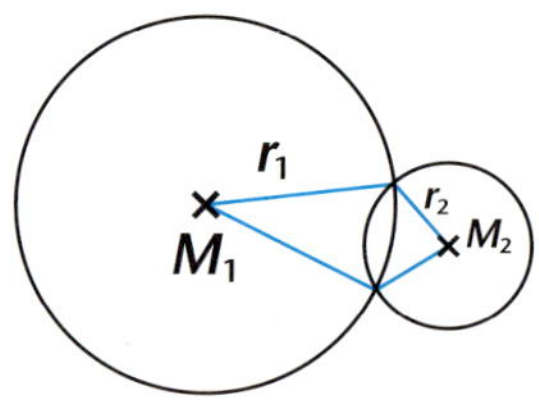

206 Figur

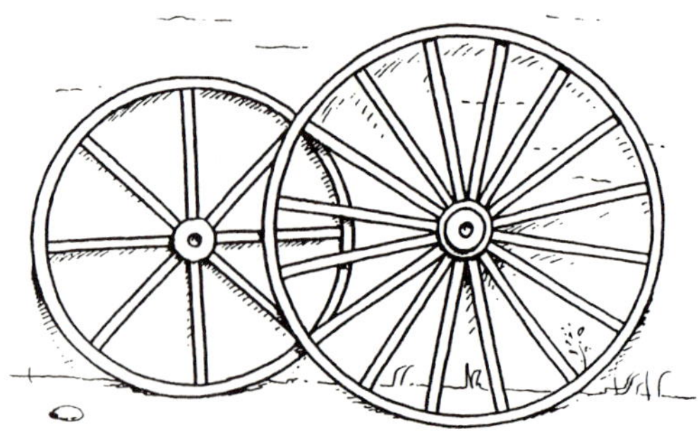

Aufgaben

E 1 Zeichne in Figur 207 (Zeichnungsteil) die Menge der Mittelpunkte von solchen Kreisen, die k in P berühren.

E 2 Wo liegen in Figur 208 (Zeichnungsteil) die Mittelpunkte der Kreise mit Radius 1 cm, die den Kreis k von innen berühren?

1.3 Tangentenkonstruktion

Im Abschnitt 1.1 hatten wir schon gesehen, dass die Tangente im Berührpunkt senkrecht auf dem zugehörigen Kreisradius steht. Diese Eigenschaft können wir zur Konstruktion der Tangente ausnutzen.

Problem

Konstruiere vom Punkt P aus die beiden Tangenten t_1 und t_2 an den Kreis k.

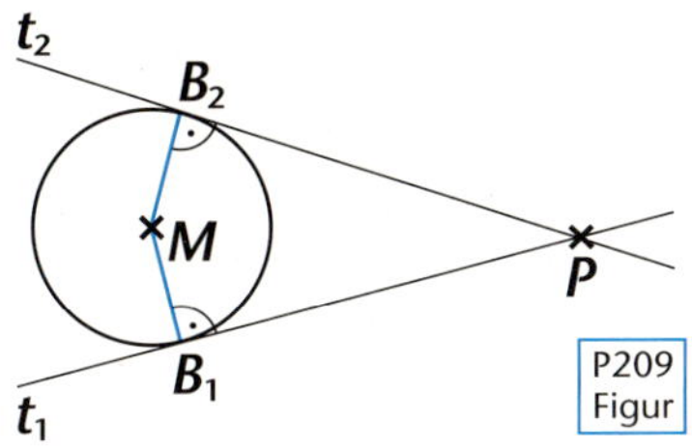

P209 Figur

Lösung

Da im $\triangle PMB_1$ bei B_1 ein .... Winkel und im $\triangle MPB_2$ bei B_2 ebenfalls ein .... Winkel liegt, liegen B_1 und B_2 auf dem ....-kreis zur Strecke $[MP]$.

$\Rightarrow$ Konstruiere in Figur 210 t_1 und t_2 mit dem Thaleskreis über $[MP]$.

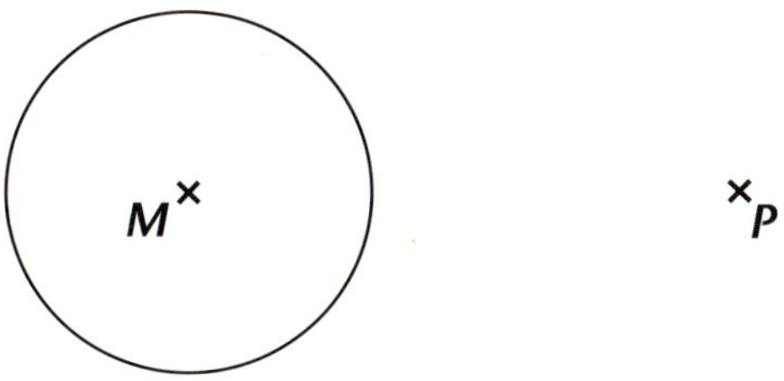

210 Figur

2. Winkel am Kreis

Es gibt am Kreis natürlich mehr Winkel als nur den des Thaleskreises. Um diese Winkel kennen zu lernen und um nutzbringend mit ihnen umgehen zu können, brauchen wir zuerst einmal drei Definitionen.

Wenn man die Endpunkte einer Sehne mit einem Punkt der Kreislinie verbindet, entsteht ein so genannter **Umfangswinkel** (auch **Randwinkel** bzw. **Peripheriewinkel**).

Dabei bezieht sich der Umfangswinkel immer auf den Kreisbogen, der in seinem Winkelfeld, also dem Winkel gegenüber, liegt.

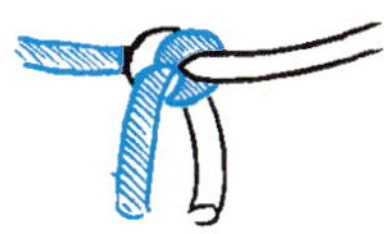

Beispiele

$\sphericalangle APB$ bezieht sich auf den Kreisbogen $\overset{\frown}{AB}$.

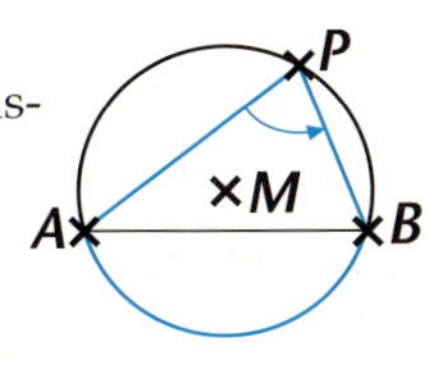

211a Figur

$\sphericalangle BQA$ bezieht sich auf den Kreisbogen $\overset{\frown}{BA}$.

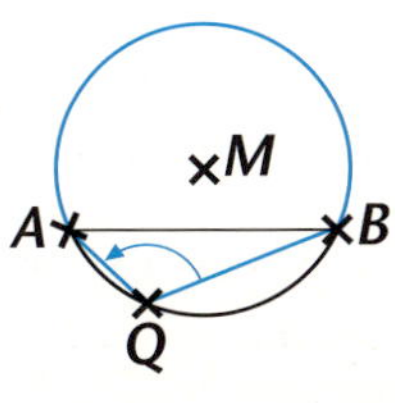

211b Figur

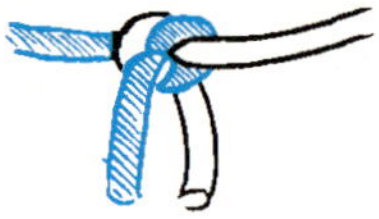

Wenn man die Endpunkte einer Sehne mit dem Mittelpunkt des Kreises verbindet, entsteht der so genannte **Mittelpunktswinkel** bzw. **Zentriwinkel**.

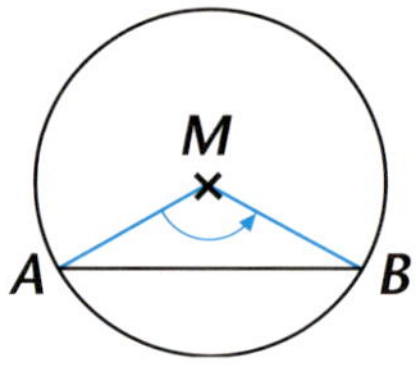

212
Figur

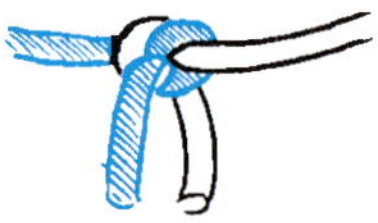

Wenn man durch einen Endpunkt einer Sehne die Tangente an den Kreis zeichnet, wird der spitze Winkel zwischen Sehne und Tangente als **Sehnen-Tangenten-Winkel** bezeichnet.

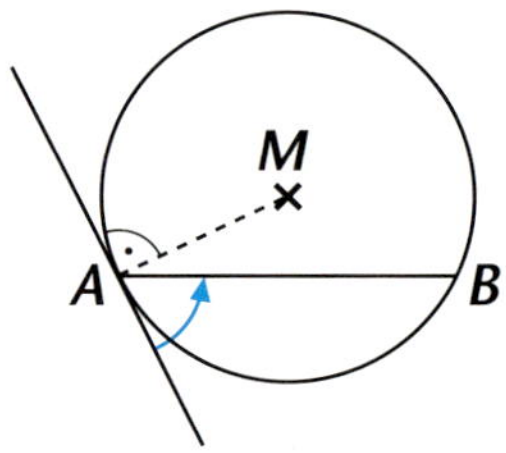

213
Figur

Nachdem wir nun drei verschiedene Winkel am Kreis kennen gelernt haben, folgen nun einige Sätze über Größenzusammenhänge zwischen diesen Winkeln.

2.1 Mittelpunktswinkelsatz

Der Mittelpunktswinkel über einer Sehne ist doppelt so groß wie der zugehörige Umfangswinkel.

Anhand von Figur 214 lässt sich der Mittelpunktswinkelsatz auch ganz einfach als Gleichung ausdrücken:

$\mu = 2\varphi$

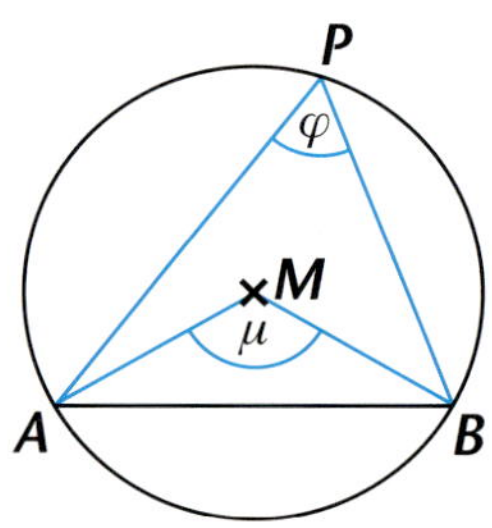

214
Figur

Beweis

Für den Winkel φ gilt in unserer Figur 215a:

$\varphi = \varphi_1$ .... φ_2

Da das $\triangle BPM$ ....
ist ($\overline{BM} = \overline{PM}$), gilt: Die Winkel bei B und P sind ....

➡ Bezeichne $\sphericalangle PBM$ mit φ_1 und den dritten Winkel in diesem Dreieck mit δ_1.

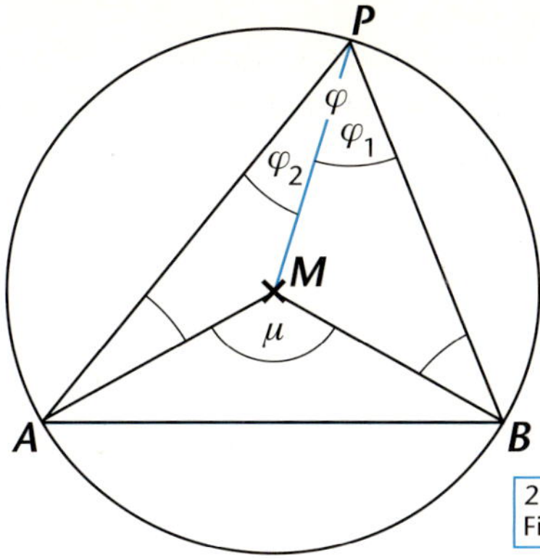

215a Figur

Da das $\triangle AMP$ ....
ist ($\overline{AM} = \overline{PM}$), gilt: Die Winkel bei A und B sind ....

➡ Bezeichne $\sphericalangle MAP$ mit φ_2 und den dritten Winkel in diesem Dreieck mit δ_2.

Für den Mittelpunktswinkel μ kann man der Figur 215b entnehmen:

$\mu = \mu_1 + \mu_2$

Und weiter gelten die Beziehungen:

$\mu_1 = 180° - \delta_1$ (Außenwinkelsatz, vgl. Abschnitt A 2)

$\delta_1 = 180° - 2\varphi_1$ (Winkelsumme im Dreieck – 2 · Basiswinkel des gleichschenkligen Dreiecks)

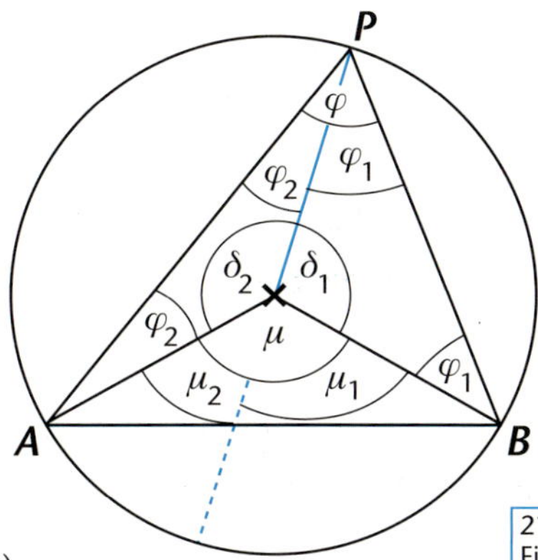

215b Figur

Eingesetzt erhält man: $\mu_1 = 180° - (180° - 2\varphi_1) = 2\varphi_1$

und auf analoge Weise: $\mu_2 = 2\varphi_2$

Jetzt können wir zusammenfassen: $\mu = \mu_1 + \mu_2 = 2\varphi_1 + 2\varphi_2 \quad \Rightarrow \mu = 2\varphi$

Beachte:
Diese Beziehung gilt für beide Umfangswinkel einer Sehne!

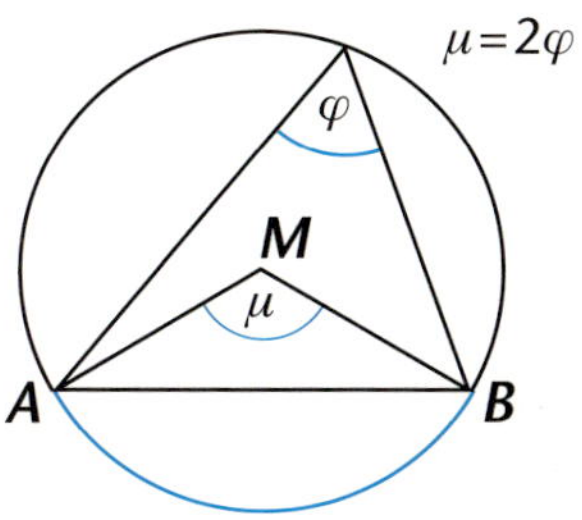

216a Figur

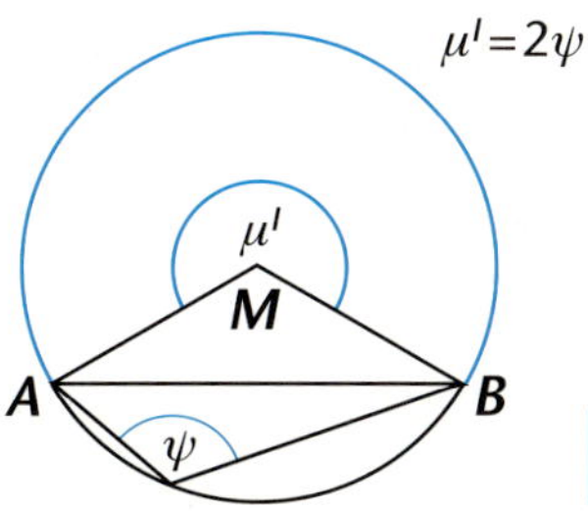

216b Figur

2.2 Sätze zum Umfangswinkel

Für die beiden Umfangswinkel φ und ψ gilt:

Zwei Umfangswinkel auf verschiedenen Seiten einer Sehne ergänzen sich zu 180°.

Wir müssen zeigen:

$$\varphi + \psi = 180°$$

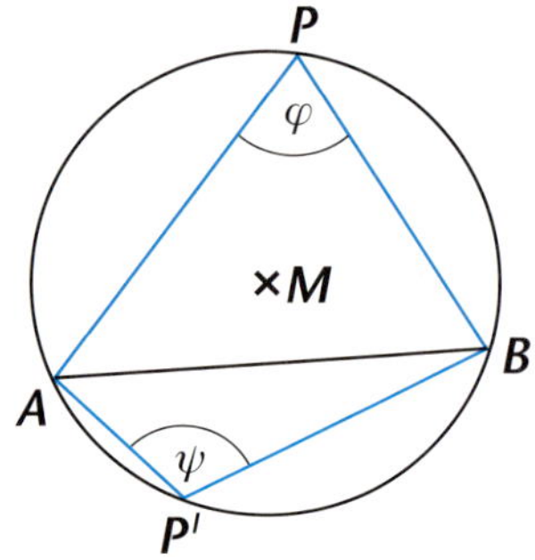

216c Figur

Beweis Für diesen Beweis genügt es, die Summe der beiden Mittelpunktswinkel als Gleichung aufzuschreiben und darauf dann den Mittelpunktswinkelsatz anzuwenden:

$$\underbrace{\mu} + \underbrace{\quad\mu'\quad} = \ldots\ldots°$$

$$2\varphi + \ldots\ldots = 360° \quad |:2$$

$$\varphi + \ldots\ldots = \ldots\ldots°$$

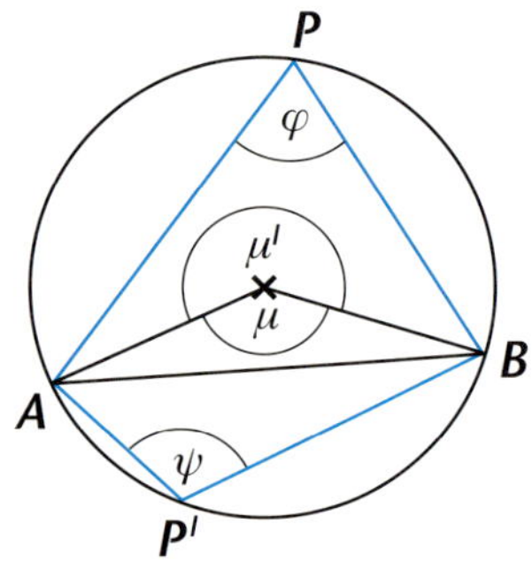

216d Figur

Ist dir aufgefallen, dass wir bei den Beweisen der beiden letzten Sätze gar nicht festgelegt haben, auf welchem Punkt der Kreislinie die Dreiecksspitze *P* bzw. *P'* liegen soll?

Die bewiesenen Winkelbeziehungen gelten also für *alle* Umfangswinkel über einer Sehne. Damit haben wir auch den **Umfangswinkelsatz** bewiesen:

Alle Umfangswinkel über einem Kreisbogen sind gleich groß.

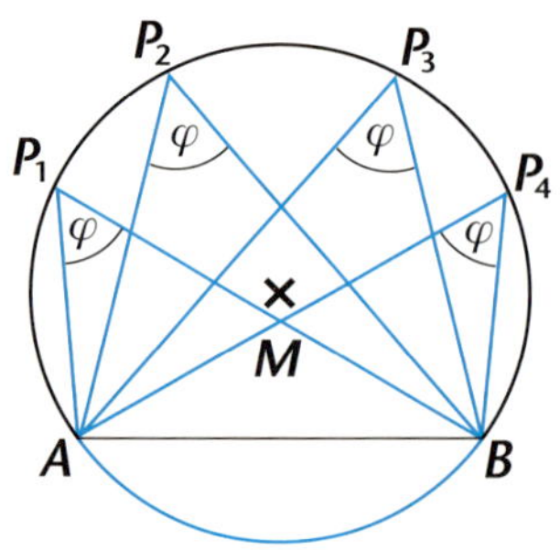

217a Figur

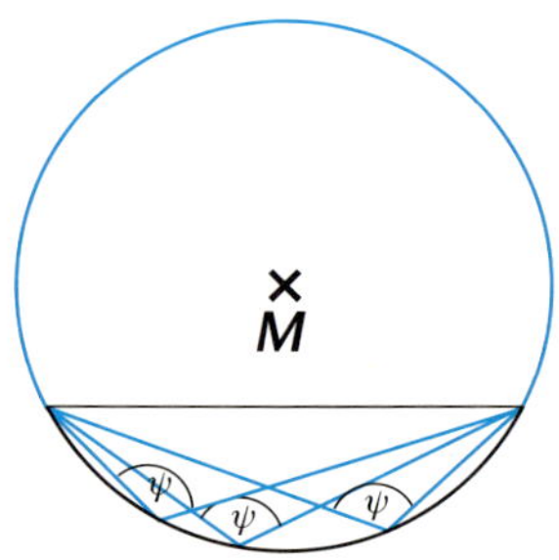

217b Figur

Sonderfall

Falls die beiden Kreisbögen über einer Sehne gleich groß sind, ist die Sehne ein .... des Kreises.

In diesem Fall tragen die Kreisbögen die Bezeichnung .... (vergleiche Abschnitt A4).

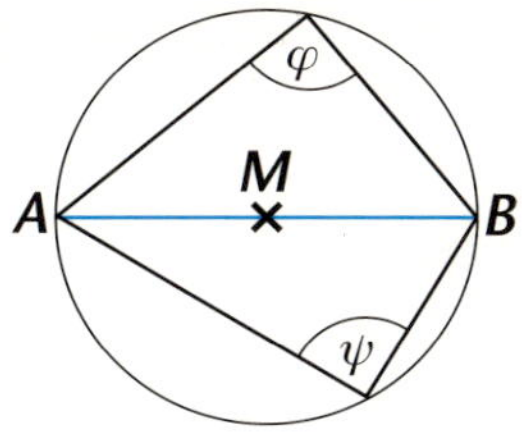

218 Figur

Der Satz des THALES wird noch einmal bestätigt, wenn wir unser Wissen über die Summe der beiden Umfangswinkel benutzen:

Dabei gilt mit $\left.\begin{array}{l}\varphi = \psi \\ \text{und } \varphi + \psi = 180^\circ\end{array}\right\} \Rightarrow \varphi = 90^\circ$ und $\psi = 90^\circ$

2.3 Satz zum Sehnen-Tangenten-Winkel

Damit wir die kennen gelernten Sätze auch in Konstruktionen anwenden können, müssen wir noch überlegen, wie wir über einer Sehne zu einem vorgegebenen Winkel φ den entsprechenden Kreisbogen zeichnen können. Bevor wir aber diesen Kreisbogen finden, müssen wir noch einen weiteren Satz kennen lernen.

Der Sehnen-Tangenten-Winkel ist halb so groß wie der zugehörige Mittelpunktswinkel. (**Sehnen-Tangenten-Winkel-Satz**)

Wir müssen zeigen, dass gilt: $\tau = \frac{\mu}{2}$

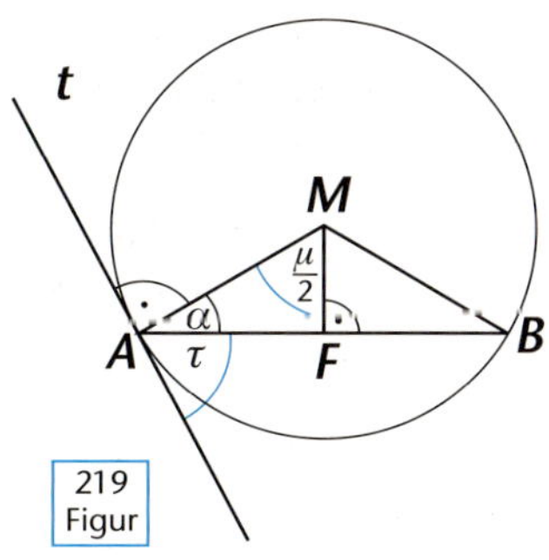

219 Figur

Beweis

Da das $\triangle ABM$ .... ist ($\overline{AM} = \overline{BM}$), gilt: Die Höhe von M (Spitze) auf $[AB]$ (Basis) halbiert den Winkel an der Spitze. Das bedeutet:

$\sphericalangle AMF = \frac{\mu}{2}$

Im rechtwinkligen Dreieck AFM gilt:

$\alpha + 90^\circ + \frac{\mu}{2} = 180^\circ$

➡ Löse die Gleichung auf nach: $\alpha =$ .... (I)

3 Da die Tangente t senkrecht auf dem Radius $[AM]$ steht, gilt:

$\alpha + \tau = 90°$

➡ Löse die Gleichung auf nach: $\alpha =$ .... (II)

4 Da bei den Gleichungen I und II die linken Seiten gleich sind, sind auch die rechten Seiten gleich.

Damit ergibt sich: .... (I) = ... (II)

5 Subtrahiere auf beiden Seiten 90° und multipliziere mit –1, dann haben wir bewiesen:

$\tau =$ ....

3. Konstruktionen mit den Kreiswinkel-Sätzen

3.1 Der Fasskreis

Problem

Wo liegen die Scheitel der Winkel, die mit den Endpunkten der gegebenen Strecke $[AB]$ einen Winkel von 70° bilden?
In Figur 220 siehst du ein Beispiel für eine Lösung.

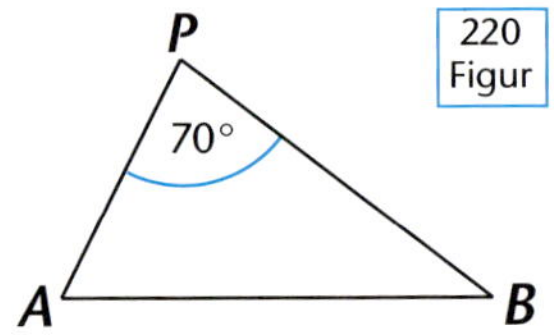

220 Figur

Lösung

Wir kombinieren den Mittelpunktswinkelsatz *(Der Mittelpunktswinkel über einer Sehne ist doppelt so groß wie der zugehörige Umfangswinkel)* mit dem Satz zum Sehnen-Tangenten-Winkel *(Der Sehnen-Tangenten-Winkel ist halb so groß wie der zugehörige Mittelpunktswinkel)* und kommen so zu einer weiteren Erkenntnis:

1 Der Sehnen-Tangenten-Winkel und der Umfangswinkel sind ....

221 Figur

2 Diese Erkenntnis können wir nützen, wenn wir die Strecke $[AB]$ als *Sehne* ansehen und die Tangente t zu dieser Sehne zeichnen:

➡ Trage den 70°-Winkel mit dem Scheitel in A und $[AB$ als zweitem Schenkel an. Zeichne t.

Der Radius [MA] steht .... auf t.

➡ Zeichne die Senkrechte [AM zu t.

Der Mittelpunkt M des gesuchten Kreises ist von A und B .... weit entfernt und liegt deshalb auf der .... zu [AB].

➡ Zeichne diese Gerade ein und benenne ihren Schnittpunkt mit [AM mit M.
➡ Zeichne den gesuchten Kreisbogen k ein.

Wenn du M an AB mit $M \xmapsto{AB} M'$ spiegelst, kannst du um M' („unterhalb" von [AB]) einen zu k symmetrischen Kreisbogen k' zeichnen, für den gilt:

Auch von allen Punkten auf k' erscheint die Sehne [AB] unter einem Winkel von 70°.

➡ Zeichne auch M' und k' in Figur 221 ein.

Die beiden Kreisbögen, für deren Punkte eine Strecke unter einem festen Winkel erscheint, heißen **Fasskreisbogenpaar**.

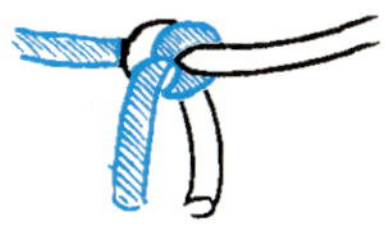

Aufgaben

E 3

Zeichne in Figur 222 im Zeichnungsteil das Fasskreisbogenpaar, für dessen Punkte die Strecke [AB] unter einem Winkel von 60° erscheint.

E 4

Konstruiere in Figur 224 im Zeichnungsteil ein $\triangle ABC$ mit $c = 5$ cm, $h_c = 2{,}5$ cm, $\gamma = 80°$.

Hinweis:
Zeichne den Fasskreisbogen zu [AB] für 80°.

P223
Figur

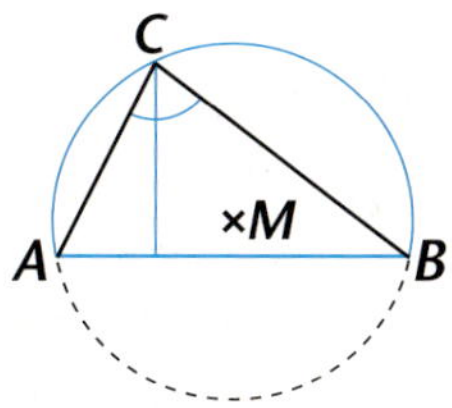

Die Konstruktion ist *eindeutig* / *nicht eindeutig*.

3.2 Reguläres Sechseck

Reguläre Vielecke

Bei einem regulären Vieleck sind alle Seiten gleich lang und alle Winkel gleich groß.
Jedes reguläre Vieleck hat einen Umkreis, der bei der Konstruktion eine wichtige Rolle spielt. Daher steht die Konstruktion eines regelmäßigen Sechsecks in diesem Kapitel.

Vollziehe die Konstruktion schrittweise nach, damit du dann die anschließende Begründung verstehen kannst.

Problem

Konstruiere ein reguläres Sechseck mit der Seitenlänge $a = 3$ cm.

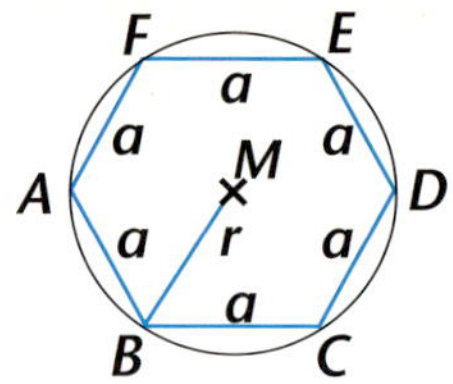

P225 Figur

In der Planfigur ist auch der Umkreis eingezeichnet. Bei der Konstruktion geben wir uns auf dem Umkreis einen Eckpunkt vor und konstruieren die weiteren fünf Eckpunkte.

Lösung

226 Figur

➡ Zeichne um M einen Kreis k mit dem Radius $r = 3$ cm und markiere einen beliebigen Punkt A auf der Kreislinie.

➡ Stich mit dem Zirkel mit der Öffnung 3 cm in A ein und markiere den Schnittpunkt B mit k – von A aus gegen den Uhrzeigersinn.

Stich mit dem Zirkel – mit derselben Öffnung – in B ein und markiere C auf k.

Finde entsprechend D, E und F.

- Wenn du in F mit dem Zirkel einstichst und den nächsten Punkt markierst, findest du wieder den Punkt ....

➡ Zeichne das Sechseck $ABCDEF$.

Bei jedem regulären Vieleck liegen die Eckpunkte auf einem Kreis; deshalb wird das Kreisschlagen immer „aufgehen" – *wenn wir die Seitenlänge des regulären Vielecks kennen*!
Wenn wir aber beim Kreisschlagen *genau den Radius* verwenden, so entsteht immer ein Sechseck!

Beweis Und um diese Behauptung zu beweisen, müssen wir zeigen, dass beim regulären Sechseck die Seitenlänge genau mit dem Radius übereinstimmt. Algebraisch müssen wir also zeigen, dass gilt: $a = r$

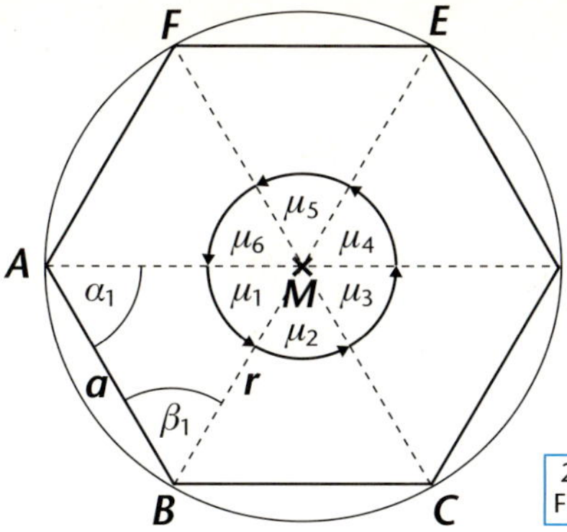

227 Figur

Wir gehen aus von einem regulären Sechseck, vergleiche Figur 227. Daher wissen wir, dass alle seine Ecken auf dem Umkreis liegen und alle seine Kanten gleich lang sind.

Das $\triangle ABM$ ist gleichschenklig, denn es gilt: $\overline{AM} = \overline{BM} = r$

- Daher sind die Winkel an der Basis gleich: $\alpha_1 =$ ....

Da das Sechseck regulär ist, sind alle Winkel bei M ....
Für die Summe der Winkel bei M gilt:

$$\mu_1 + \mu_2 + \mu_3 + \mu_4 + \mu_5 + \mu_6 = \text{.........................}^\circ$$

- Also gilt wegen der Gleichheit dieser Winkel: $\mu_1 =$ ....°
- Im $\triangle ABM$ ergibt sich damit: $\alpha_1 + \beta_1 = 180° - \mu_1 =$ ....°

Da α_1 und β_1 gleich sind, gilt: $\alpha_1 = \beta_1 =$ ....°

Ein Dreieck mit drei 60°-Winkeln ist ein .... Dreieck.

Damit haben wir gezeigt: $a = r$

F

Einführung in die Raumgeometrie

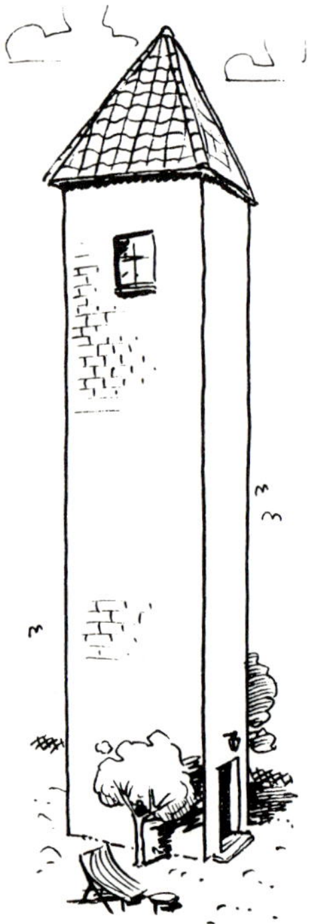

Bisher haben wir ebene Geometrie oder auch zweidimensionale Geometrie betrieben. Dabei haben wir uns mit Figuren beschäftigt, die in der Zeichenebene liegen – zum Beispiel mit Geraden, Dreiecken, Vierecken oder Kreisen.

In diesem letzten Kapitel findest du räumliche oder auch dreidimensionale Probleme – hier geht's um Geraden und Ebenen im Raum und um Körper, wie zum Beispiel Würfel, Pyramiden oder Prismen.

Wenn in der räumlichen Geometrie eine dritte Dimension dazukommt, müssen wir „Tricks" kennen lernen, um in der zweidimensionalen Zeichenebene auch die dritte Dimension darzustellen. Darüber hinaus werden wir neue Berechnungen dürchführen: Nach Längen und Flächeninhalten werden wir als neue Größe erstmals **Rauminhalte** berechnen. (Das Fremdwort für Rauminhalt ist **Volumen**; in der Mehrzahl: Volumen oder Volumina.)

Die wichtigsten Eigenschaften und Definitionen in der Raumgeometrie kannst du dir an den folgenden Grundformen der Körper klarmachen.

gerade Prismen

228a Figur

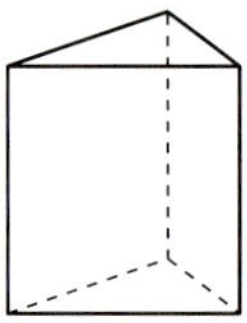

Dreiecksäule bzw. Dreieckprisma

228b Figur

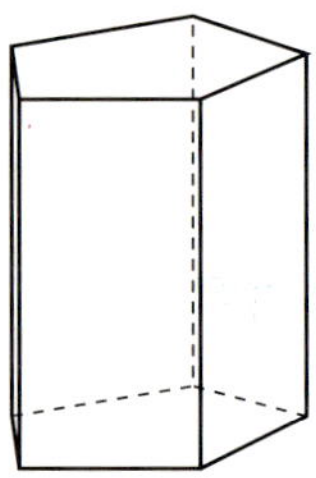

Fünfecksäule bzw. Fünfeckprisma

228c Figur

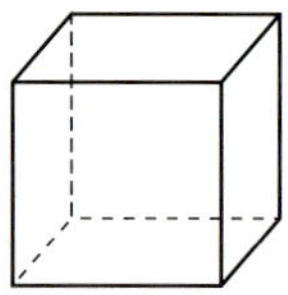

Würfel (alle Kanten sind gleich lang)

228d Figur

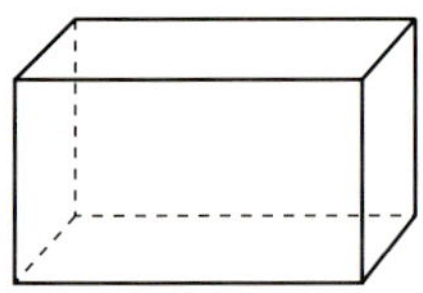

Quader (Grundfläche ist Rechteck)

gerade Pyramiden

229a Figur

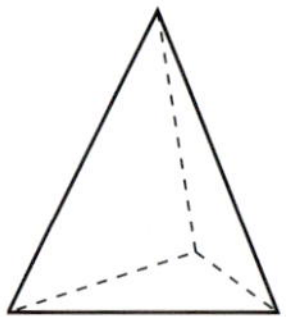

Dreieckpyramide

229b Figur

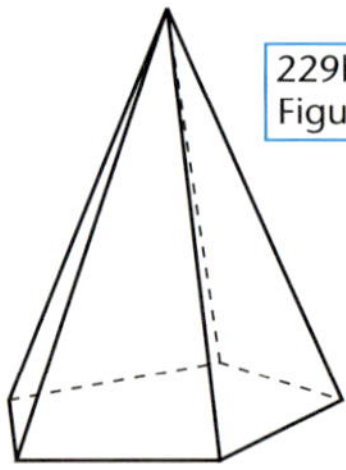

Fünfeckpyramide

229c Figur

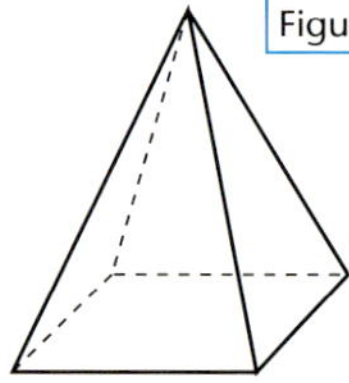

quadratische Pyramide

229d Figur

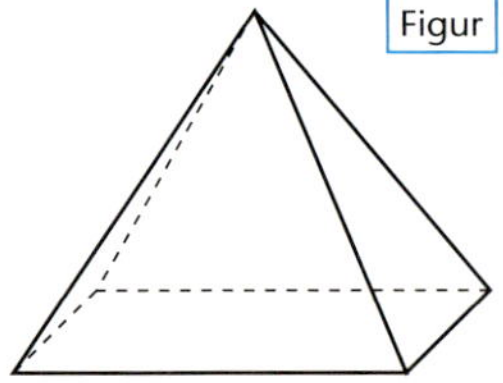

rechteckige Pyramide

1. Grundlegende Begriffe

Wir beschränken uns zunächst auf Körper mit ebenen Begrenzungsflächen. Körper mit gekrümmten Begrenzungsflächen wie zum Beispiel

Zylinder  und Kegel 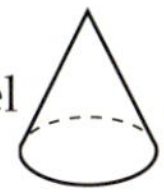 findest du im Band 635 der Mentor Lernhilfen.

Als Grundflächen unserer Körper treten jeweils Vielecke auf.

Bei den **geraden Prismen** liegen Grund- und Deckfläche parallel zueinander und sind kongruent. Die Seitenflächen sind jeweils ....ecke. Die Seitenflächen stehen senkrecht auf Grund-und Deckfläche.

Bei den **Pyramiden** treffen sich alle Seitenflächen in einem Punkt über der Grundfläche.
Die Seitenflächen sind jeweils ....

(Die Flächeninhalte aller Begrenzungsflächen der hier vorgestellten Körper kannst du also mit den bereits erworbenen Kenntnissen schon berechnen.)

Wenn wir uns eine der Begrenzungsflächen über ihre Seiten hinaus unbegrenzt ausgedehnt vorstellen, erhalten wir eine **Ebene im Raum**. Dies sollen dir die Figuren 230a und 230b verdeutlichen.

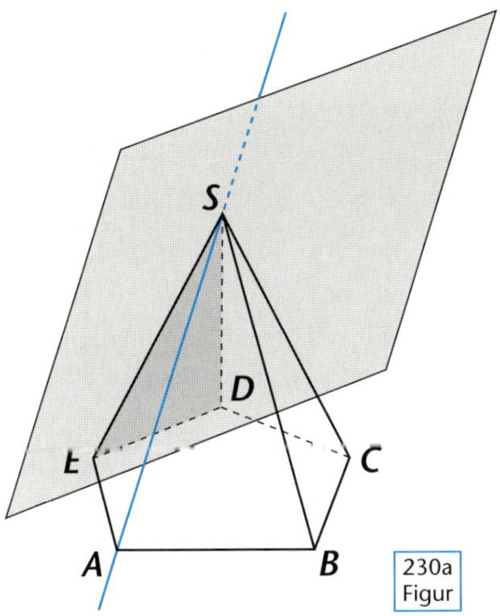

230a Figur

- Dabei kannst du aus Figur 230a ablesen, dass eine Ebene im Raum bereits festgelegt ist, wenn *zwei / drei / vier* Punkte feststehen, die auf der Ebene liegen sollen.
- Um eine **Gerade im Raum** festzulegen (vergleiche Gerade *AS* in Figur 230a), genügt es, wenn *zwei / drei / vier* Punkte feststehen, die auf der Gerade liegen sollen.

Vereinbarung
Die Ebene, in der die Seitenfläche *DCHI* liegt, lässt sich kurz schreiben: Ebene *DCH* oder auch Ebene *CHI* oder ...
(Jeweils drei Punkte genügen.)

230b Figur

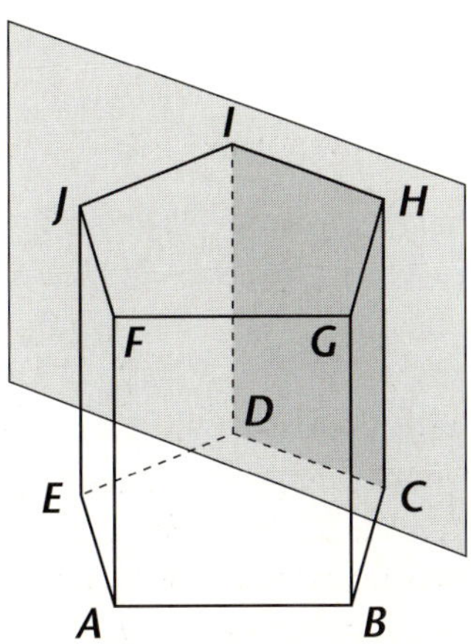

Die verschiedenen Möglichkeiten, eine Ebene im Raum festzulegen, kannst du dir mit folgenden Skizzen vorstellen. Dabei wird die Ebene – die du dir natürlich unendlich ausgedehnt vorstellen sollst – durch ein Stück Karton dargestellt.

1. Möglichkeit

231a Figur

Auf drei Fingerkuppen – sie stehen für die drei Punkte – kannst du den Karton balancieren. Dabei kannst du dir noch eine wichtige Eigenschaft klarmachen, die für die drei Punkte gelten muss: Die drei Punkte dürfen nicht auf einer Geraden liegen!
Denn wenn du die drei Fingerkuppen in einer Reihe hältst, kippt der Karton! – Das heißt, die Ebene ist dann *nicht* festgelegt.

2. Möglichkeit

231b Figur

Auch auf einem Bleistift und einer Fingerkuppe – sie stehen für eine Gerade und einen Punkt – kannst du den Karton balancieren.
Dabei darf die Fingerkuppe nicht auf der Verlängerung des Bleistifts liegen – bzw. der Punkt muss neben der Geraden liegen.

3. Möglichkeit

231c Figur

Auch auf zwei Bleistiften – sie stehen für zwei verschiedene Geraden, die parallel verlaufen oder sich schneiden – kannst du den Karton balancieren.

In der *ebenen Geometrie* gilt:
Zwei Geraden, die nicht zusammenfallen, haben entweder einen Schnitt.......................... oder sie verlaufen .... zueinander.

In der *räumlichen Geometrie* gelten zwar viele Gesetzmäßigkeiten der ebenen Geometrie weiter, aber es kommen neue Gesetzmäßigkeiten hinzu. Zunächst geht es in der räumlichen Geometrie darum, wie zwei Ebenen zueinander liegen können; anschließend soll die gegenseitige Lage von zwei Geraden untersucht werden.

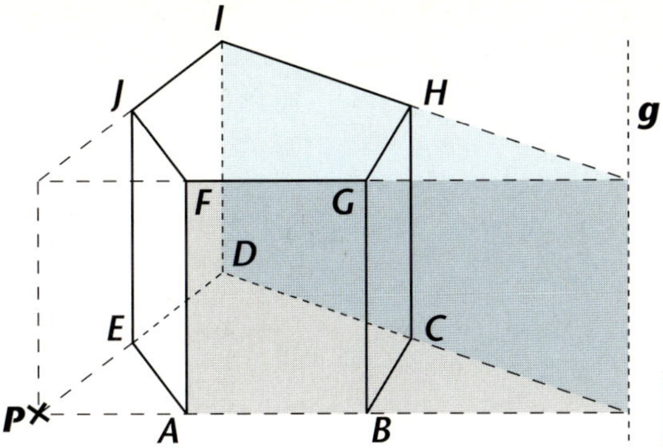

232
Figur

- Zwei *Ebenen*, die nicht zusammenfallen, haben entweder eine Schnitt- ………………… (Ebene $CHI \cap$ Ebene $ABG = g$)

  oder die Ebenen verlaufen ………………… zueinander (Ebene $ABC \parallel$ Ebene FGH).

- Zwei *Geraden*, die nicht zusammenfallen, haben entweder einen ………………… ($AB \cap DE = \{P\}$)

  oder sie verlaufen ………………… zueinander ($AB \parallel FG$)

  oder sie verlaufen **windschief** zueinander ($AB \nparallel EJ$ und $AB \cap EJ = \{\ \}$).

Zur Unterstützung deiner Anschauung:

Zwei Geraden können

parallel verlaufen, sich schneiden, windschief verlaufen.

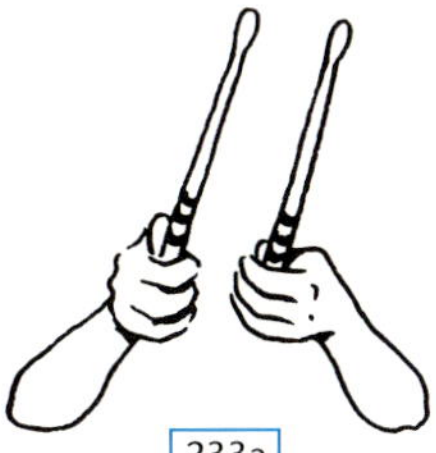

233a
Figur

233b
Figur

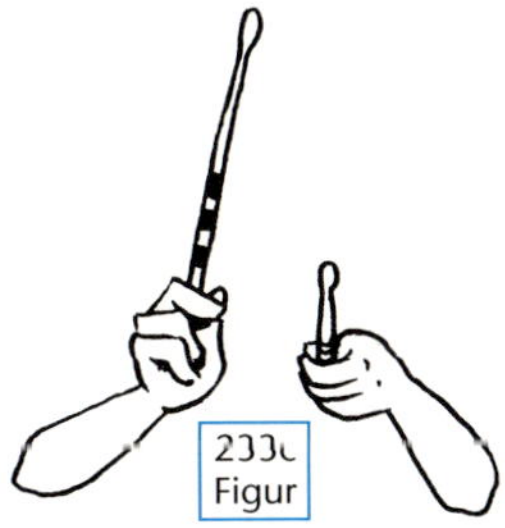

233c
Figur

Für zwei **Geraden** im Raum gilt:

- Sie sind *parallel*, wenn sie in einer Ebene liegen und keinen Schnittpunkt haben.
- Sie sind *windschief*, wenn sie nicht in einer Ebene liegen.

Für zwei **Ebenen** im Raum gilt:

- Sie sind *parallel*, wenn sie sich nicht schneiden.
- Wenn sie *nicht parallel* sind, schneiden sie sich in einer Geraden.

Aufgaben

Die Aufgaben F 1 und F 2 beziehen sich auf das nebenstehende Prisma:

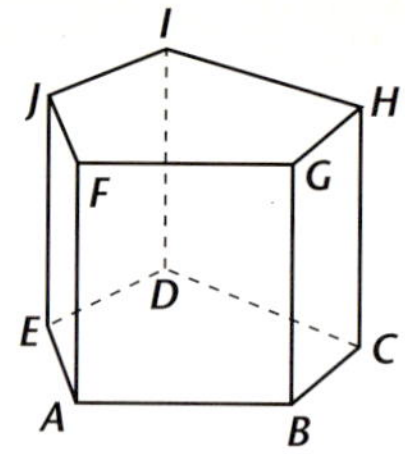

234 Figur

F 1 Kreuze an, wie sich die durch Prismapunkte festgelegten Geraden zueinander verhalten.

	schneiden sich	sind parallel	sind windschief
a) *AB* und *DE*			
b) *DI* und *GB*			
c) *GH* und *IE*			
d) *DC* und *EG*			
e) *DC* und *EA*			
f) *IJ* und *AC*			
g) *IC* und *EH*			

F 2 Entscheide für die Ebenen:

	sind parallel	schneiden sich
a) Ebene *ABC* und Ebene *EJD*		
b) Ebene *EDC* und Ebene *FGH*		
c) Ebene *BCH* und Ebene *AEF*		

F 3 Beim Quader *ABCDEFGH* …

a) … gibt es *zwei* / *drei* / *vier* Paare von parallelen Flächen;

b) … verlaufen je *zwei* / *drei* / *vier* Kanten zueinander parallel.

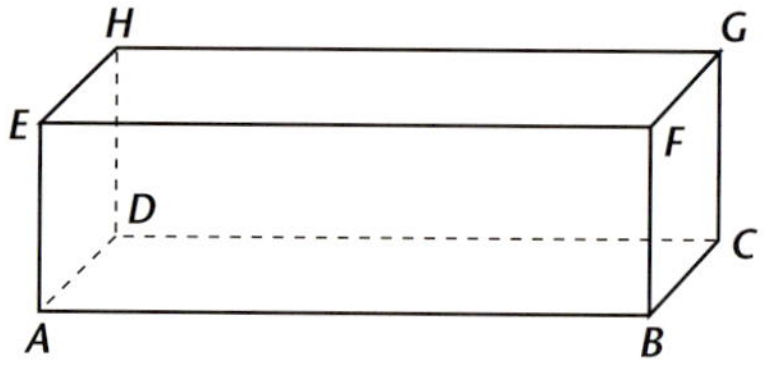

235 Figur

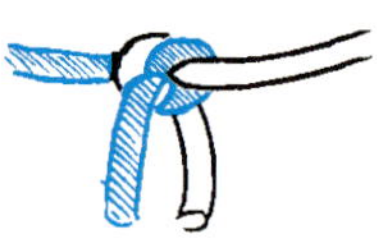

Eine **Gerade *g* steht senkrecht** auf einer Ebene $\mathbb{E}$, wenn *g* auf allen Geraden der Ebene senkrecht steht, die durch den Schnittpunkt *S* von *g* und $\mathbb{E}$ gehen.

Kurzschreibweise: $g \perp \mathbb{E}$

g heißt auch **Lotgerade** zur Ebene $\mathbb{E}$.

Man sagt auch: *g* ist **orthogonal** zur Ebene $\mathbb{E}$.

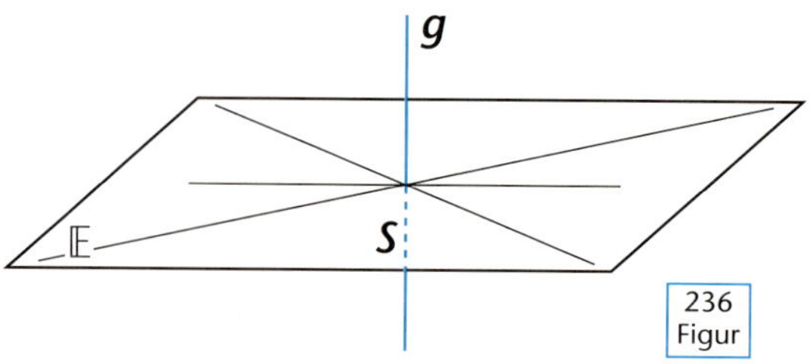

236 Figur

Mit $FB \perp$ Ebene ABC gilt zum Beispiel:

$FB \perp AB$ und
$FB \perp DB$ und
$FB \perp BC$

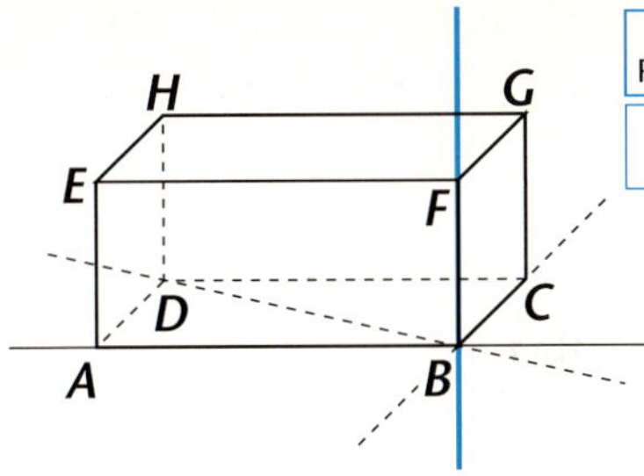

237
Figur

Beispiel

Aufgabe
F 4

Nenne drei Geraden der Ebene DCG, die senkrecht auf der Geraden EH stehen.

$EH \perp$ ....; $EH \perp$ ....;
$EH \perp$ ....

238
Figur

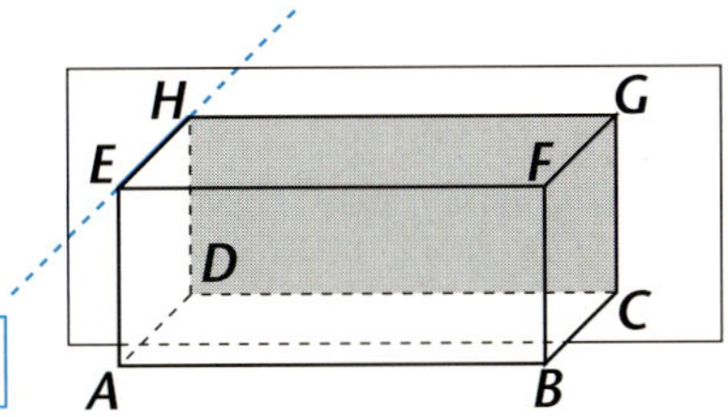

Zwei Ebenen $\mathbb{E}_1$ und $\mathbb{E}_2$ **stehen senkrecht** aufeinander, wenn es in $\mathbb{E}_1$ eine Lotgerade zu $\mathbb{E}_2$ gibt bzw. wenn es in $\mathbb{E}_2$ eine Lotgerade zu $\mathbb{E}_1$ gibt.

Kurzschreibweise: $\mathbb{E}_1 \perp \mathbb{E}_2$

$\mathbb{E}_1$ heißt auch **Lotebene** zu $\mathbb{E}_2$ bzw. $\mathbb{E}_2$ heißt Lotebene zu $\mathbb{E}_1$.

Man sagt auch: $\mathbb{E}_1$ ist **orthogonal** zu $\mathbb{E}_2$ bzw. $\mathbb{E}_2$ ist orthogonal zu $\mathbb{E}_1$.

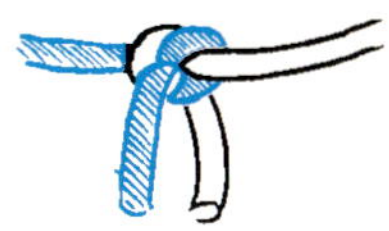

Anhand der Figur 239 kannst du sehen:

- Die Gerade g liegt in der Ebene $\mathbb{E}_1$ (mathematisch: g ist Teilmenge von $\mathbb{E}_1$ oder kurz: $g \subset \mathbb{E}_1$) und die Gerade g steht senkrecht auf der Ebene $\mathbb{E}_2$ (kurz: $g \perp \mathbb{E}_2$).
- Die Gerade h liegt in der Ebene $\mathbb{E}_2$ (mathematisch: h ist Teilmenge von $\mathbb{E}_2$ oder kurz: $h \subset E_2$) und die Gerade h steht senkrecht auf der Ebene $\mathbb{E}_1$ (kurz: $h \perp \mathbb{E}_1$).

239
Figur

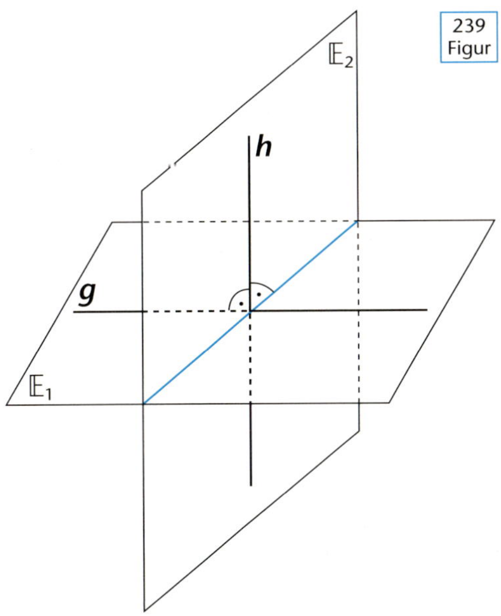

Aufgabe F 5

Nenne sechs Ebenen, die senkrecht auf der Ebene *BCG* stehen.

Ebene ....; Ebene ....;

Ebene ....; Ebene ....;

Ebene ....; Ebene ....

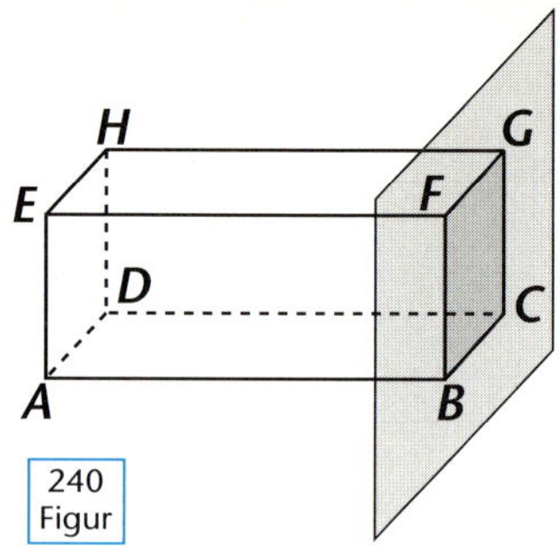

240 Figur

Die Definitionen für beliebige Winkel zwischen zwei Ebenen bzw. zwischen Gerade und Ebene findst du im Band Geometrie 1 für die 9./10. Klasse (ML 635).

2. Schrägbilddarstellung

Zur Darstellung räumlicher Körper in der Zeichenebene wird im Allgemeinen ein Schrägbild gezeichnet. Die Entstehung kannst du dir etwa so vorstellen:

Das Drahtmodell eines Körpers steht vor einer Projektionswand und wird von parallelen Lichtstrahlen, wie zum Beispiel Sonnenlicht, angestrahlt. Als Schattenwurf entsteht das Schrägbild. (Wenn die Lichtstrahlen nicht parallel wären, würde der Körper vergrößert erscheinen.)

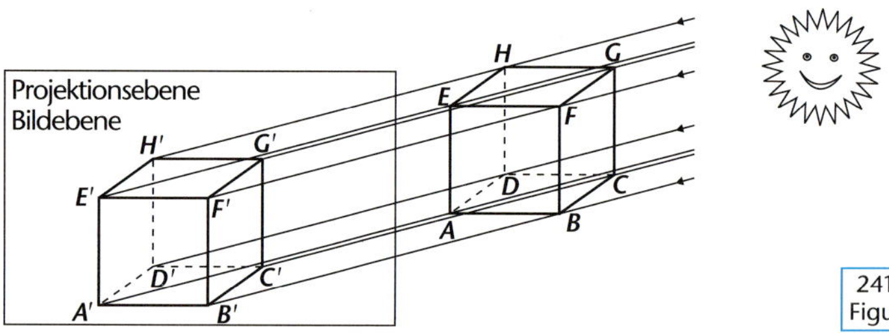

241 Figur

Die Bildpunkte in der Schrägbilddarstellung sind – wie bei den Figuren im Band 1 – wieder mit einem Strich gekennzeichnet.

Dabei gelten folgende **Abbildungsgesetze**:

Alle Strecken, die *parallel zur Projektionsebene* verlaufen, werden in *wahrer Größe* abgebildet.

Damit gilt auch:

Parallele Strecken werden auf parallele Strecken abgebildet.

Alle Strecken, die *senkrecht zur Projektionsebene* verlaufen, werden im gleichen **Abbildungmaßstab** q *verkürzt* und bilden mit der Waagrechten einen festgelegten **Abbildungswinkel** ω.

Verschiedene Würfeldarstellungen:

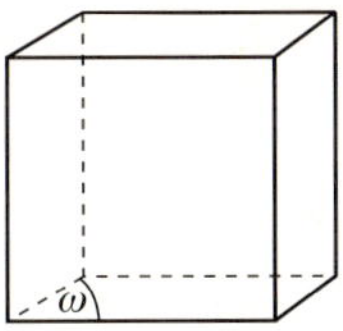

242a Figur

$q = \frac{1}{3};\ \omega = 30°$

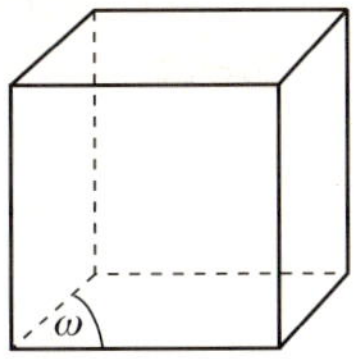

242b Figur

$q = \frac{1}{2};\ \omega = 45°$

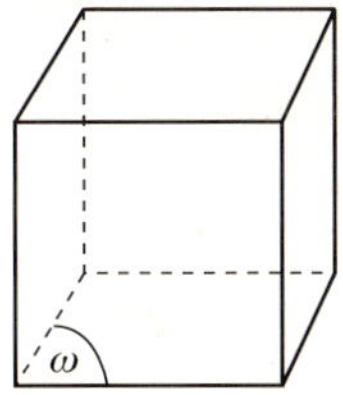

242c Figur

$q = \frac{2}{3};\ \omega = 60°$

Sichtbare Kanten werden mit durchgezogenen Linien, unsichtbare Kanten mit gestrichelten Linien gezeichnet.

2.1 Prismen

Damit wir das Schrägbild eines Prismas zeichnen können, müssen gegeben sein:

- die Grundfläche und ihre Stellung zur Projektionsebene,
- die Körperhöhe,
- der Abbildungsmaßstab q und
- der Abbildungswinkel ω.

Problem

Zeichne das Schrägbild eines Quaders, dessen Grundfläche ein Rechteck $ABCD$ mit $a = 4{,}5$ cm, $b = 3$ cm ist und dessen Körperhöhe $h = 4$ cm beträgt. (Vergleiche als Planfigur die Figur 240.) Die Kante $[AB]$ sowie die Höhe h sollen parallel zur Projektionsebene verlaufen, mit $q = \frac{1}{2}$ und $\omega = 45°$.

Grundfläche:

243 Figur

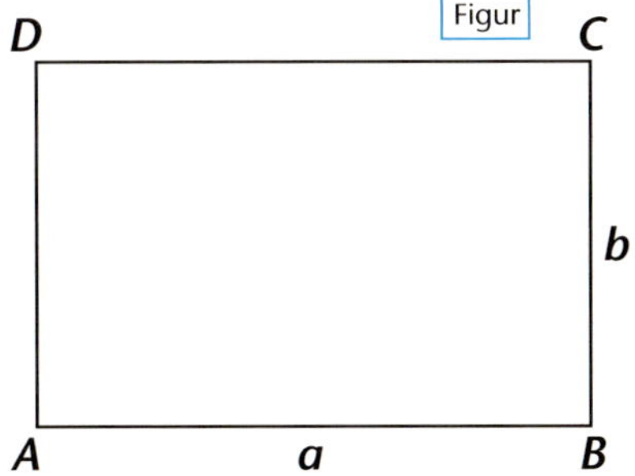

Lösung

Die Strecke $[A'B']$ lässt sich problemlos zeichnen: Als Parallele zur Projektionsebene wird sie mit der Länge .... cm abgebildet.

$[A'D']$ und $[B'C']$ bilden mit der Geraden $A'B'$ einen Winkel von ....° und haben eine Länge von .... cm.

➡ Zeichne die Punkte D' und C' ein.

Die Körperhöhen $[AE]$, $[BF]$, $[CG]$ und $[DH]$ haben in der Projektion eine Länge von .... cm.

244 Figur

➜

➡ Zeichne die Punkte E', F', G' und H' ein.

➡ Zeichne die sichtbaren Kanten mit durchgezogenen Linien und die verdeckten Kanten mit gestrichelten Linien.

Beispiel

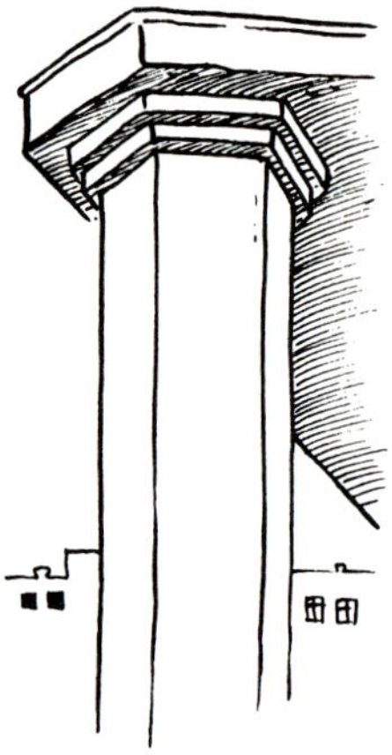

Zeichne das Schrägbild einer Sechsecksäule, deren Grundfläche ein reguläres Sechseck mit der Seitenlänge 2 cm und deren Höhe $h = 5$ cm ist. Die Kante $[BC]$ der Grundfläche und die Körperhöhe h sollen parallel zur Bildebene liegen; $q = \frac{1}{2}$; $\omega = 45°$.

Grundfläche:

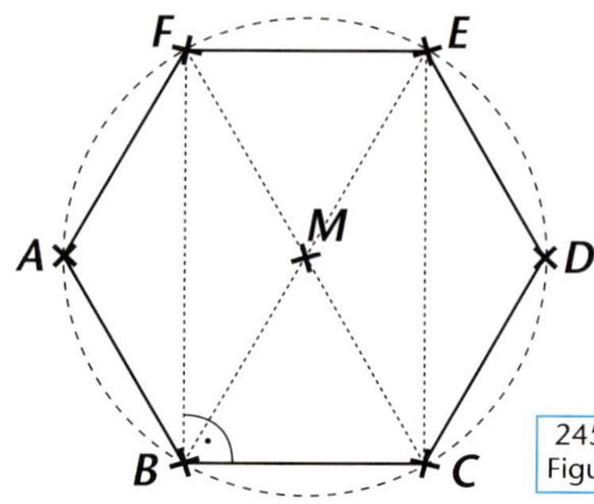

245 Figur

246 Figur

Lösung

Zeichne selbstständig anhand der folgenden Hinweise.

1. Miss $\overline{BF}$ in Figur 245 ab und zeichne F', indem du q und ω beachtest. (Hinweis: $BF \perp BC$)
2. E' kannst du zeichnen, da mit $FE \parallel BC$ auch $F'E' \parallel B'C'$ und daher $\overline{F'E'} = \overline{B'C'}$ ist.
3. Die Strecke $[AD]$ wird in wahrer Größe abgebildet, da sie parallel zur Bildebene verläuft; finde im Schrägbild den Punkt M' und zeichne $[A'D']$, sodass M' die Strecke $[A'D']$ halbiert.
4. Zeichne die Eckpunkte der Deckfläche 5 cm über den Eckpunkten der Grundfläche. (Die Körperhöhe liegt parallel zur Bildebene und wird daher nicht verkürzt!)
5. Berücksichtige beim Zeichnen der Sechsecksäule, welche Kanten sichtbar bzw. verdeckt sind.

Aufgaben F 6

Zeichne im Zeichnungsteil (Figur 248) das Schrägbild einer Achtecksäule, deren Grundfläche ein reguläres Achteck ist und deren Höhe $h = 5$ cm ist. Die Kante $[BC]$ der Grundfläche und die Höhe sollen parallel zur Bildebene liegen; $q = \frac{1}{2}$; $\omega = 45°$.

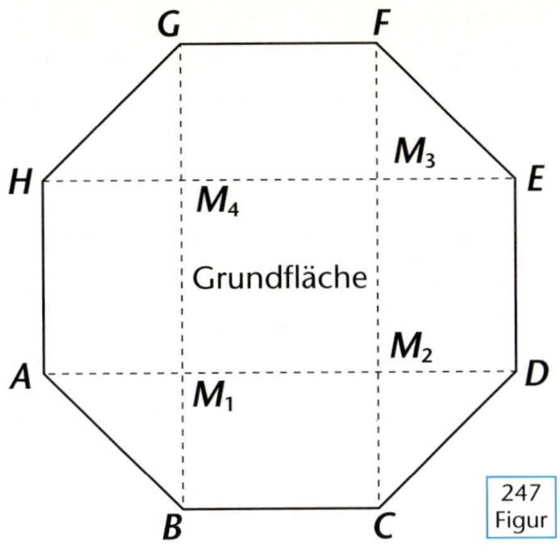

247 Figur

Lösungshinweise:

1. Finde H' und E'. (Beachte: $\overline{A'H'} = \frac{1}{2}\,\overline{AH}$ und $\overline{H'E'} = \overline{HE}$)
2. Trage M_1', M_2', M_3', M_4' ein. (Beachte: Die Längen $\overline{AM_1}$, $\overline{M_1M_2}$ und $\overline{M_2D}$ kannst du mit dem Zirkel oder mit dem Lineal aus Figur 247 übertragen.)
3. Finde G' und F'. (Beachte: $\overline{M_4'G'} = \frac{1}{2}\,\overline{M_4G}$)
4. Finde B' und C'.
5. Finde die Eckpunkte der Deckfläche.
6. Überlege beim Zeichnen der Achtecksäule, welche Kanten sichtbar bzw. verdeckt sind.

F 7

Zeichne das Schrägbild eines Würfels mit der Kantenlänge $a = 4$ cm. Zwei Kanten der Grundfläche und die Höhen sollen parallel zur Bildebene verlaufen; $q = \frac{1}{3}$; $\omega = 30°$!

Zeichne die Grundfläche (Figur 249) und die Lösung (Figur 250) auf ein Beiblatt. Hinweis: Beginne jeweils mit der Kante AB bzw. $A'B'$ zu zeichnen.

F 8

Zeichne das Schrägbild eines Quaders mit den Kantenlängen $a = 5$ cm, $b = 3$ cm und der Höhe $h = 4$ cm. Die Grundflächendiagonale $[AC]$ sowie die Höhe sollen parallel zur Bildebene verlaufen; $q = \frac{1}{2}$; $\omega = 60°$!

Grundfläche:

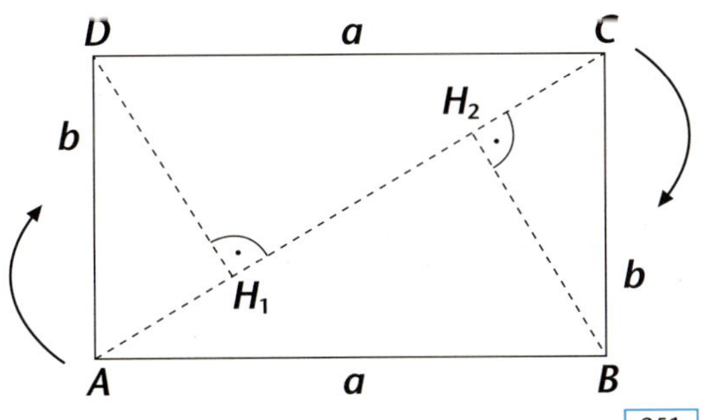

251 Figur

Hinweis:
In Figur 251 ist die Grundfläche $ABCD$ mit zwei Hilfspunkten H_1 und H_2 gezeichnet.
Beginne bei deiner Lösung im Zeichnungsteil (Figur 252) mit der Diagonalen $A'C'$ und finde B' und D' mithilfe von H_1 und H_2.

2.2 Pyramiden

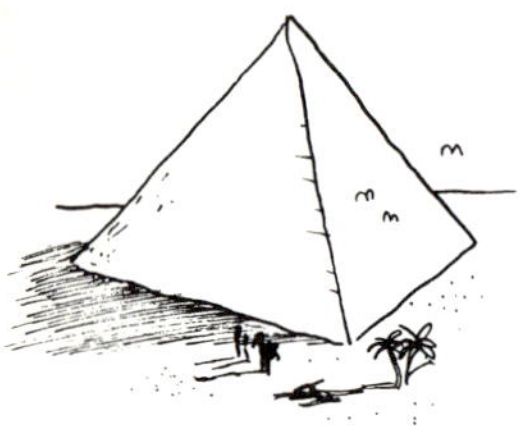

Damit wir das Schrägbild einer Pyramide zeichnen können, müssen wieder gegeben sein:

- die Grundfläche und ihre Stellung zur Projektionsebene,
- die Körperhöhe,
- der Abbildungsmaßstab q und
- der Abbildungswinkel ω.

Problem

Zeichne das Schrägbild einer Pyramide, deren Grundfläche ein Dreieck mit den Seitenkanten $a = 5$ cm, $b = 4$ cm, $c = 6$ cm ist.
Die Spitze der Pyramide liegt 7 cm über dem Mittelpunkt der Grundflächenhöhe h_c. Die Grundkante $[AB]$ sowie die Körperhöhe h sollen parallel zur Projektionsebene verlaufen; $q = \frac{1}{2}$; $\omega = 45°$.
Als Vorbereitung für die Lösung erstellen wir zunächst einmal die Zeichnung der Grundfläche und suchen dort den Fußpunkt der Pyramidenhöhe.
Beachte dabei, dass in dieser Aufgabe von zwei verschiedenen Höhen die Rede ist. In der Grundfläche musst du die Dreieckshöhe h_c zeichnen, um auf ihr den Fußpunkt der Körperhöhe h zu finden.
Von der Grundfläche ist die Seite c mit den Endpunkten A und B vorgezeichnet:

Grundfläche:

253 Figur

➡ Konstruiere den Punkt C. Zeichne h_c ein und bezeichne den Schnittpunkt mit $[AB]$ als Punkt D.

➡ Zeichne den Fußpunkt F der Körperhöhe ein.

Lösung

Konstruiere die Pyramide (Figur 254) und beginne dabei mit der hier gezeichneten Strecke $A'B'$.

Zeichne D', C' und F' ein.

Zeichne die Pyramidenspitze S' ein.

Beachte beim Zeichnen des Pyramidenschrägbildes, welche Kanten sichtbar bzw. verdeckt sind.

254 Figur

Konstruiere im Zeichnungsteil (Figur 256) das Schrägbild der Pyramide, deren Grundfläche ein gleichseitiges Dreieck mit $a = b = c = 4$ cm ist. Die Spitze liegt 6 cm über dem Punkt C. Die Grundkante $[AB]$ sowie die Körperhöhe h sollen parallel zur Bildebene verlaufen; **Aufgaben F 9**

$q = \frac{1}{3}$; $\omega = 30°$!

Konstruiere das Schrägbild der Pyramide, deren Grundfläche ein reguläres Sechseck (vergleiche Abschnitt E 3.2) mit $a = 3$ cm ist. Die Spitze liegt 7 cm über dem Umkreismittelpunkt M des Sechsecks. Die Grundkante $[BC]$ sowie die Körperhöhe h sollen parallel zur Bildebene verlaufen; **F 10**

$q = \frac{2}{3}$; $\omega = 60°$!

Zeichne die Lösungsfigur 258 im Zeichnungsteil und beginne mit der vorgezeichneten Strecke $B'C'$. Benutze dazu die Figur 257 (Grundfläche).

3. Rauminhalt

Als wir die Flächeninhalte berechnet hatten, wollten wir wissen, wie viele **Einheitsflächen** (zum Beispiel mit der Fläche 1 cm^2) in die betrachtete Fläche passen.

Wenn wir jetzt Rauminhalte berechnen, wollen wir wissen, wie viele **Einheitswürfel** (zum Beispiel mit dem Volumen 1 cm^3 und der Kantenlänge 1 cm) in den betrachteten Körper passen.

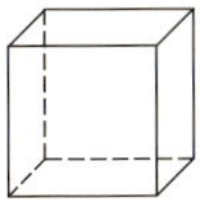

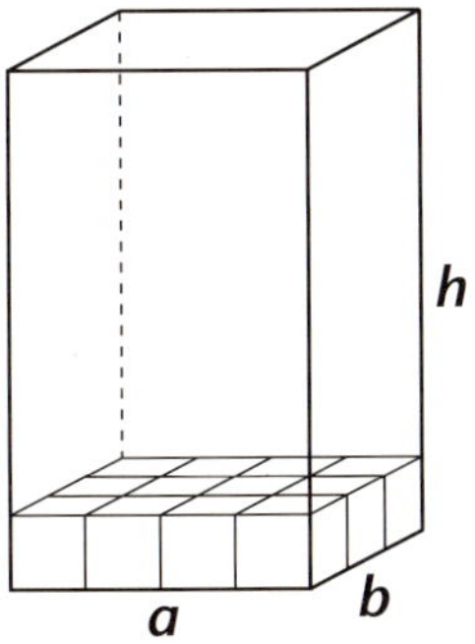

259 Figur

Um die Anzahl der Einheitswürfel mit 1 cm^3 Volumen zu bestimmen, die in einen **Quader** passen, müssen wir zuerst zählen, wie viele Einheitswürfel sich auf die Grundfläche legen lassen.

Deren Anzahl ergibt sich als Produkt der Zahlwerte der Rechteckslängen: $a \cdot b$

im Beispiel: $4 \cdot 3 = 12$!

Dann müssen wir überlegen, wie viele solcher Würfel*schichten* übereinander in den Quader passen:

Die Körperhöhe (in cm) gibt uns die Zahl der Schichten an.

260 Figur

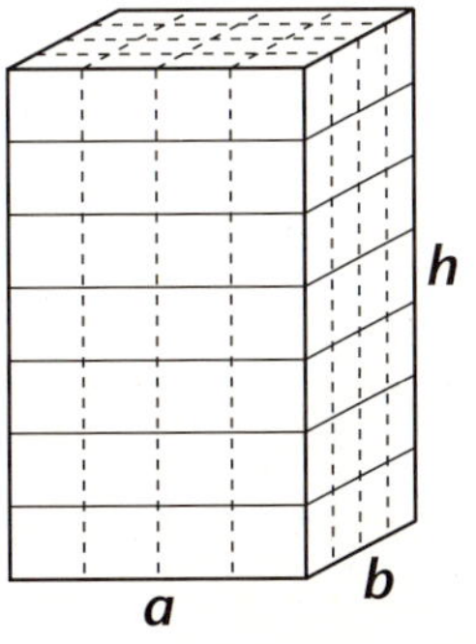

Damit ergibt sich als

Volumenformel für den **Quader**:

$V = a \cdot b \cdot h$ bzw.

$V = A \cdot h$

Im Beispiel: $V = 4\ \text{cm} \cdot 3\ \text{cm} \cdot 7\ \text{cm} =$
$= 12\ \text{cm}^2 \cdot 7\ \text{cm} =$ .... cm^3

Für den Spezialfall eines Würfels mit der Kantenlänge a lautet die Volumenformel:

$V = a \cdot a \cdot a$ bzw. $V = a^3$

Diese Volumenformel stimmt aber auch für jedes beliebige gerade Prisma bzw. jede Vielecksäule. Denn auch dort lauten die Überlegungen:

- Wie viele Einheitswürfel lassen sich auf die Grundfläche legen?
- Und wie viele Schichten passen übereinander?

Also lautet die

Volumenformel für alle **geraden Prismen** bzw. **Vielecksäulen**:

$V_{\text{Prisma}} = A \cdot h$

Aufgaben F 11

Berechne das Volumen

a) eines Würfels mit der Kantenlänge $a = 4$ cm.
$V =$ ....

b) eines Quaders mit den Kantenlängen $a = 5$ cm; $b = 3$ cm; $h = 6$ cm.
$V =$ ....

c) eines geraden Prismas mit der nebenstehenden Grundfläche und der Körperhöhe $h = 8$ cm.

$A =$ ....

$V =$ ....

261 Figur

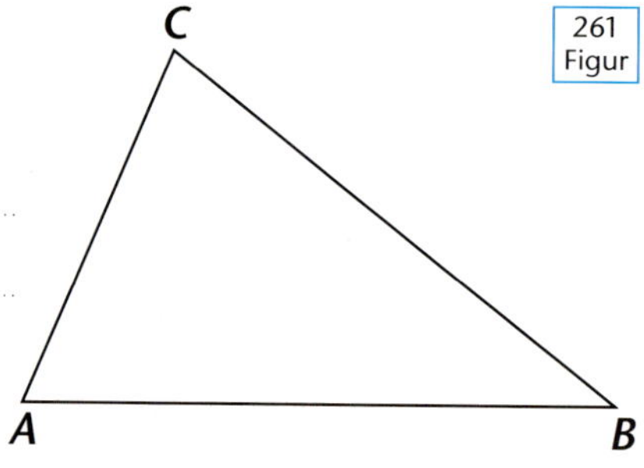

d) eines Quaders mit folgendem Schrägbild, für $q = \frac{1}{2}$.

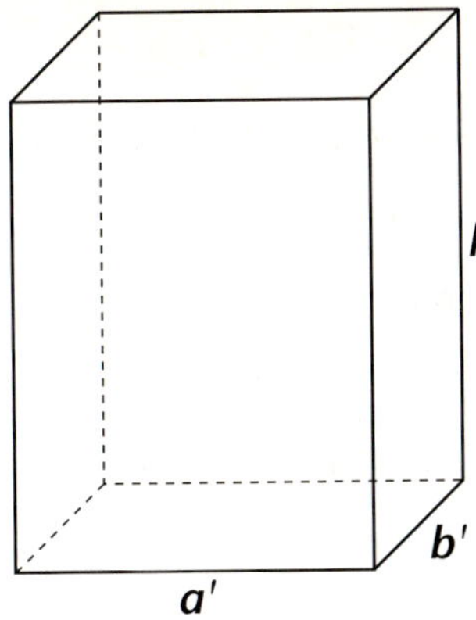

262 Figur

Hinweis: Bestimme b aus b' und q.

Damit: $V =$ ....

F 12

Berechne die Körperhöhe eines Quaders mit den Grundkanten $a = 3$ m; $b = 2$ m und dem Volumen $V = 42\ \text{m}^3$.

Hinweis: Setze die gegebenen Werte in die Volumenformel ein und löse nach der gesuchten Größe auf.

....

....

F 13

Der Querschnitt eines Dammes hat die Maße $\overline{AB} = 20$ m; $\overline{DC} = 4{,}5$ m. Seine Höhe beträgt 4,8 m. Er ist 565 m lang.

Wie viele m^3 Erdreich werden zu seiner Aufschüttung benötigt?

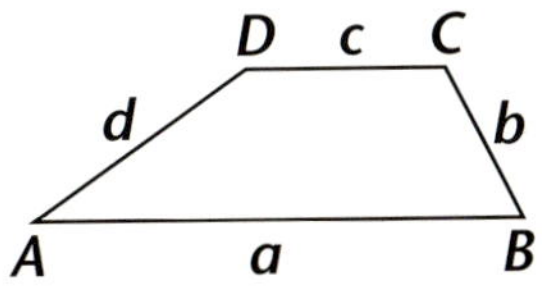

263 Figur

....

....

....

....

Da bleibt mir ja die Luft weg ...

In Band Geometrie I (ML 625) behandelten die Lerntipps die Themen Hausaufgaben und Klassenarbeiten. Nun ist's so weit: Die Klassenarbeit liegt auf dem Tisch oder der Lehrer fragt mal ein bisschen ab ... Stress angesagt? Ach was! Auch dagegen kannst du etwas tun:

Wenn du in solchen Situationen nervös und gestresst bist, merkst du oft gar nicht, dass du ganz anders atmest als im Normalzustand: nämlich sehr flach und schnell ein und nur unvollständig aus.

So bleibt immer ein erheblicher Rest an verbrauchter Luft in deiner Lunge. Deshalb führt diese Stressatmung zu einer gewissen Unterversorgung des Gehirns mit Sauerstoff!

Dabei brauchen wir das Gehirn natürlich für geistige Leistungen am allermeisten. Wer Angst hat, schneidet in einer Klassenarbeit also vielleicht schon deshalb schlechter ab, weil sein Gehirn nicht zur vollen Leistung fähig ist.

Die Atemtechniken, die wir dir im Folgenden vorschlagen, sollen dir in solchen Situationen dabei helfen, wieder zu einer normalen, gesunden Atmung zurückzukehren. Sie sind üblicherweise sehr wirksam, weil sie am direktesten das Nervensystem beeinflussen können.

Sie helfen auch bei Unruhezuständen, z.B. bei starkem Ärger, Unkonzentriertheit oder Fahrigkeit. Du kannst die Übungen auch anwenden, wenn du bei anderen Gelegenheiten nervös bist. Für diese Techniken gilt dasselbe wie für jede andere Art von Entspannungsübung auch:

- Du musst sie einige Zeit regelmäßig trainieren, um sie dann im „Krisenfall" zu beherrschen (am besten fünfmal täglich, jeweils 1-2 Minuten bei geöffnetem Fenster).
- Sie helfen dir nur die Symptome der Angst zu verringern, lösen jedoch die eigentlichen Ursachen deiner Nervosität bzw. Angst nicht.
- Ob dir diese Form von Entspannungsübungen liegt, kannst du nur feststellen, wenn du sie ein oder zwei Wochen regelmäßig ausprobiert hast. Merkst du dann, dass sie dir nichts bringen, dann suche dir eine andere Entspannungsform. Es gibt nicht **die** Technik, die allen hilft!

Hier einige allgemeine Hinweise zu den Übungen

Die erste der Übungen (Weg des Atems) kann man sogar „öffentlich", also beispielsweise während einer Klassenarbeit, durchführen, weil sie ganz unauffällig ist; die anderen Übungen dienen dazu, dir langfristig und unabhängig von einer bestimmten Situation zu innerer Ruhe zu verhelfen.

Die halbe Minute oder Minute, die eine solche Übung dauert, ist selbst während einer Arbeit gut angelegt – denn wenn du vor lauter Stress gar nichts mehr aufs Blatt bringst, verlierst du viel mehr.

Damit die Übungen wirksam sind, musst du dich in der kurzen Zeit, in der du sie ausführst, ganz auf sie konzentrieren, musst versuchen, für diese paar Sekunden an nichts anderes zu denken. Du spürst nur deine Atmung, dich selbst und deine ganze innere Kraft.

Die Atemübungen sind verträglich
für fast alle Menschen.
VORSICHT JEDOCH:
Asthmatiker sollten sie nur nach
Rücksprache mit dem Arzt anwenden;
bei manchen Asthmatikern führt nämlich
die Konzentration auf die Atmung nicht zur
Entspannung, sondern zur Verkrampfung
und damit unter Umständen zu
einem Asthmaanfall.

Manchmal (abhängig vom Blutdruck) kann es auch zu leichten Kopfschmerzen oder Schwindelgefühlen kommen; dann sollte man einfach mit der Übung aufhören.

Richtiges Atmen umfasst zweierlei:

- nicht nur in den Brustraum zu atmen, sondern in den Brust-, Bauch- und Rippenraum („Vollatmung"); beim Einatmen hebt sich dann der Bauch, beim Ausatmen senkt er sich, und die Schultern bleiben dabei völlig ruhig (nicht hoch ziehen!);
- etwas länger auszuatmen als einzuatmen, damit die ganze Restluft, auch die unten an den Lungenspitzen, hinausbefördert wird. Wenn man normal atmet, holt man manchmal tief Luft und atmet ebenso kräftig aus – das sind die Atemzüge, in denen nachgeholt wird, was man sonst versäumt.

  Ob man beim Ausatmen auch die Restluft hinausbefördert, kann man daran merken, dass diese Restluft etwas wärmer ist als die normale ausgeatmete Luft – sie befindet sich ja schon länger im Körper.

Während einer Atemübung konzentrierst du dich ganz auf die Atmung, um auf diese Weise möglichst wenig zu denken – du spürst nur, wie die Luft hinein- und wieder hinausströmt. Sitze dabei gerade, aber biege den Rücken nicht zum Hohlkreuz durch.

Und jetzt verschiedene

Übungsformen:

Weg des Atems

Spüre dem Weg des Atems nach: wie er durch die Nase oder den Mund hereinströmt, durch den Hals hinunter in den Oberkörper zieht, wie sich der Oberkörper und der Bauch weiten. Spüre, wie der Atem von innen her am Rücken entlangzieht und ihn gleichsam streichelt.

Und spüre dann, wie der Atem dich wieder verlässt – Schritt für Schritt.

Wenn du die Übung öfters machst, kannst du dir auch vorstellen, dass du den Atem durch deinen restlichen Körper schickst – in die Arme, in die Beine, in den (oft sehr verspannten) Nacken oder den Kopf. Das ist natürlich nur eine Vorstellung, aber sie hilft dabei, sich körperlich zu entspannen.
Diese Übung „Weg des Atems" ist besonders für ein unauffälliges Atem„training" während der Klassenarbeit oder der Stunde geeignet.

Begrüßung der Sonne

Beim Einatmen die nach vorne gehaltenen Arme hoch ziehen, beim Ausatmen absenken.

Langsam durchführen! Stelle dir vor, wie vor dir die große Sonne ist, die du begrüßt.

Vogelschwingenatmen

Beim Einatmen die Arme wie die Flügel eines Vogels ganz langsam seitlich hoch ziehen, beim Ausatmen absenken. Die Bewegung musst du ruhig und gleichmäßig durchführen. Auch wenn's komisch wirkt: Am besten ist es, wenn du dich dabei im Raum bewegst – besser gesagt: schwebst wie ein Vogel. Stelle dir sogar richtiggehend vor, du seiest ein Vogel und schwebtest dahin. Solche bildlichen Vorstellungen wirken zusätzlich entspannend, weil sie deine Gedanken von dem Stress, der dich quält, weglenken.

Diese Übung dient wie die nächste dazu, den Oberkörper während des Einatmens zu weiten bzw. ihn kleiner zu machen, um das Ausatmen zu unterstützen.

Reinigungsatmen

Atem stoßweise (klingt wie eine Dampflok) oder unter langem Zischen abgeben, bis nichts mehr geht. Nicht zu früh aufhören – wenn man meint, man müsse aufhören, ist meist immer noch Restluft im Oberkörper. Bei dieser Übung muss man oft husten – ein gutes Zeichen, weil dabei die Lunge gereinigt wird.

Holzfälleratmung

Mit den Armen vollziehst du die Bewegung des Holzfällers nach, der einen am Boden liegenden Baum bearbeitet: Beim Einatmen die nach vorne gehaltenen Arme hoch ziehen, beim Ausatmen absenken und sich zugleich nach vorne beugen, bis die Arme den Boden berühren. Du kannst auch die Arme zwischen den gegrätschten Beinen nach hinten bewegen. Auch hier kannst du mit einer bildlichen Vorstellung die Wirkung der Übung steigern: Du stehst im Wald, riechst die gute Luft, hörst die Geräusche von Vögeln und Insekten, spürst das sanfte Wehen des Windes ...

Mathematische Zeichen und Abkürzungen

$\mathbb{N}$	Menge der natürlichen Zahlen $\mathbb{N} = \{1; 2; 3; 4; \dots\}$
$\mathbb{N}_0$	Menge der natürlichen Zahlen einschließlich der Null $\mathbb{N}_0 = \{0; 1; 2; 3; 4; \dots\}$
$\mathbb{Z}$	Menge der ganzen Zahlen $\mathbb{Z} = \{\dots -3; -2; -1; 0; 1; 2; 3; \dots\}$
$\mathbb{Q}$	Menge der rationalen Zahlen (Zur Menge der ganzen Zahlen kommen noch die Brüche hinzu.)
$\mathbb{Q}^+$	Menge der positiven rationalen Zahlen
$\mathbb{Q}^-$	Menge der negativen rationalen Zahlen
$\mathbb{R}$	Menge der reellen Zahlen (Zur Menge der rationalen Zahlen kommen noch die irrationalen Zahlen, z. B. $\sqrt{2}$; π …, hinzu.)
{ } oder ∅	leere Menge
$\{a; b; c\}$	Menge mit den Elementen a, b und c
$\{x \mid \dots\}$	Menge aller x, für die gilt … bzw. Menge aller x mit der Eigenschaft …
$\mathbb{G}$	Grundmenge
$\mathbb{D}$	Definitionsmenge
$\mathbb{L}$	Lösungsmenge
$\setminus$	ohne; z. B. A \ B Menge A ohne Menge B
$\in$	… Element von …
$\notin$	… nicht Element von …
$\subseteq$	… Teilmenge von …
$\subset$	… echte Teilmenge von …
$\cup$	… vereinigt mit …
$\cap$	… geschnitten mit …
$\vee$	… oder auch …
$\wedge$	… und zugleich …
$\neg$	nicht … bzw. Verneinung
$=$	… gleich …
$\neq$	… nicht gleich …
$\triangleq$	entspricht
$>$	… größer als …
$\geqq$	… größer oder gleich …
$<$	… kleiner als …
$\leqq$	… kleiner oder gleich …
$\approx$	… ungefähr gleich …
$\sim$	… direkt proportional … bzw. … ähnlich zu …
$\Rightarrow$	aus … folgt bzw. wenn … dann …
$\Leftrightarrow$	… äquivalent … bzw. … genau dann, wenn …
$\lvert x \rvert$	(absoluter) Betrag von x
$\sqrt{a}$	Wurzel aus a
$f, g, h \dots$	Funktionen
$f^*; f^{-1}$	Umkehrfunktion
$P, A, B, \dots$	Punkte
$P(x \mid y)$	Punkt P mit den Koordinaten x und y
$g, h, \dots$	Geraden
PQ	Gerade durch P und Q
$[PQ$	Halbgerade durch Q mit dem Anfangspunkt P
$[PQ]$	Strecke mit den Endpunkten P und Q
$\overline{PQ}$	Länge der Strecke $[PQ]$
$k(M; r)$	Kreislinie mit dem Mittelpunkt M und dem Radius r
$\sphericalangle PQR$	Winkel mit dem Scheitel Q und dem ersten Schenkel $[QP$ und dem zweiten Schenkel $[QR$ bzw. Maß dieses Winkels bzw. Größe dieses Winkels
$\alpha, \beta, \gamma, \varphi, \psi, \omega \dots$	Maße von Winkeln
$\perp$	… senkrecht auf … bzw. … orthogonal zu … bzw. … rechtwinklig zu …
$\parallel$	… parallel zu …
$\cong$	… kongruent zu …
$\overrightarrow{PQ}$	Vektor
$\vec{a}$	Vektor

$\lvert\vec{a}\rvert$ oder a	Länge des Vektors $\vec{a}$
$\begin{pmatrix} a \\ b \end{pmatrix}$	Vektor mit den Komponenten bzw. Koordinaten a und b
$\xmapsto{a}$	… wird durch eine Achsenspiegelung an der Achse a abgebildet auf …
$\xmapsto{Z}$	… wird durch eine Punktspiegelung am Punkt Z abgebildet auf …
$\xmapsto{D;\,\psi}$	… wird durch eine Drehung um den Punkt D mit dem Drehwinkel φ abgebildet auf …
$\xmapsto{\vec{v}}$	… wird durch die Verschiebung um den Vektor $\vec{a}$ abgebildet auf …
$\overset{\frown}{S_1\,S_2}$	Kreisbogen von S_1 nach S_2 (gegen den Uhrzeigersinn)
⊾	rechter Winkel bzw. Winkel mit 90°
$d\,(P;\,g) = 2$ cm	Abstand des Punktes P von der Geraden g gleich zwei Zentimeter
$\sphericalangle\,(g;\,h)$	Winkel mit dem ersten Schenkel g und dem zweiten Schenkel h

w_α	Winkelhalbierende des Winkels α
h_c	Höhe auf die Seite c
m_c	Mittelsenkrechte der Seite c
$\triangle ABC$	Dreieck mit den Eckpunkten A, B und C
$\mathbb{E}$	Ebene
q	Abbildungsmaßstab
ω	Abbildungswinkel
V	Volumen bzw. Rauminhalt
A	Flächeninhalt
E	Ereignis
m	Mittelwert
Ω	Ergebnisraum
$\overline{E}$	Gegenereignis
$P(E)$	Wahrscheinlichkeit von E
$\lvert E\rvert$	Mächtigkeit von E
σ	Streuung bzw. Standardabweichung
$E(x)$	Erwartungswert von x
$mA(x)$	mittlere Abweichung von x
$Var(x)$	Varianz von x

Stichwortverzeichnis

A

B

D

E

F

G

H

I

K

T

U

V

W

Z

A5 Konstruiere den Winkel $\alpha = 60°$.

21
Figur

27
Figur

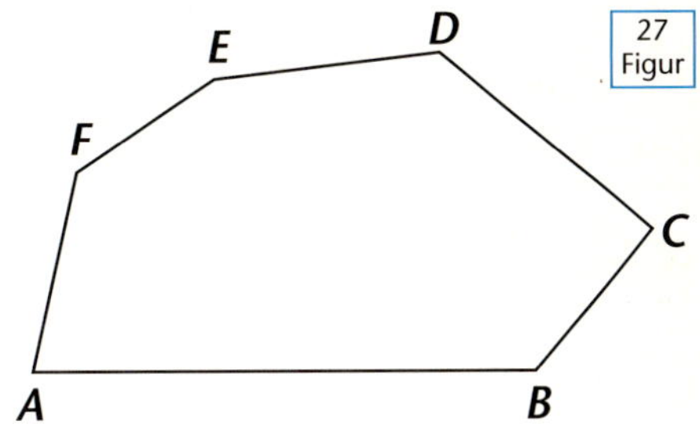

A6 Gib für die Figur 27 mindestens drei verschiedene Zerlegungsmöglichkeiten in Dreiecke an.

27
Figur

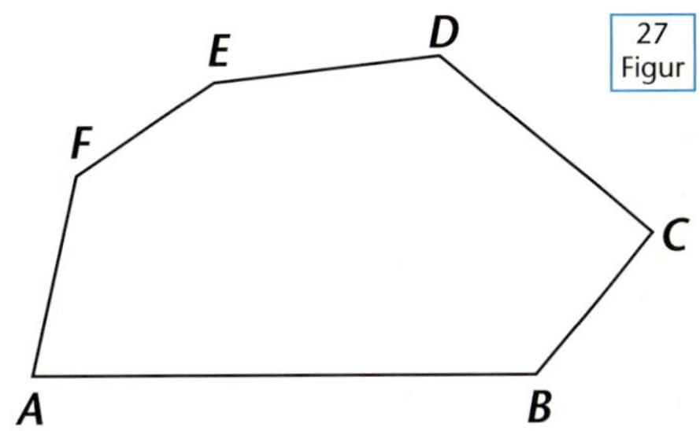

27
Figur

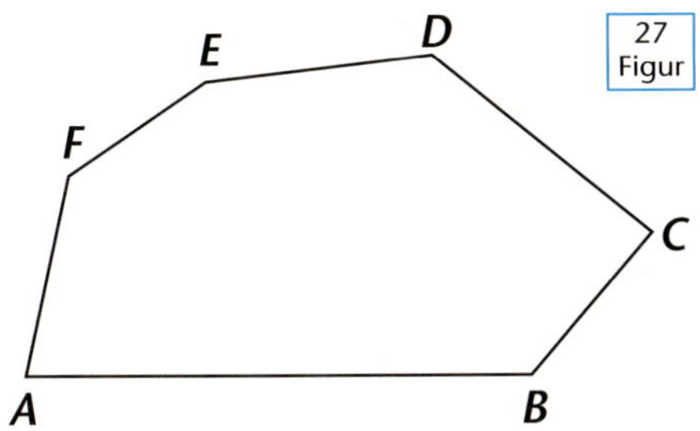

27
Figur

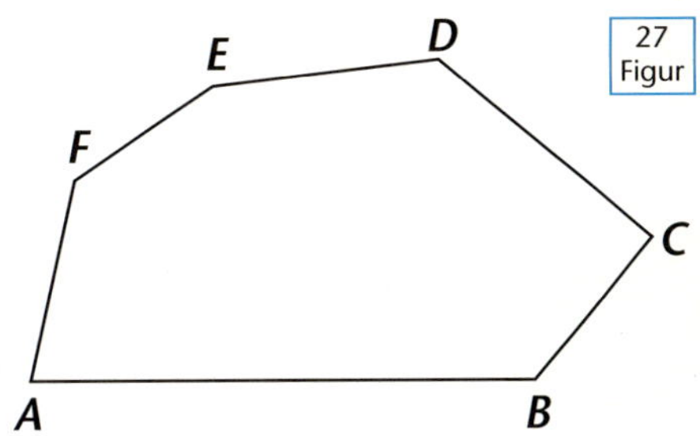

A7 Konstruiere das Dreieck ABC mit $b = 7$ cm, $\beta = 90°$ und $h_b = 3$ cm.

42
Figur

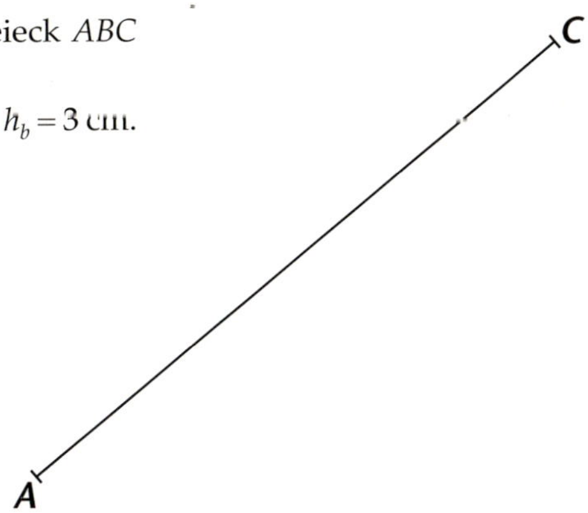

an der Perforation abtrennen

Zeichnungsvorlagen A8, B1, B2, B7

A8 Konstruiere das gleichschenklige $\triangle ABC$ mit $a = b$, $c = 5$ cm und $\gamma = 90°$.

44 Figur

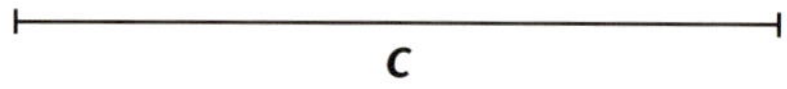

B1 Zeichne in Figur 49 die Mittelparallele zu den beiden Parallelen p_1 und p_2.

49 Figur

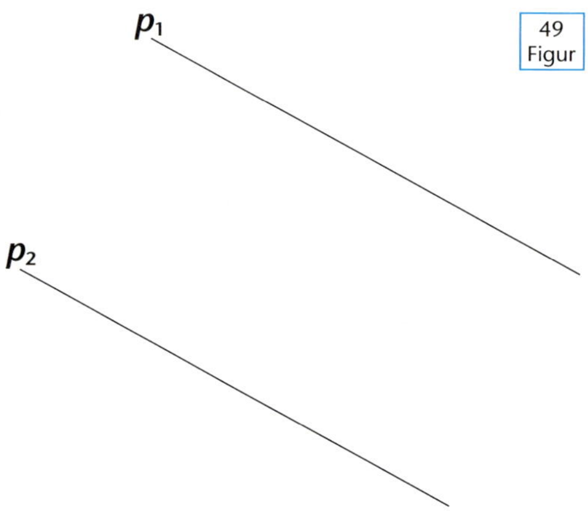

B2 Teile in Figur 52 die Strecke $[PQ]$ in sieben gleiche Abschnitte.

52 Figur

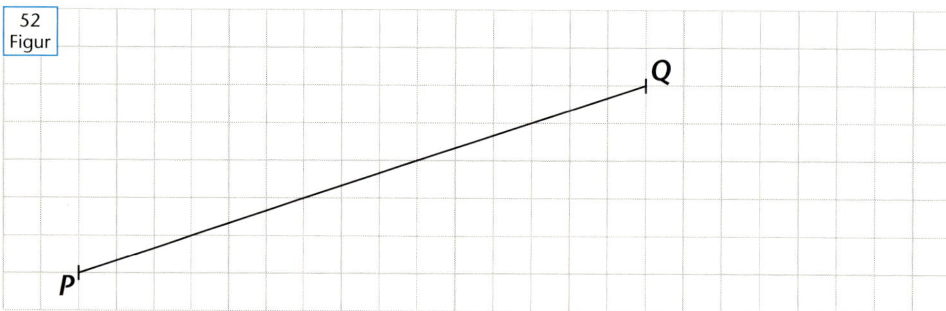

B7 Zeichne in Figur 58 die Ortslinie m der Punkte ein, die von den Punkten P und Q gleich weit entfernt sind.

58 Figur

an der Perforation abtrennen

B8 Bestimme den Standort des Bahnhofs so, dass die Einwohner beider Orte die gleiche Wegstrecke haben.

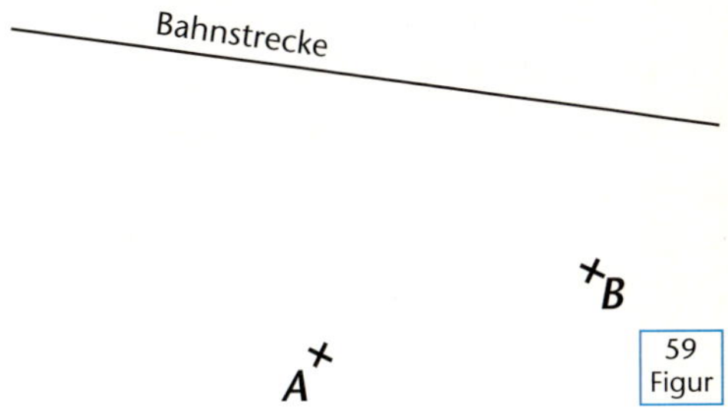

59 Figur

B11 Zeichne alle Punkte ein, die von M genau 2,5 cm entfernt sind.

64 Figur

B12 Schraffiere in Figur 64 die Menge aller Punkte P, für die gilt: $d\,(P; M) < 2{,}5$ cm

B13 Schraffiere in Figur 65 die Menge: $\{P \mid d\,(P; M) > 2{,}5 \text{ cm} \wedge d\,(P; g) < 1 \text{ cm}\}$

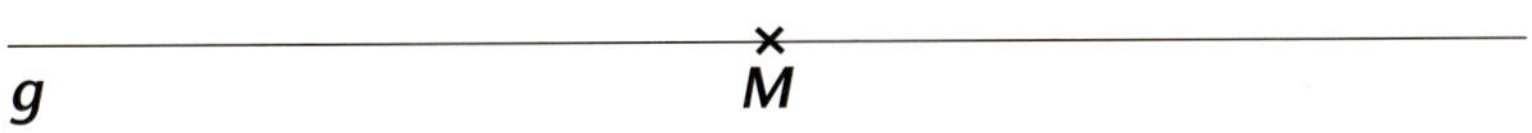

65 Figur

an der Perforation abtrennen

Zeichnungsvorlagen B14, B15, B16, B17

B14, B15

Bestimme in Figur 66 den Standort S des Schwimmbades.

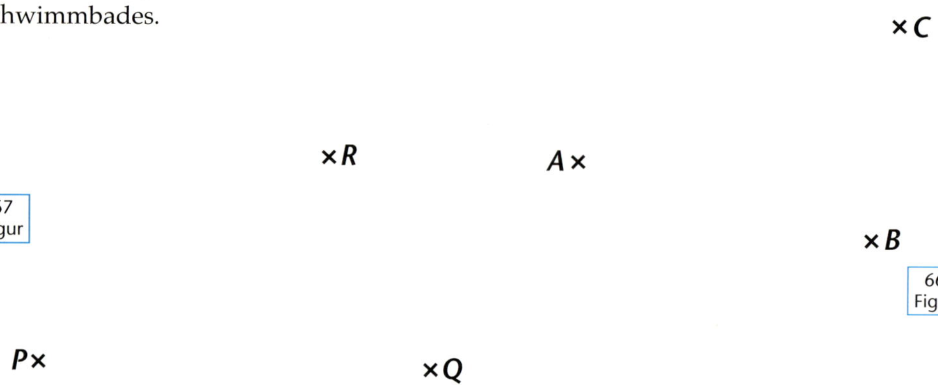

67 Figur

66 Figur

B16

Zeichne in Figur 67 den Kreis k, auf dem die drei Punkte P, Q und R liegen.

B17

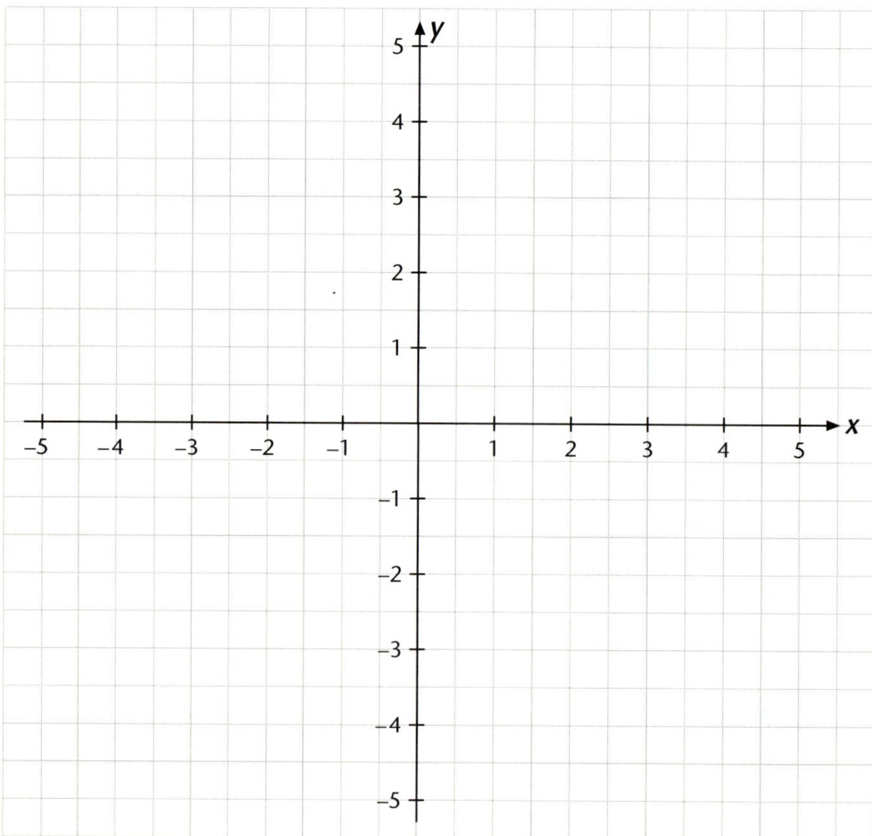

68 Figur

an der Perforation abtrennen

Zeichnungsvorlagen C1, C2, C3, C4

C1 $a = 5$ cm, $b = 3$ cm, $c = 6$ cm
(Figur 76)

76 Figur

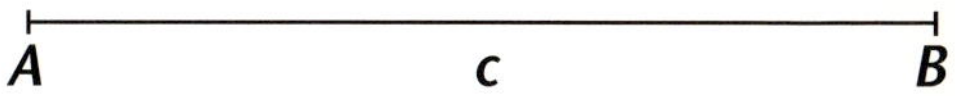

C2 $a = 2{,}5$ cm, $b = 5$ cm, $c = 3{,}5$ cm
(Figur 77)

77 Figur

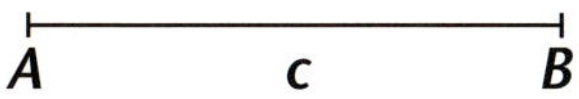

C3 $a = 3$ cm, $b = 2$ cm,
$c = 6$ cm (Figur 78)

78 Figur

C4 $a = 2{,}5$ cm, $b = 6{,}5$ cm,
$c = 3{,}5$ cm (Figur 79)

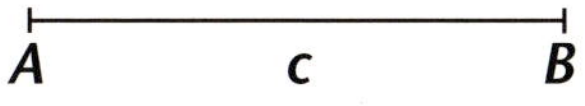

79 Figur

an der Perforation abtrennen

Zeichnungsvorlagen C7, C9, C10, C11

C7 Bestimme den Umkreismittelpunkt U und zeichne den Umkreis um das $\triangle ABC$.

85 Figur

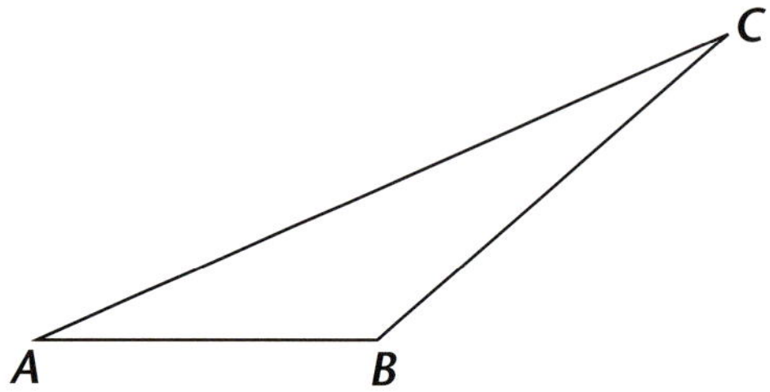

C9 Bestimme den Inkreismittelpunkt I von Figur 88 und zeichne den Inkreis.

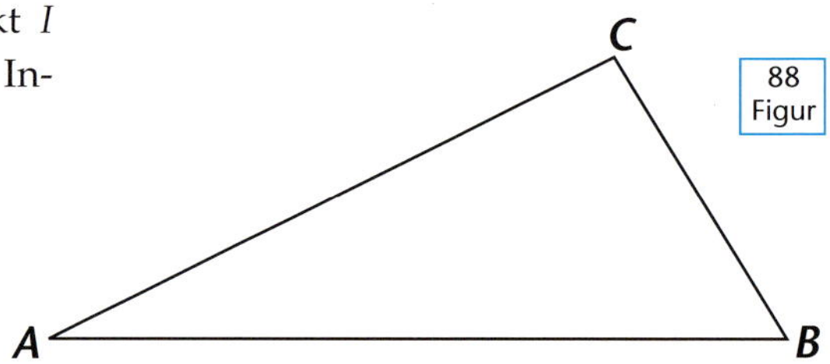

88 Figur

C10 Zeichne in Figur 89 das Dreieck und ermittle den Radius des herausgeschnittenen Stoffkreises. (M = 1 : 10)

89 Figur

$r =$ .... cm

C11 Bestimme zeichnerisch den Schwerpunkt im $\triangle ABC$.

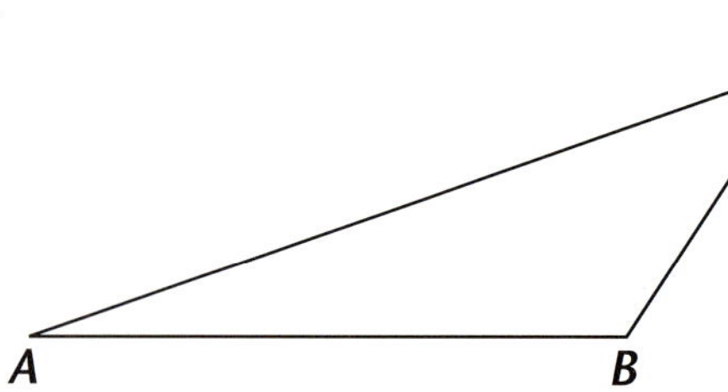

94 Figur

an der Perforation abtrennen

C12

Zeichne mit Farbe das Mittendreieck in das $\triangle ABC$ (Figur 95) ein.

95 Figur

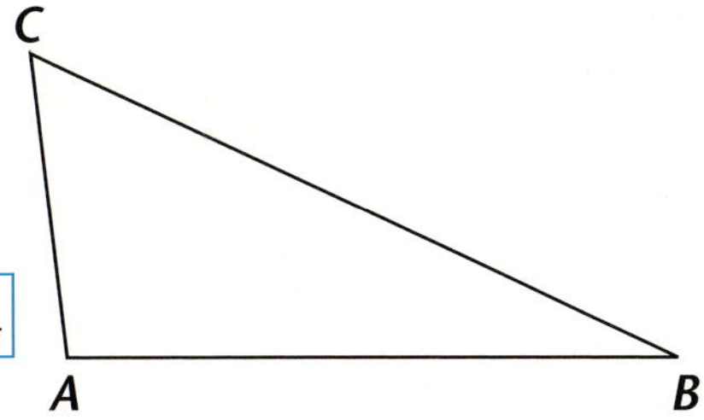

C16 Führe die Abbildungen nacheinander aus, durch die $\triangle A_1B_1C_1$ auf $\triangle ABC$ abgebildet werden kann.

104 Figur

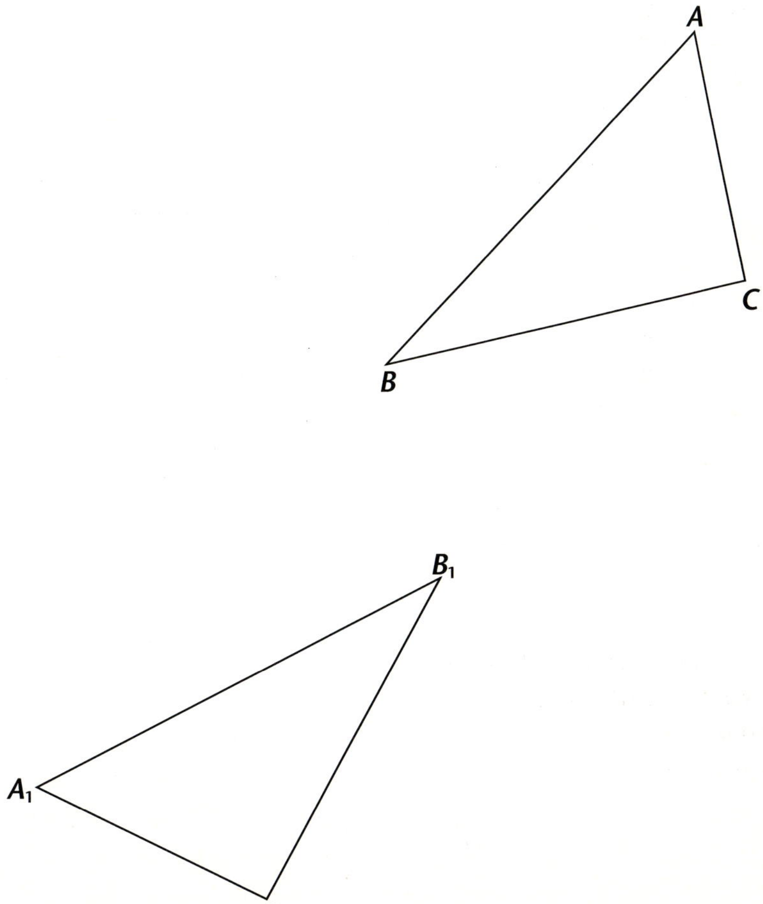

an der Perforation abtrennen

Zeichnungsvorlagen C17, C19

C17 Führe die Abbildungen nacheinander aus, durch die $\triangle A_1B_1C_1$ auf $\triangle ABC$ abgebildet werden kann.

105 Figur

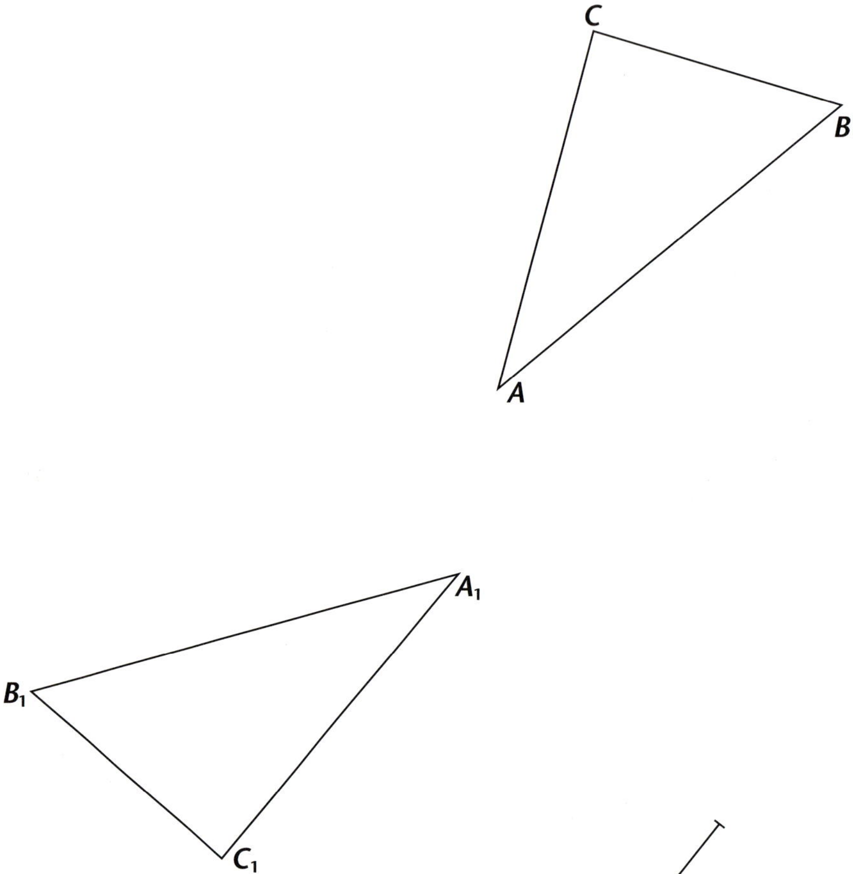

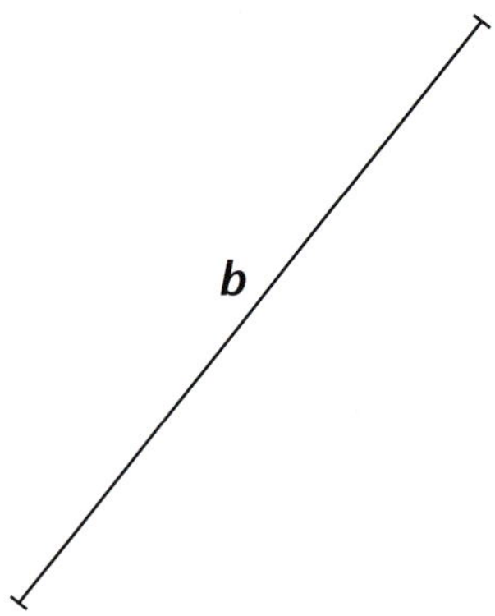

C19 $b = 6$ cm, $\alpha = 60°$, $\beta = 75°$.
Konstruiere ein bzw. zwei Dreieck(e).

124 Figur

an der Perforation abtrennen

C20 $a = 7$ cm, $b = 4$ cm, $\beta = 30°$.
Konstruiere ein bzw. zwei Dreieck(e).

126 Figur

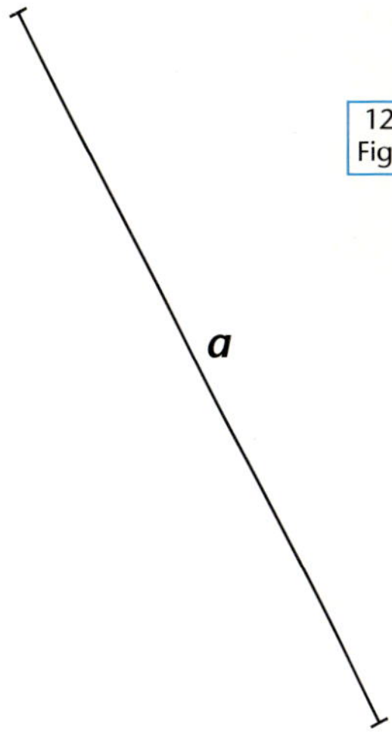

C21 $a = 5$ cm, $b = 2{,}8$ cm, $\alpha = 40°$

128 Figur

an der Perforation abtrennen

C22 Bestimme die Länge des Tunnels und die Winkel α bzw. γ.

130 Figur

C23 Konstruiere ein $\triangle ABC$ mit:
$c = 6$ cm, $\alpha = 70°$, $h_c = 3{,}4$ cm
(Figur 136)

136 Figur

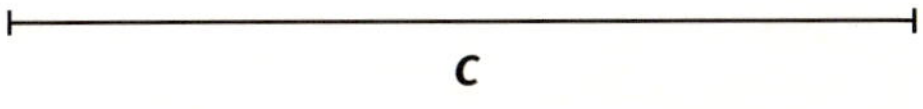

Zeichnungsvorlagen C24, C25, C26

C24 Konstruiere ein $\triangle ABC$ mit:
$a = 7$ cm, $\beta = 65°$, $h_b = 5$ cm

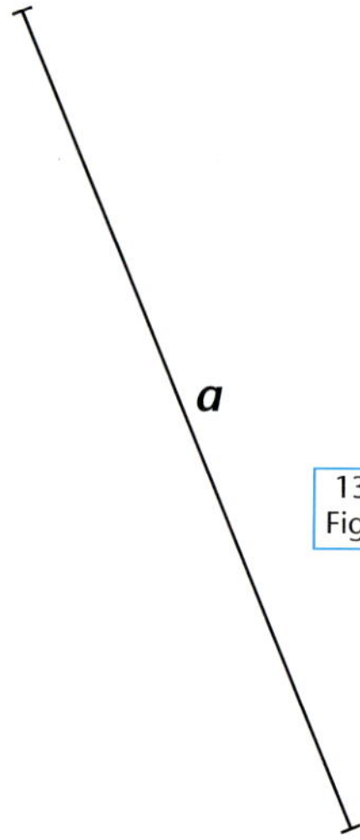

138
Figur

C25

Konstruiere ein $\triangle ABC$ mit:
Umkreisradius $r_u = 3$ cm,
$a = 5{,}5$ cm, $c = 5$ cm (Figur 144)

144
Figur

an der Perforation abtrennen

C26 Konstruiere ein $\triangle ABC$ mit:
$U\,(3\,|\,3)$, $B\,(5\,|\,1)$,
$c = 5$ cm, $\alpha = 80°$
(Figur 146)

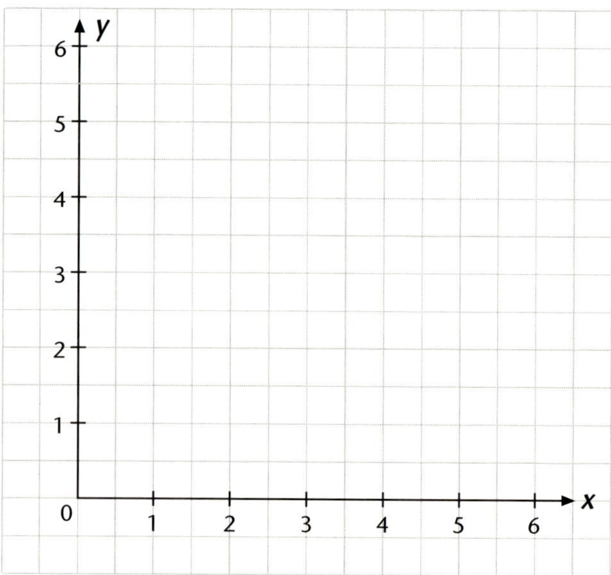

146
Figur

Zeichnungsvorlagen C27, C28

C27 Konstruiere ein $\triangle ABC$ mit:
$r_I = 2$ cm, $\beta = 50°$, $c = 6{,}5$ cm
(Figur 152)

152
Figur

C28 Konstruiere ein $\triangle ABC$ mit: $C\,(2\,|\,8)$, $I\,(3\,|\,4)$, $r_I = 2$ cm, $a = 7$ cm (Figur 154)

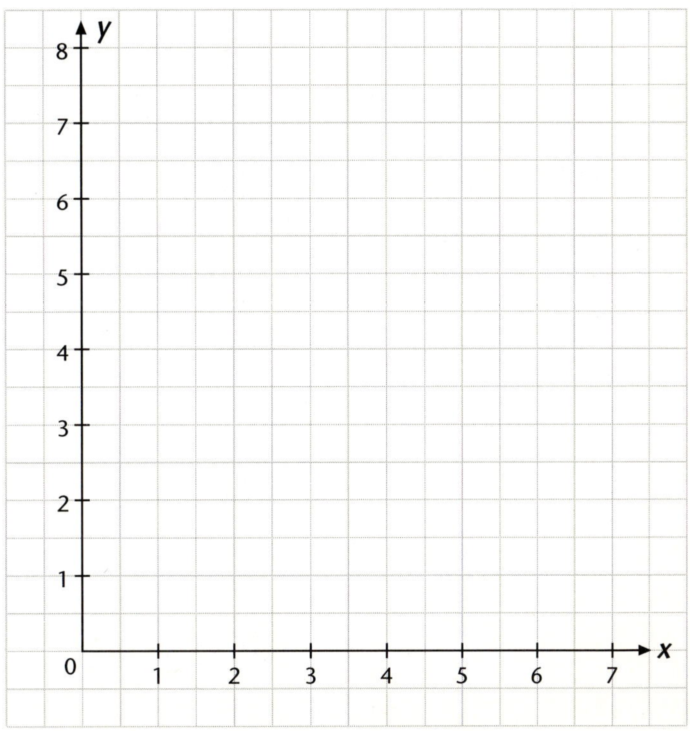

154
Figur

an der Perforation abtrennen

D7 $a = 10$ m,
$b = 12$ m,
$c = 14$ m

170 Figur

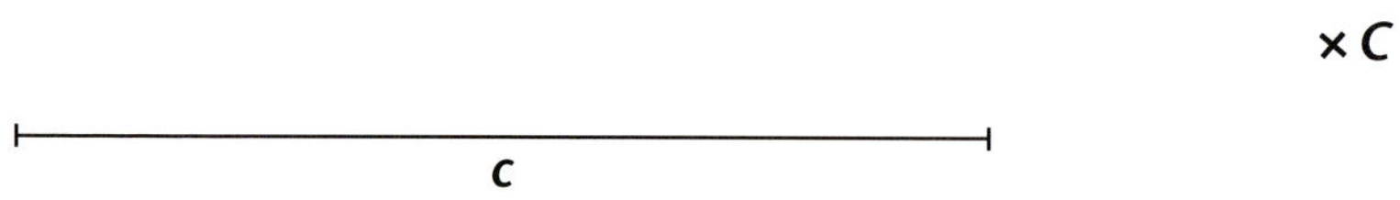

D10 Ergänze in Figur 174 den Punkt *D* so, dass das Viereck *ABCD* eine Raute ist, und zeichne die Raute.

174 Figur

D14 Zeichne in Figur 182 den Querschnitt des Staudammes im Maßstab 1 : 200.

182 Figur

D16

Ergänze in Figur 186 die Punkte *ABD* zum Drachen *ABCD*.

186 Figur

an der Perforation abtrennen

Zeichnungsvorlagen E1, E2, E3, E4

E1 Zeichne in Figur 207 die Menge der Mittelpunkte von solchen Kreisen, die k in P berühren.

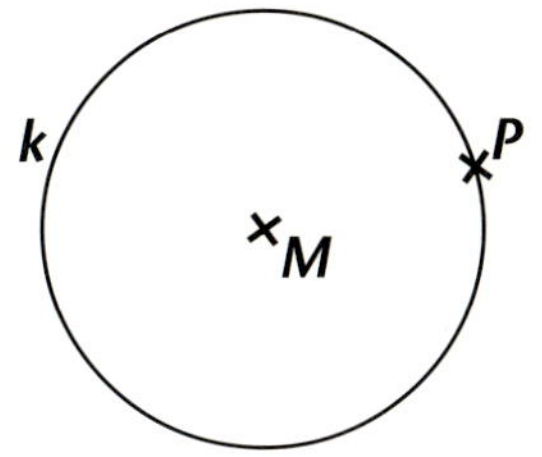

207 Figur

E2 Wo liegen in Figur 208 die Mittelpunkte der Kreise mit Radius 1 cm, die den Kreis k von innen berühren?

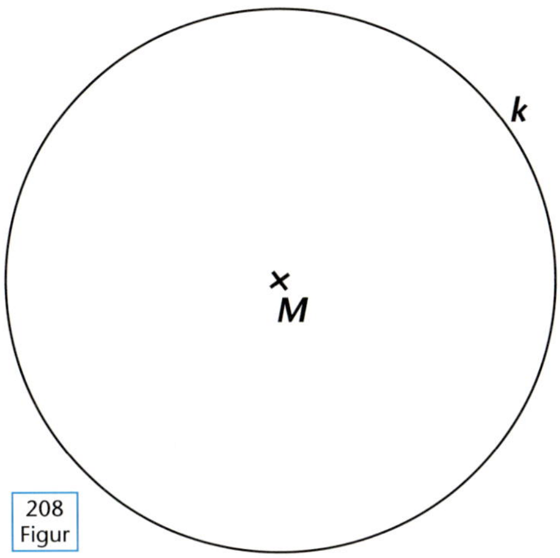

208 Figur

an der Perforation abtrennen

E3 Zeichne in Figur 222 das Fasskreisbogenpaar, für dessen Punkte die Strecke $[AB]$ unter einem Winkel von 60° erscheint.

222 Figur

E4 Zeichne in Figur 224 ein $\triangle ABC$ mit $c = 5$ cm, $h_c = 2{,}5$ cm und $\gamma = 80°$.

224 Figur

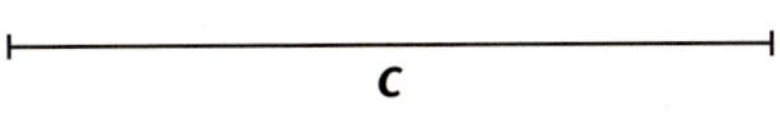

F6 Zeichne in Figur 248 das Schrägbild einer Achtecksäule, deren Grundfläche ein reguläres Achteck ist und deren Höhe $h = 5$ cm ist. Die Kante $[BC]$ der Grundfläche und die Höhe sollen parallel zur Bildebene liegen.

$q = \frac{1}{2}$; $\omega = 45°$

248
Figur

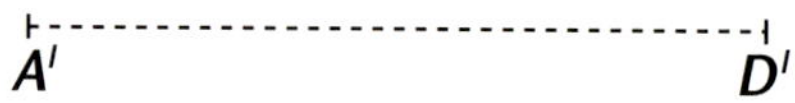

F8 Zeichne das Schrägbild eines Quaders mit den Kantenlängen $a = 5$ cm, $b = 3$ cm und der Höhe $h = 4$ cm. Die Grundflächendiagonale $[AC]$ sowie die Höhe sollen parallel zur Bildebene verlaufen (Figur 252).

$q = \frac{1}{2}$; $\omega = 60°$

252
Figur

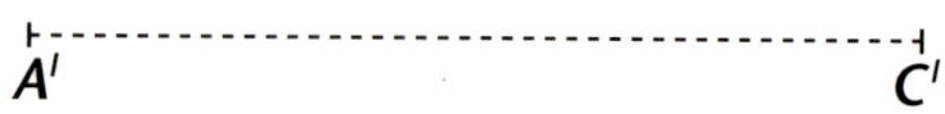

an der Perforation abtrennen

an der Perforation abtrennen

F9

Konstruiere in Figur 256 das Schrägbild der Pyramide, deren Grundfläche ein gleichseitiges Dreieck mit $a = b = c = 4$ cm ist (Figur 255). Die Spitze liegt 6 cm über dem Punkt C. Die Grundkante $[AB]$ sowie die Körperhöhe h sollen parallel zur Bildebene verlaufen.

$q = \frac{1}{3}$; $\omega = 30°$

Grundfläche:

256
Figur

255
Figur

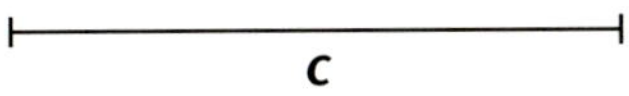

F10

Grundfläche:

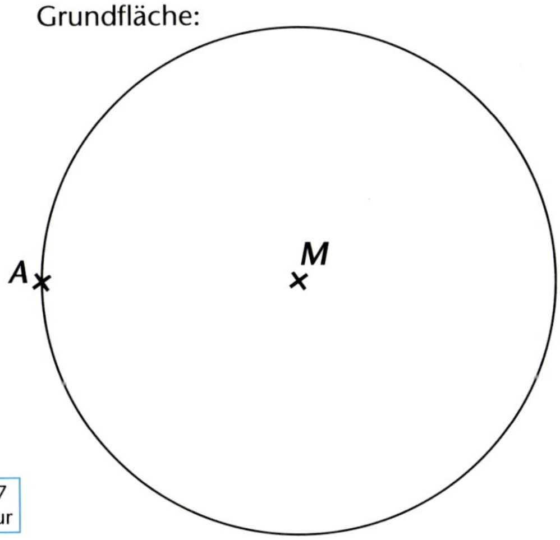

257
Figur

Konstruiere das Schrägbild der Pyramide, deren Grundfläche (Figur 257, oben) ein reguläres Sechseck mit $a = 3$ cm ist.

$q = \frac{2}{3}$; $\omega = 60°$

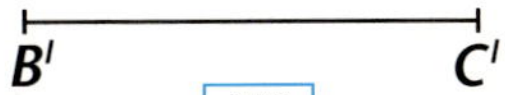

258
Figur

MENTOR LERN-HILFE

Band 626

Mathematik

7./8. Klasse

Geometrie 2

Kongruenz und Dreieckskonstruktion,

Kreis und Gerade,

Flächen- und Rauminhalt

Lösungsteil

(an der Perforation abtrennen)

Rolf Baumann

Mentor Verlag München

Nach dem Heraustrennen bitte hier klammern

$\alpha_1 = \alpha_3$ und $\alpha_2 = \alpha_4$ **S. 8**

$\alpha_5 = \alpha_7$ und $\alpha_6 = \alpha_8$

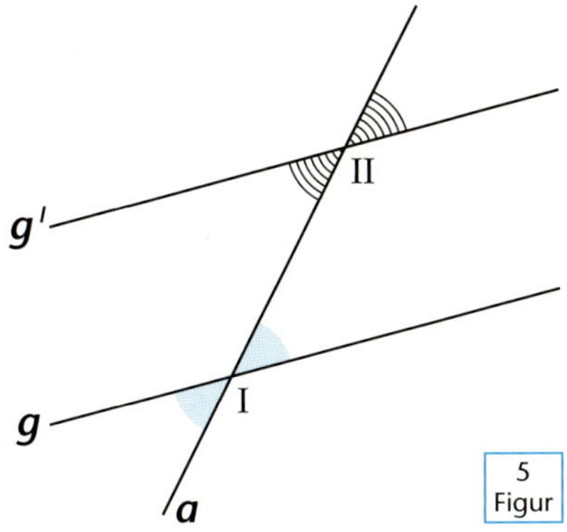

5 Figur

- Da die Gerade *a* durch das Zentrum geht, wird sie bei der Punktspiegelung an *Z* auf sich selbst abgebildet. Sie ist eine Fixgerade. **S. 11**
- Wenn die Gerade *g* an *Z* gespiegelt wird, ergibt sich die Gerade *g'*. Denn bei der Punktspiegelung verlaufen Gerade und Bildgerade parallel zueinander.

A 1
S. 12

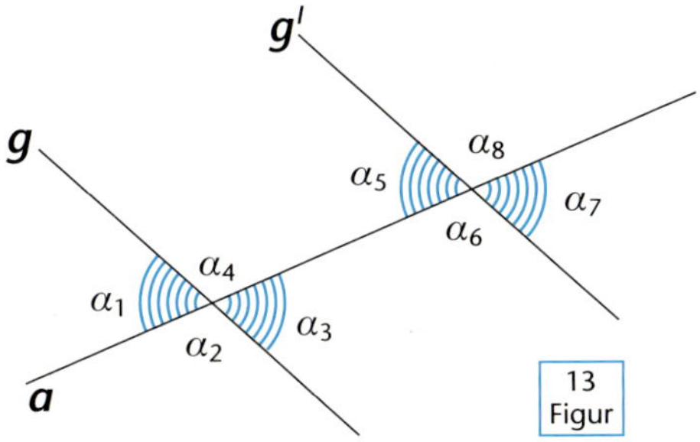

13 Figur

A 2
S. 12

$\alpha_2 = 115°$;
$\alpha_3 = 65°$; $\alpha_6 = 115°$;
$\alpha_4 = 115°$; $\alpha_7 = 65°$;
$\alpha_5 = 65°$; $\alpha_8 = 115°$.

Für Doppelkreuzungen mit parallelen Geraden gilt: **S. 13**
- Stufenwinkel sind gleich groß und es gilt ebenso:
- Wechselwinkel sind gleich groß.

Falls an einer Doppelkreuzung Wechselwinkel bzw. Stufenwinkel gleich groß sind, so verlaufen die beiden Geraden, die von einer dritten Geraden geschnitten werden, parallel zueinander!

Wenn eine Seite des Geodreiecks mit der Geraden zusammenfällt und an einer weiteren Seite das Lineal anliegt, entstehen beim Verschieben des Geodreiecks entlang dem Lineal immer gleich große Stufenwinkel! **S. 14**

Die Innenwinkel eines Dreiecks ergeben zusammen 180°. **S. 15**

$\alpha = \alpha'$ und $\beta = \beta'$

S. 16 $\gamma = 70°$ $(180° - 110° = 70° = \gamma)$

A 3
S. 16

a) $\alpha + \beta = 40° + 60° = 100° \Rightarrow 180° - 100° = 80° = \gamma$

b) $\beta + \gamma = 25° + 65° = 90° \Rightarrow 180° - 90° = 90° = \alpha$

c) $\alpha + \gamma = 38° + 94° = 132° \Rightarrow 180° - 132° = 48° = \beta$

A 4
S. 16

$\alpha + \beta = 180° - 100° = 80°$

Im gleichschenkligen Dreieck sind die beiden Winkel an der Basis gleich groß:

$80° : 2 = 40° \Rightarrow \alpha = 40°$ und $\beta = 40°$

A

A 5
S. 16

a) Beim gleichseitigen Dreieck sind nicht nur alle drei Seiten gleich lang, sondern auch alle drei Winkel gleich groß; daher gilt:

$\alpha = \beta = \gamma = 60°$

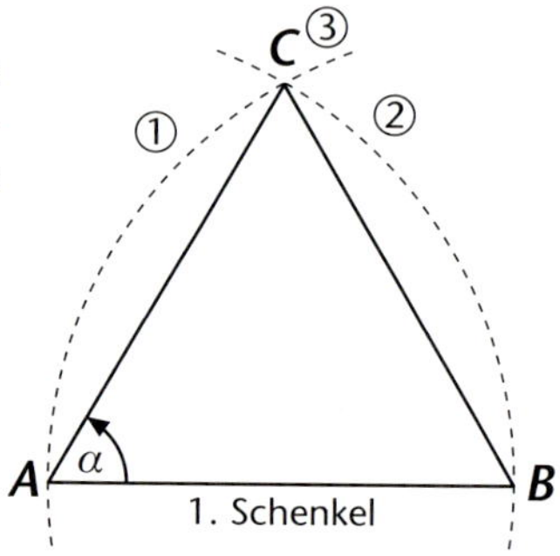

21 Figur

S. 17 $\alpha^* = \beta + \gamma$; $\beta^* = \alpha + \gamma$; $\gamma^* = \alpha + \beta$

S. 18

- Daher beträgt die Summe der Innenwinkel im Viereck $2 \cdot 180° = 360°$.
- Jedes Fünfeck lässt sich in drei Dreiecke zerlegen.
  Daher beträgt die Summe der Innenwinkel im Fünfeck $3 \cdot 180° = 540°$.
- Jedes Sechseck lässt sich in vier Dreiecke zerlegen.
  Daher beträgt die Summe der Innenwinkel im Sechseck $4 \cdot 180° = 720°$.

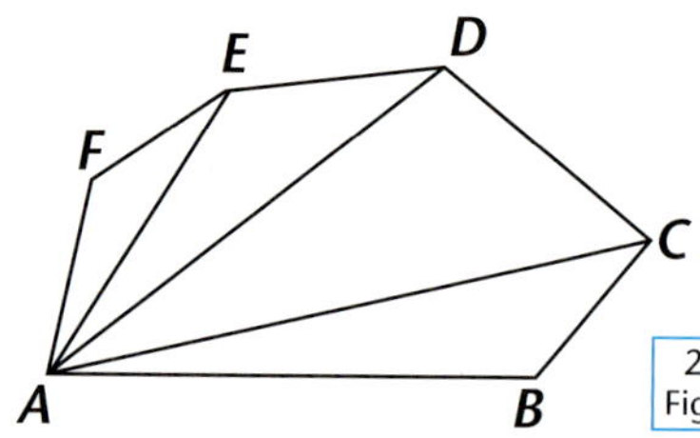

25 Figur

Die Summe der Innenwinkel im 10-Eck beträgt $(10 - 2) \cdot 180° = 1440°$.

A 6
S. 19

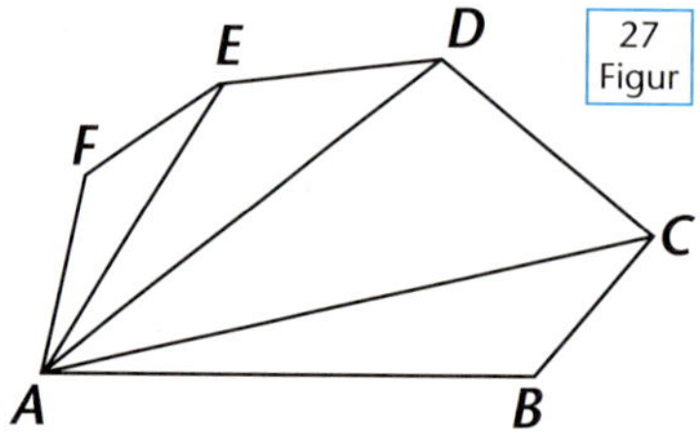

27 Figur

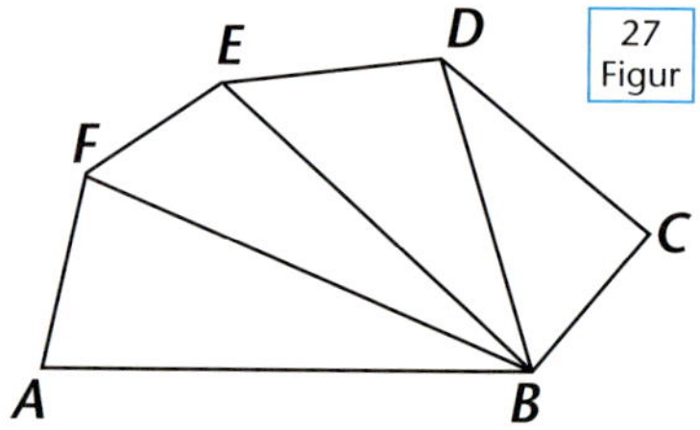

27 Figur

S. 19

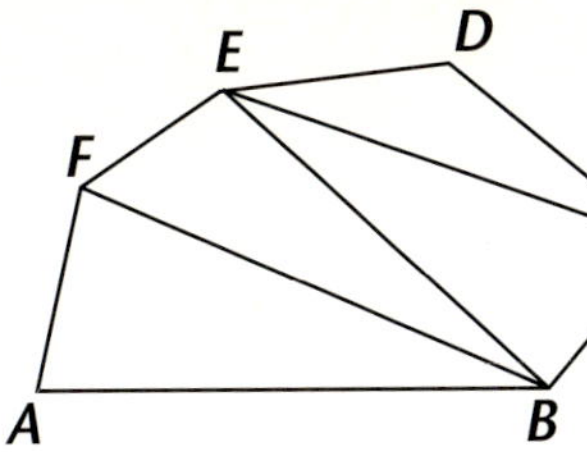

27 Figur

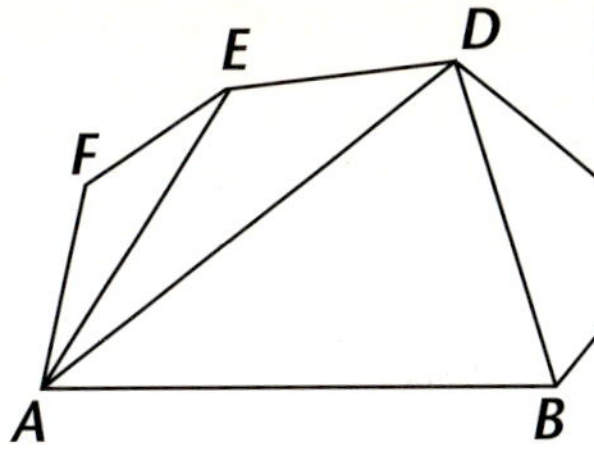

27 Figur

S. 24

$\overline{AM} = \overline{CM}$ $\qquad$ $\overline{CM} = \overline{BM}$

$\alpha = \alpha'$ $\qquad$ $\beta = \beta'$

S. 25

Die Seite c lässt sich zeichnen und damit stehen die Punkte A und B fest.

Der Punkt C liegt 1,4 cm von der Seite AB entfernt; deshalb liegt C auf der Parallelen zu AB im Abstand 1,4 cm.

A 7
S. 26

Es gibt zwei Lösungen.

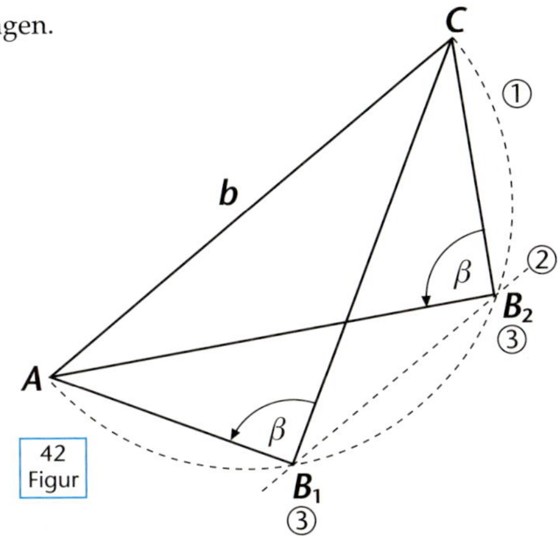

42 Figur

A 8
S. 26

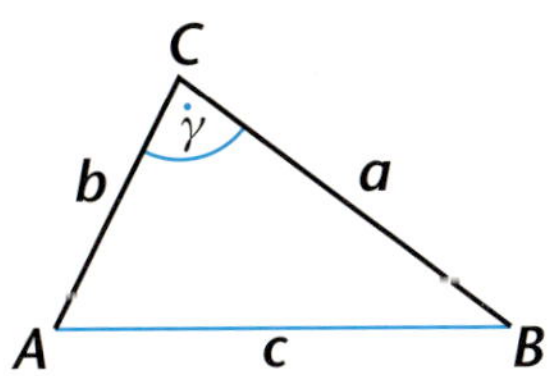

P43 Figur

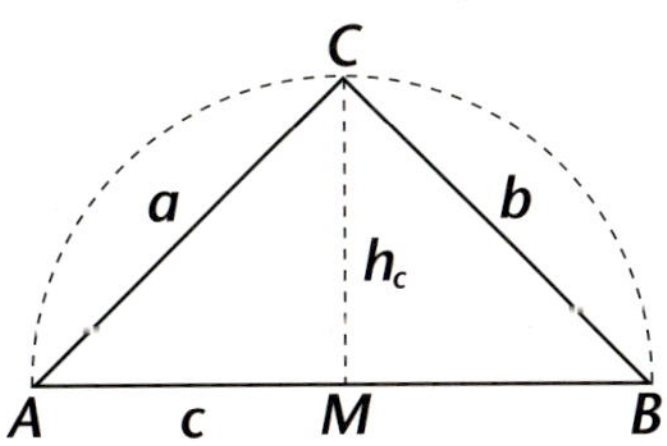

44 Figur

Die Höhe h_c halbiert die Basis c.

Es gibt eine Lösung.

A

S. 28 Die gesuchten Punkte liegen in der Mitte zwischen p_1 und p_2.

Die gesuchten Punkte haben von p_1 und p_2 den Abstand $\frac{s}{2}$!

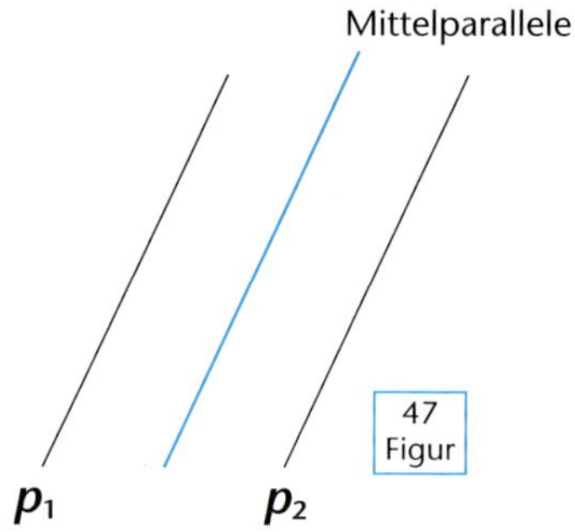

47 Figur

B 1
S. 29

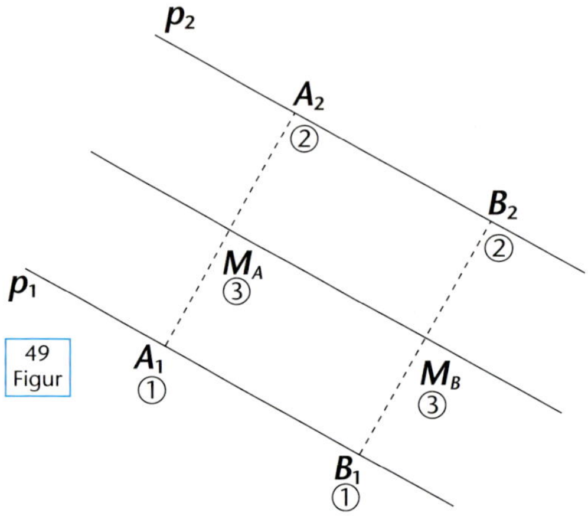

49 Figur

S. 29 Es gilt: $\overline{D_1M_D} = \overline{D_2M_D}$; $\overline{E_1M_E} = \overline{E_2M_E}$

B 2
S. 31

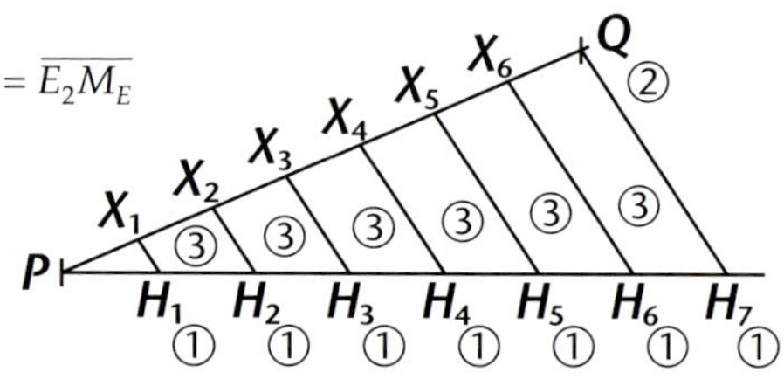

52 Figur

S. 31

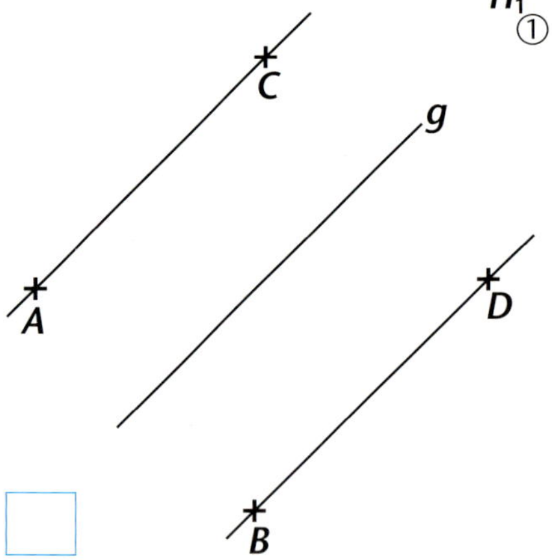

Die gesuchten Punkte liegen auf den beiden Geraden, die im Abstand $s = 2$ cm parallel zu g verlaufen.

B 3
S. 32

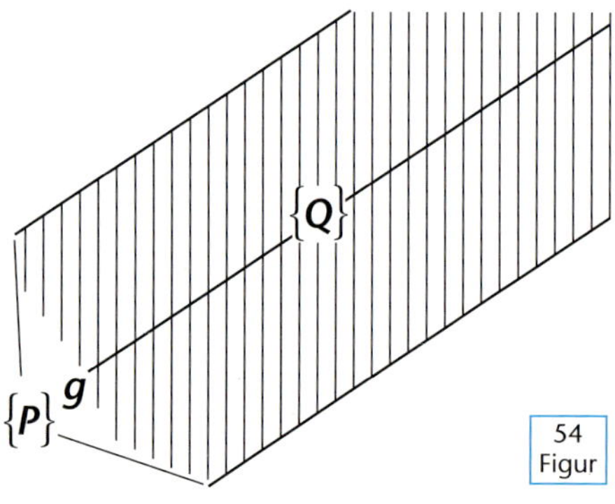

54 Figur

B 4
S. 32 a) Damit sind die Punkte gemeint, die von g weniger als 1,5 cm entfernt liegen!

B 5
S. 32

a) – d)

55 Figur

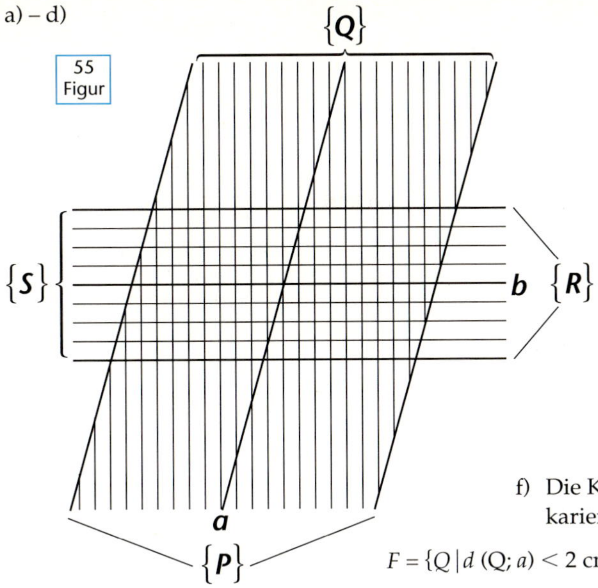

e) Das jetzt kariert erscheinende Viereck ist ein Parallelogramm.

f) Die Kurzschreibweise für das karierte Gebiet F lautet:

$F = \{Q \mid d\,(Q; a) < 2\text{ cm}\} \cap \{S \mid d\,(S; b) < 1\text{ cm}\}$

B 6
S. 32

$R = \{Q \mid d\,(P; g) > 1\text{ cm}\} \cup \{Q \mid d\,(Q; h) > 1{,}5\text{ cm}\}$

S. 33

3. Mittelsenkrechte

Die gesuchten Punkte liegen auf der Mittelsenkrechten zu [AB].

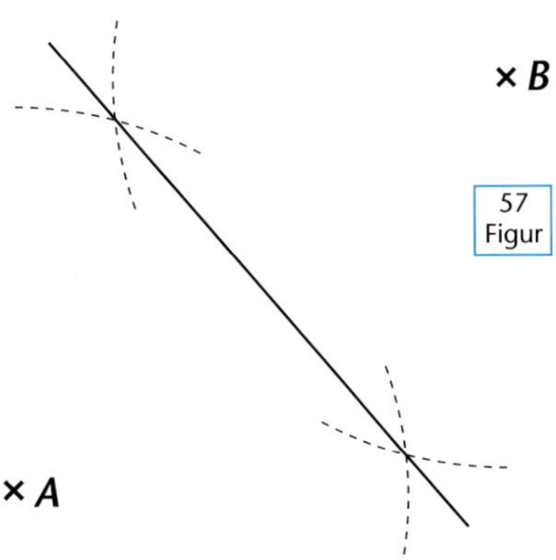

57 Figur

B 7
S. 33

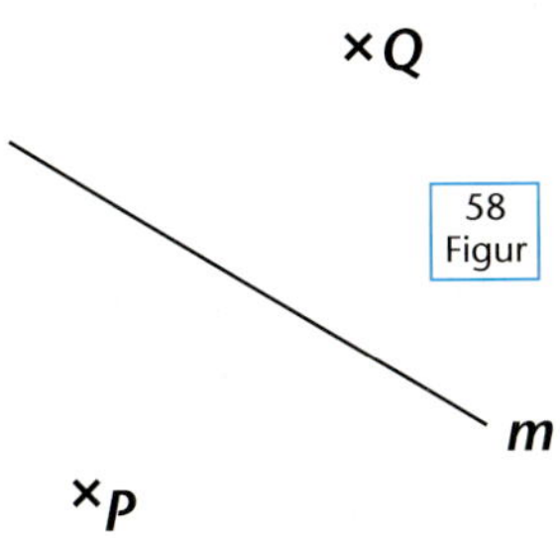

58 Figur

B 8
S. 33

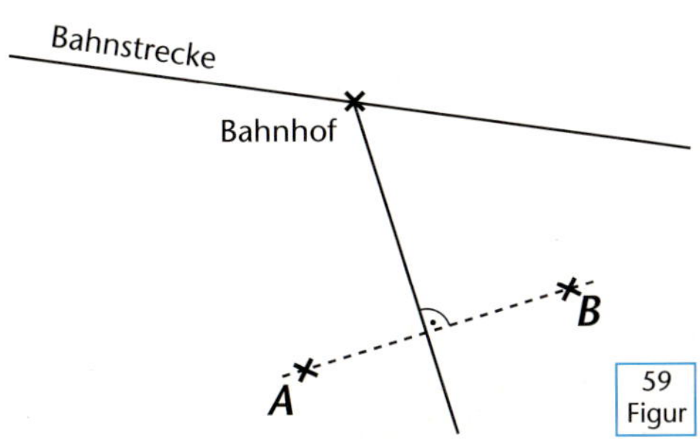

59 Figur

B

S. 34 4. Winkelhalbierende

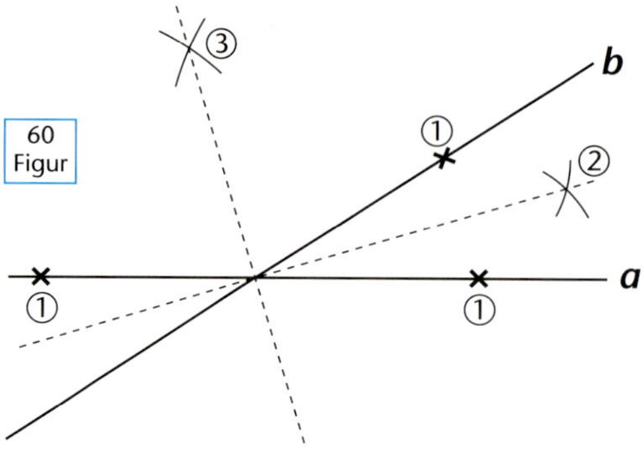

60 Figur

Die gesuchten Punkte liegen sowohl auf der Winkelhalbierenden des $\sphericalangle(a; b)$ als auch auf der Winkelhalbierenden des $\sphericalangle(b; a)$.

B

B 9
S. 34

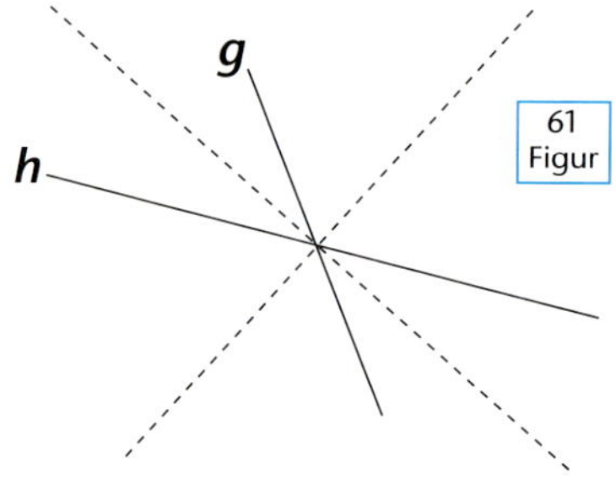

61 Figur

Die beiden Winkelhalbierenden stehen immer senkrecht aufeinander.

B 10
S. 34/35

$\sphericalangle(g; h) = \varphi$ $\sphericalangle(h; g) = 180° - \varphi$

Winkel II: $\frac{180° - \varphi}{2} = \frac{180°}{2} - \frac{\varphi}{2} = 90° - \frac{\varphi}{2}$

$$\underset{\text{I}}{\frac{\varphi}{2}} + \overbrace{90° - \frac{\varphi}{2}}^{\text{II}} = 90°$$

S. 35 5. Kreis

Die gesuchten Punkte liegen auf der Kreislinie um den Punkt M.

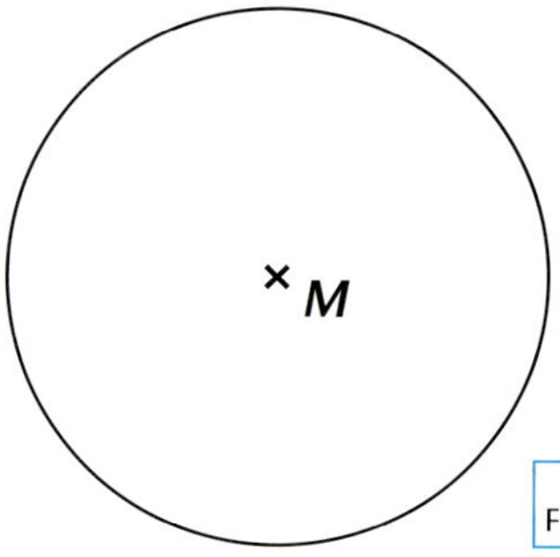

63 Figur

B 11
B 12
S. 36

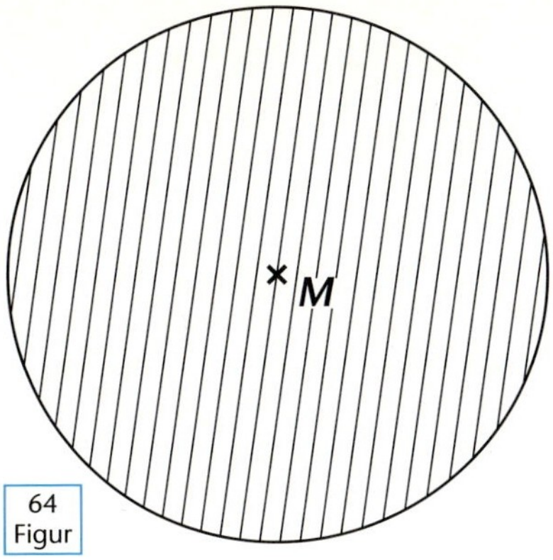

64
Figur

B 13
S. 36

Die mathematische Schreibweise der Aufgabenstellung bedeutet in Worten: Die gesuchten Punkte liegen außerhalb des Kreises um M und zwischen den Parallelen von g.

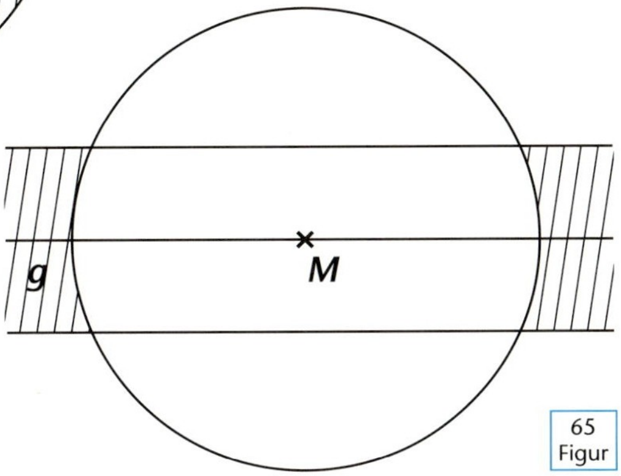

65
Figur

B 14
S. 36

Da das Schwimmbad von A und B gleich weit entfernt sein soll, muss S auf der Mittelsenkrechten von $[AB]$ liegen.

➡ Zeichne die Mittelsenkrechte zu $[AB]$ ein (①).

Da das Schwimmbad von B und C gleich weit entfernt sein soll, muss S auf der Mittelsenkrechten von $[BC]$ liegen (②).

➡ Zeichne die Mittelsenkrechte zu $[BC]$ ein.

Nenne den Schnittpunkt der beiden Mittelsenkrechten S.

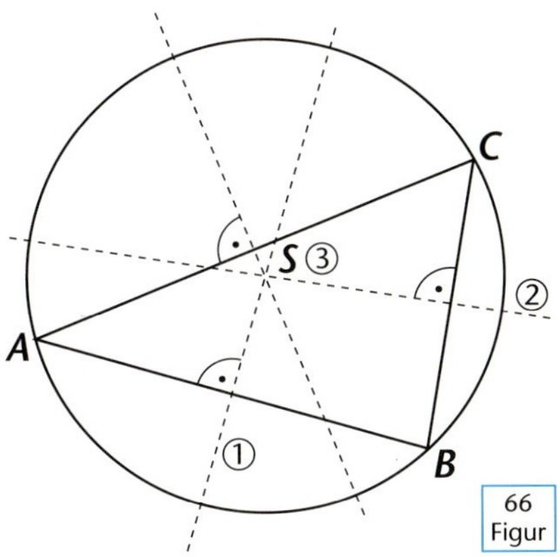

66
Figur

B 15
S. 36

Aufgrund der Konstruktion in Aufgabe B 14 ($\overline{AS} = \overline{BS} = \overline{CS}$) muss gelten: Der gesuchte Mittelpunkt M ist identisch mit dem Punkt S in Figur 66.

B 16
S. 36

M liegt auf den Mittelsenkrechten zu $[PQ]$, $[QR]$ und $[PR]$.

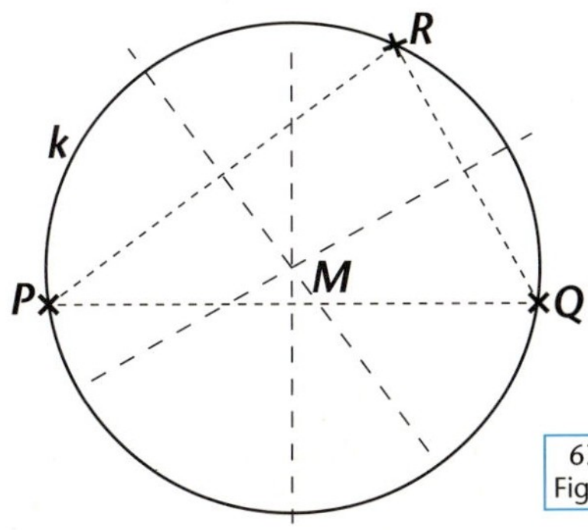

67
Figur

B

B 17
S. 37

a)

68 Figur

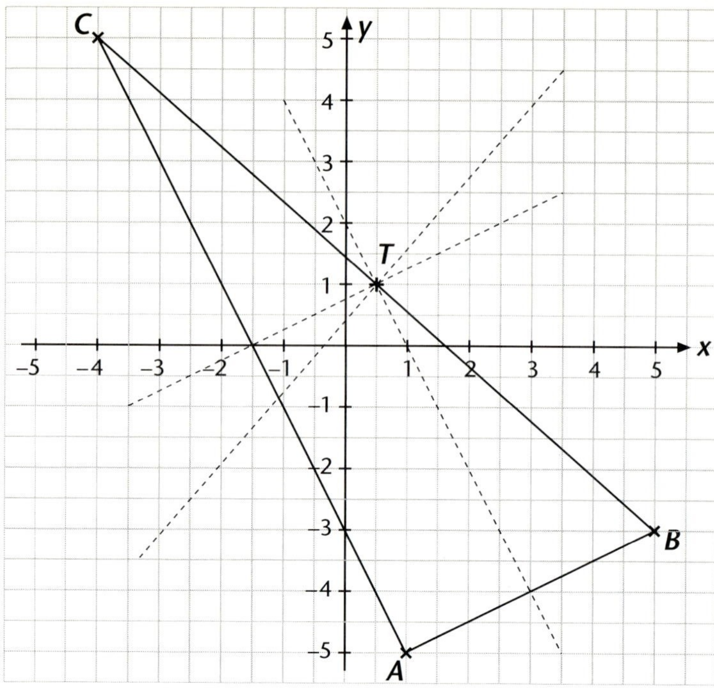

b) $T\,(0{,}5\,|\,1)$

S. 37 Der Umkreismittelpunkt M ergibt sich als Schnittpunkt der Mittelsenkrechten zu den Dreiecksseiten.

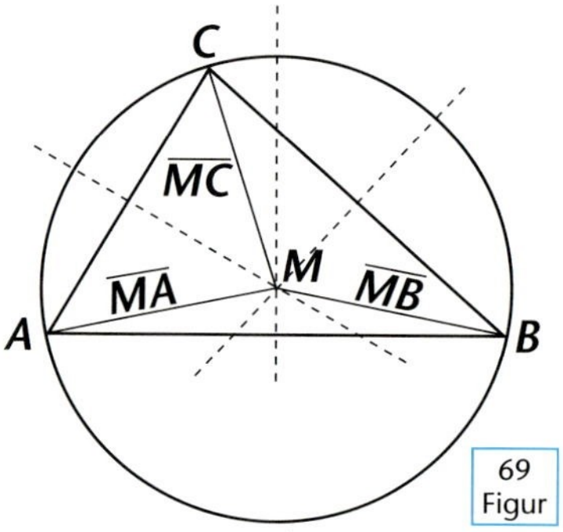

69 Figur

72 Figur

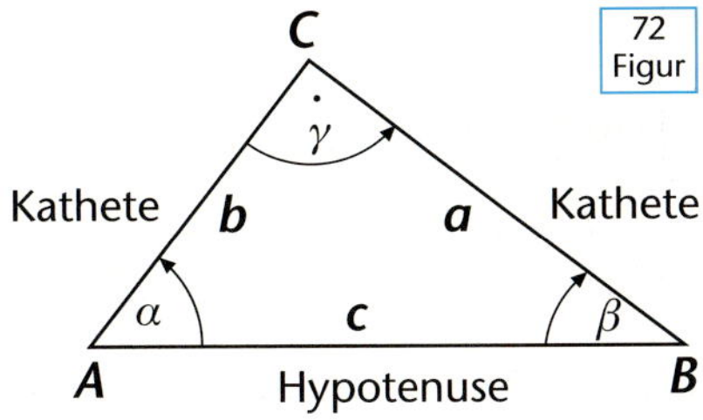

In Figur 72 ist die Hypotenuse die Seite c. **S. 38/39**

Die beiden anderen Seiten (die den rechten Winkel einschließen) heißen Katheten. In Figur 72 sind dies die Seiten a und b. **S. 39**

74 Figur

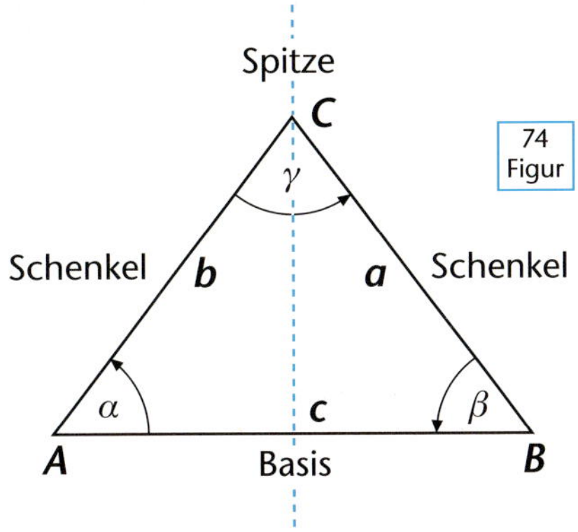

Wenn für die Seiten $a = b$ gilt, dann gilt für die Winkel $\alpha = \beta$. **S. 40**

Die Symmetrieachse halbiert die Basis und den Winkel an der Spitze.

75 Figur

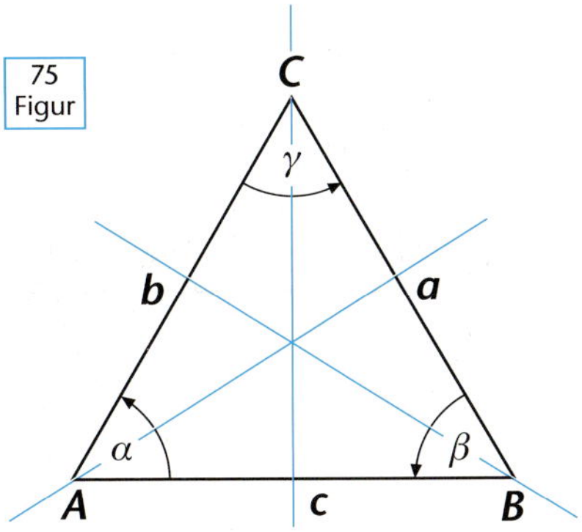

Damit sind auch alle Winkel gleich groß. Es gilt: $\alpha = \beta = \gamma = 60°$

Das gleichseitige Dreieck hat drei Symmetrieachsen.

Falls du exakt gezeichnet hast, erkennst du, dass sich die drei Symmetrieachsen in einem Punkt schneiden.

S. 41

- Wenn c gezeichnet ist, liegen die Punkte A und B fest.
  Um den fehlenden Punkt C zu finden, musst du um A einen Kreis mit dem Radius b und um den Punkt B einen Kreis mit dem Radius a schlagen. Den fehlenden Punkt findest du als Schnittpunkt der beiden Kreise.

- Wenn a gezeichnet ist, liegen die Punkte B und C fest.
  Um den fehlenden Punkt A zu finden, musst du um B einen Kreis mit dem Radius c und um den Punkt C einen Kreis mit dem Radius b schlagen. Den fehlenden Punkt findest du als Schnittpunkt der beiden Kreise.

- Wenn b gezeichnet ist, liegen die Punkte A und C fest.
  Um den fehlenden Punkt B zu finden, musst du um A einen Kreis mit dem Radius c und um den Punkt C einen Kreis mit dem Radius a schlagen. Den fehlenden Punkt findest du als Schnittpunkt der beiden Kreise.

C 1, C 2
S. 41

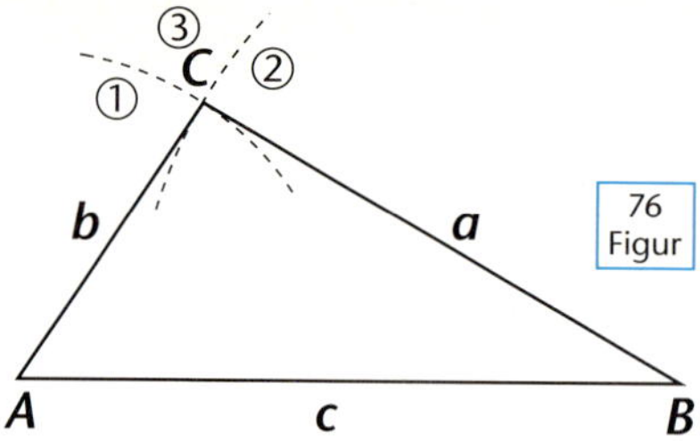

76 Figur

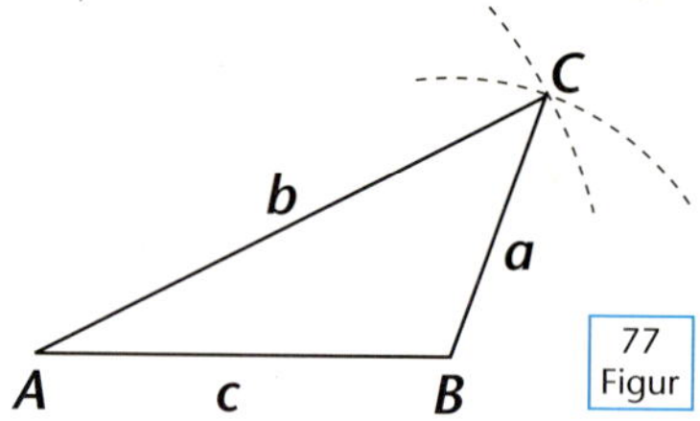

77 Figur

C 3, C 4
S. 41

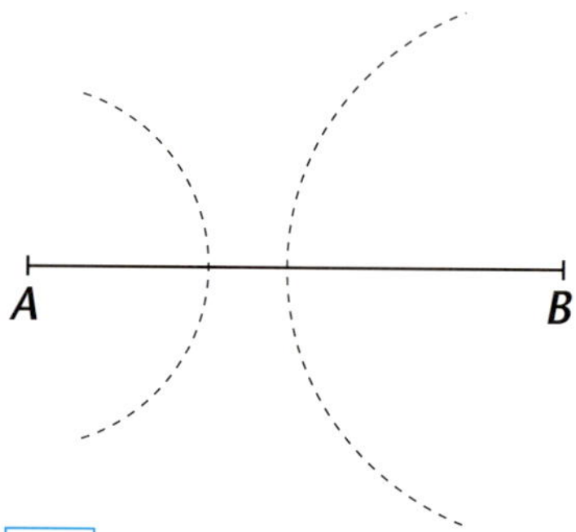

78 Figur

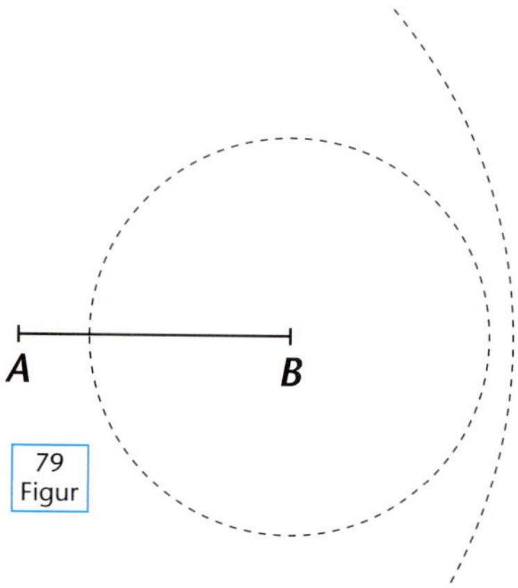

79 Figur

Bei C 3 wirst du sagen:
„Die Seite b ist zu kurz bzw. die Seite a ist zu kurz."

Bei C 4 wirst du sagen:
„Die Seite b ist zu lang bzw. die Seite a ist zu kurz."

S. 42 Zwei Dreieckseiten sind zusammen immer länger als die dritte Seite:

$$a + b > c; \; b + c > a; \; a + c > b$$

Jede Dreieckseite ist länger als die Differenz der beiden anderen.

In Aufgabe C 1 (Figur 76) gilt diese Regel: $a > c - b; \; b > c - a; \; c > a - b$

C 5
S. 42 $a = 5$ cm; $b = 3$ cm; $c = 6$ cm $\alpha \approx 56°; \; \beta \approx 30°; \; \gamma \approx 94°$

C 6
S. 42 $a = 2{,}5$ cm; $b = 5$ cm; $c = 3{,}5$ cm $\alpha \approx 28°; \; \beta \approx 111°; \; \gamma \approx 41°$

S. 43

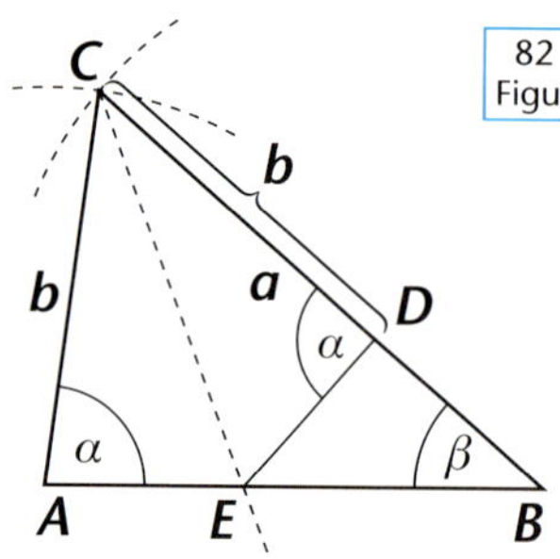

82 Figur

- Das Viereck $AEDC$ ist ein Drachenviereck, weil jeweils zwei benachbarte Seiten gleich lang sind.
- Das Viereck $AEDC$ hat die Symmetrieachse CE.
- Deshalb tritt der Winkel α nochmals beim Punkt D auf.

Satz

S. 44

Alle Einwohner Frankfurts wohnen in Europa! richtig

Umkehrung

Alle Einwohner Europas wohnen in Frankfurt! falsch

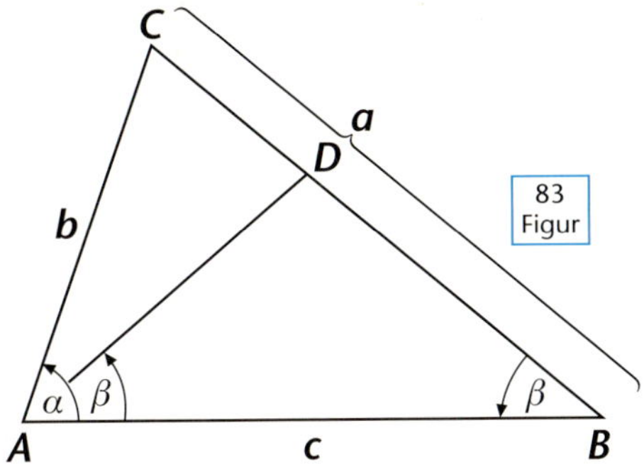

83
Figur

- Da im $\triangle ABD$ der Winkel β zweimal auftaucht, ist dies ein gleichschenkliges Dreieck mit $\overline{BD} = \overline{AD}$.
- Die Seite $a = \overline{BC}$ lässt sich zusammensetzen: $a = \overline{BD} + \overline{DC}$ Mit $\overline{BD} = \overline{AD}$ gilt: $a = \overline{AD} + \overline{DC}$
- Im $\triangle ADC$ gilt nun der Satz, dass zwei Dreiecksseiten zusammen länger sind als die dritte:

$$\underbrace{\overline{AD} + \overline{DC}}_{a} > \overline{AC} \text{ bzw.} \quad a > b!$$

S. 45

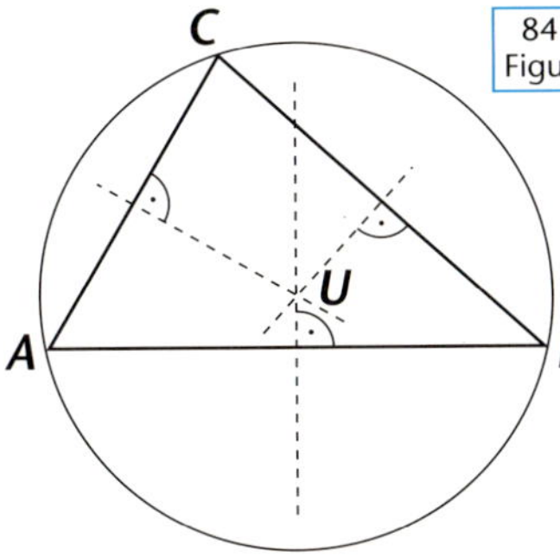

84
Figur

C 7
S. 45

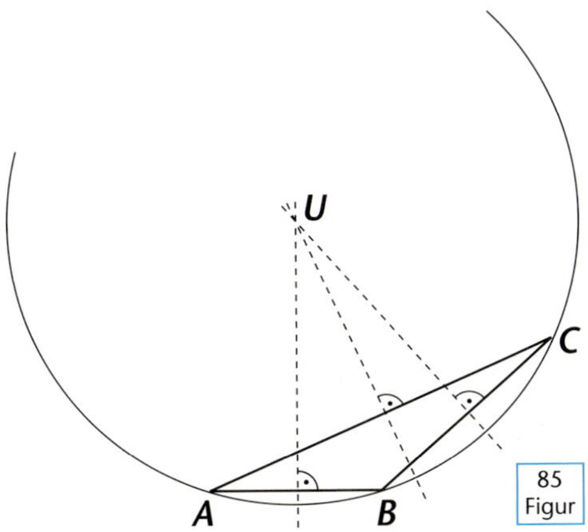

85
Figur

C 8
S. 45

a)

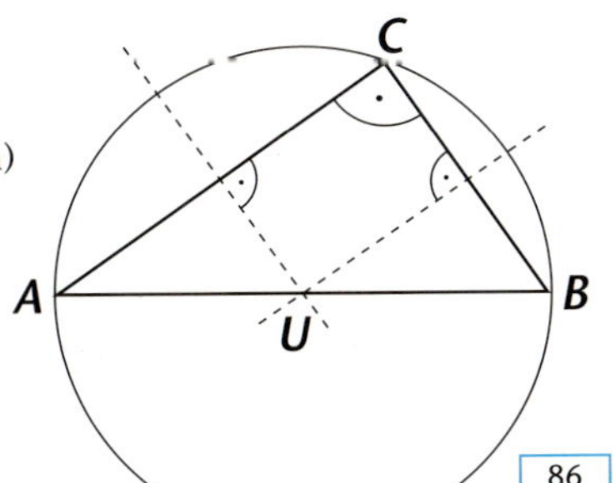

86
Figur

b) Da dies ein rechtwinkliges Dreieck ist, ist U auch Mittelpunkt von $[AB]$; der Kreis ist also Thaleskreis zu $[AB]$.

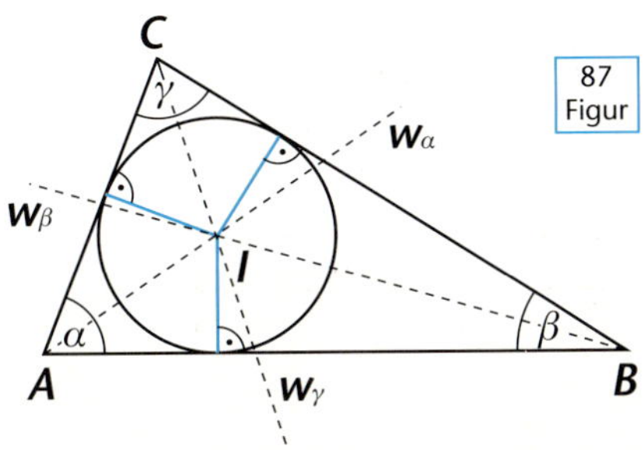

87
Figur

…, schneiden sich alle drei Winkelhalbierenden in einem Punkt.

S. 46

C

S. 46 • Da I auf w_α liegt, ist I von AC und AB gleich weit entfernt.

$d\,(I;\,AC) = d\,(I;\,AB)$

• Da I auf w_β liegt, ist I von AB und BC gleich weit entfernt.

$d\,(I;\,AB) = d\,(I;\,BC)$

C 9
S. 47

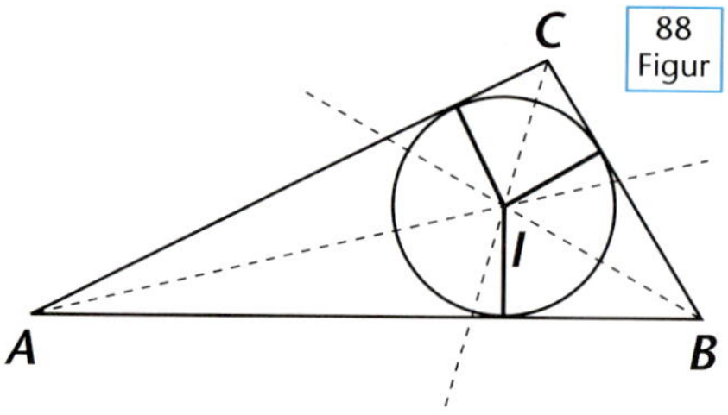

88 Figur

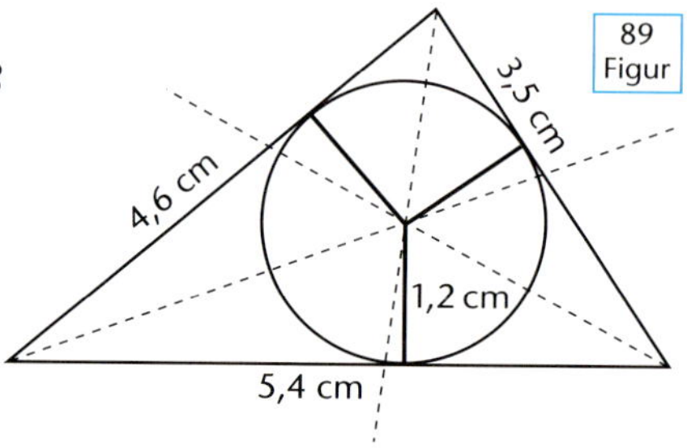

89 Figur

C 10
S. 47 $r = 12$ cm

S. 47 • Wieder stellst du fest, dass sich die Geraden AP, BQ und CR in einem Punkt schneiden.

… indem du das Dreieck im Punkt S unterstützt.

$\overline{AS} = 7$ cm; $\quad \overline{SP} = 3{,}5$ cm
$\overline{BS} = 9{,}8$ cm; $\quad \overline{SQ} = 4{,}9$ cm
$\overline{CS} = 7{,}8$ cm; $\quad \overline{SR} = 3{,}9$ cm

S. 48 $\overline{AS}$ ist doppelt so lang wie $\overline{SP}$;
$\overline{BS}$ ist doppelt so lang wie $\overline{SQ}$;
$\overline{CS}$ ist doppelt so lang wie $\overline{SR}$.

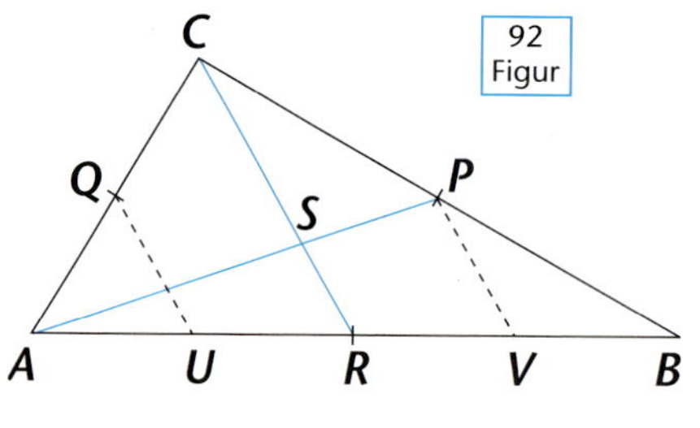

92 Figur

Entsprechend gilt: Da $CR \parallel PV$ ist, können wir aus der Streckengleichheit $\overline{BP} = \overline{PC}$ folgern:
$\overline{BV} = \overline{VR}$

Damit wissen wir, dass $[AB]$ durch die Punkte U, R und V in vier gleiche Teile geteilt wird.

S. 49 Im Mittendreieck gilt:
$QP \parallel AB$ und $2 \cdot \overline{QP} = \overline{AB}$
$RP \parallel AC$ und $2 \cdot \overline{RP} = \overline{AC}$
$QR \parallel BC$ und $2 \cdot \overline{QR} = \overline{BC}$

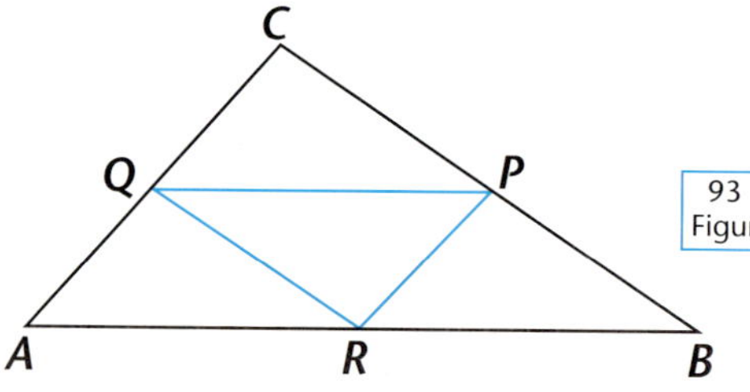

93 Figur

C

C 11
S. 49

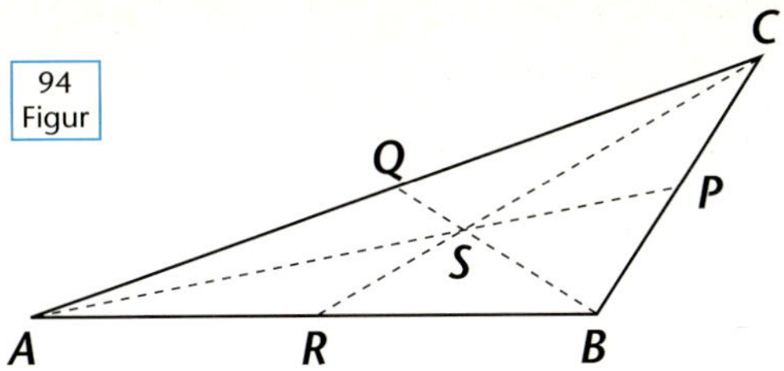

94
Figur

C 12
S. 50

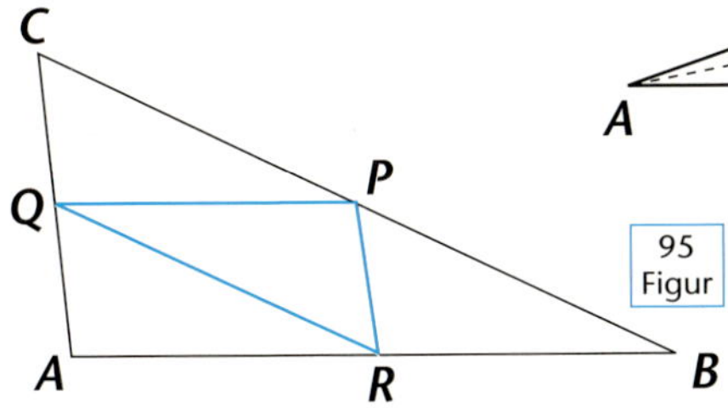

95
Figur

S. 51

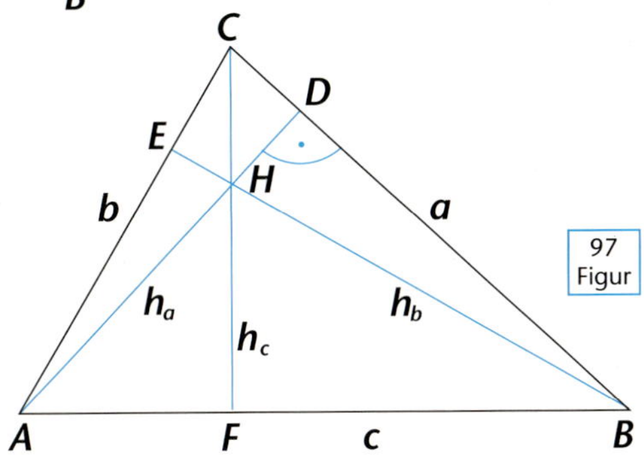

97
Figur

C 13
S. 51

99
Figur

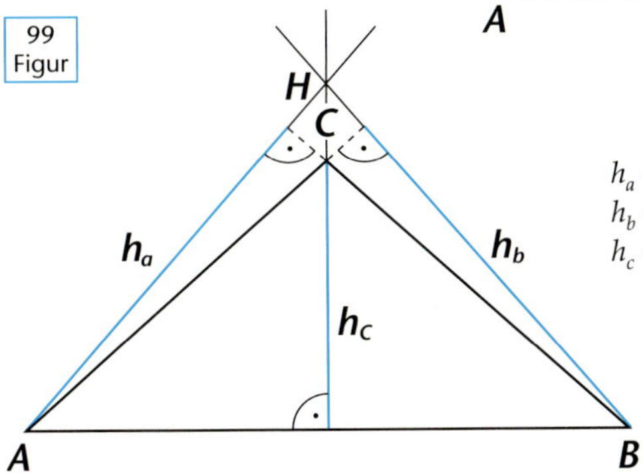

$h_a = 4$ cm
$h_b = 4$ cm
$h_c = 2{,}7$ cm

C 14
S. 51

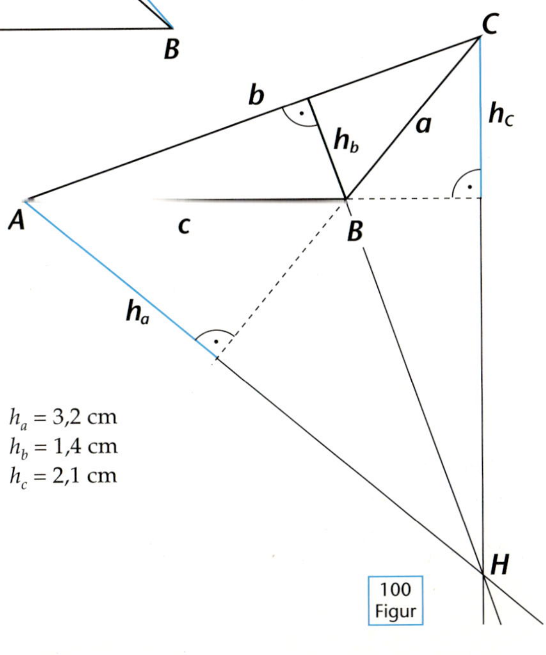

$h_a = 3{,}2$ cm
$h_b = 1{,}4$ cm
$h_c = 2{,}1$ cm

100
Figur

C 15

S. 51

101 Figur

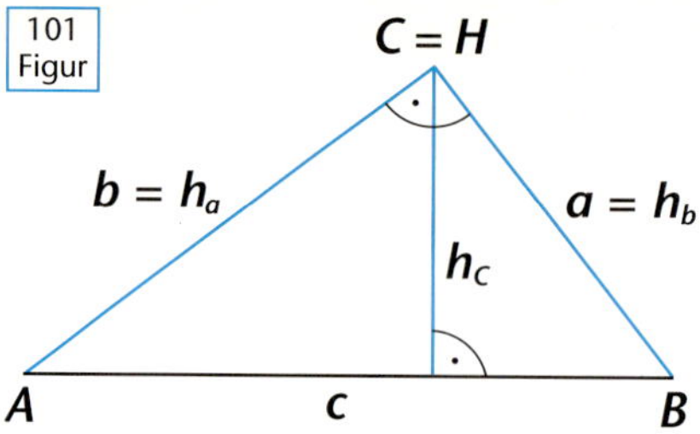

$h_a = 4\text{ cm} = b$
$h_b = 3\text{ cm} = a$
$h_c = 2{,}4\text{ cm}$

S. 52

- Wenn ein Dreieck durch eine Achsenspiegelung abgebildet wird, gilt für den Drehsinn des Dreiecks: Er ändert sich.
  Die beiden Dreiecke heißen deshalb ungleichsinnig kongruent.
- Wenn ein Dreieck durch eine Verschiebung oder eine Drehung (die Punktspiegelung entspricht einer Drehung um 180°) abgebildet wird, gilt für den Drehsinn des Dreiecks: Er bleibt gleich.
  Die beiden Dreiecke heißen deshalb gleichsinnig kongruent.

S. 53

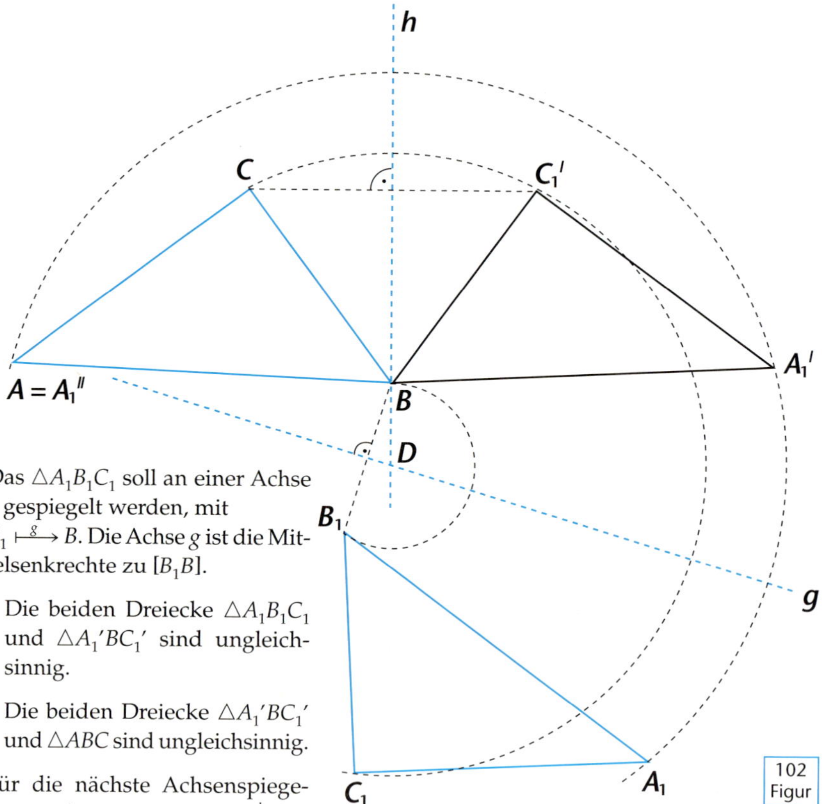

Das $\triangle A_1B_1C_1$ soll an einer Achse g gespiegelt werden, mit $B_1 \stackrel{g}{\longmapsto} B$. Die Achse g ist die Mittelsenkrechte zu $[B_1B]$.

S. 54

- Die beiden Dreiecke $\triangle A_1B_1C_1$ und $\triangle A_1'BC_1'$ sind ungleichsinnig.
- Die beiden Dreiecke $\triangle A_1'BC_1'$ und $\triangle ABC$ sind ungleichsinnig.

Für die nächste Achsenspiegelung an h soll gelten: $C_1' \stackrel{h}{\longmapsto} C$

102 Figur

Die Spiegelachse h ist die Mittelsenkrechte zu $[C_1'C]$.

Da C und C_1' von B gleich weit entfernt sind, geht die Mittelsenkrechte zu $[C_1'C]$ durch B.

Wenn du genau gezeichnet hast, hast du als Spiegelpunkt von A_1' an h den Punkt A erhalten.

Da sich in der Figur 102, die du ergänzt hast, die Achsen g und h schneiden, entspricht die Gesamtabbildung dort einer Drehung.

S. 55

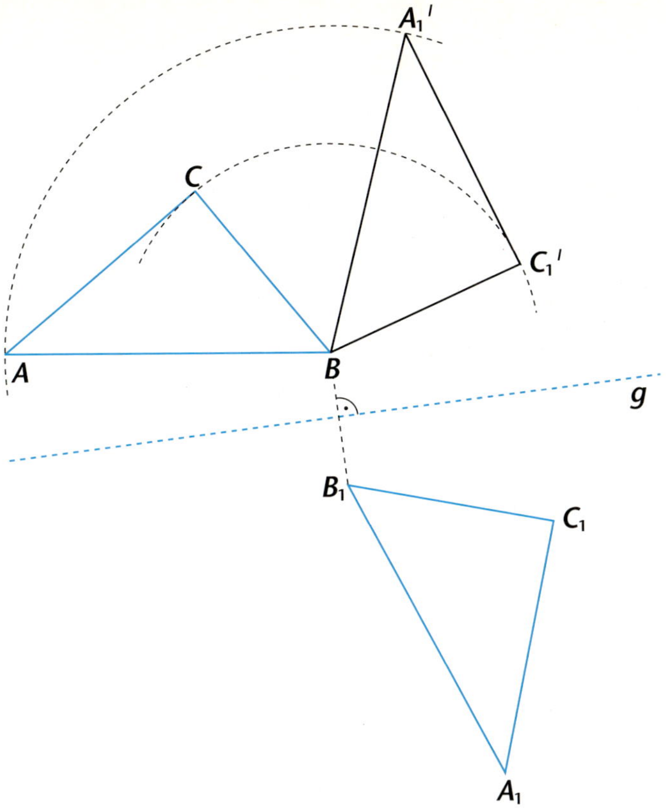

103
Figur

Das $\triangle A_1B_1C_1$ soll an einer Achse g gespiegelt werden, mit $B_1 \overset{g}{\longmapsto} B$. Die Achse g ist die Mittelsenkrechte zu $[B_1B]$.

- Die beiden Dreiecke $\triangle A_1B_1C_1$ und $\triangle A_1'BC_1'$ sind ungleichsinnig.
- Die beiden Dreiecke $\triangle A_1'BC_1'$ und $\triangle ABC$ sind gleichsinnig.

S. 56

Da die beiden gleichsinnigen Dreiecke auch kongruent sind und in einem Eckpunkt bereits übereinstimmen, kann $\triangle A_1'BC_1'$ durch eine Drehung um den Punkt B in das $\triangle ABC$ abgebildet werden.

C

C 16
S. 56

104 Figur

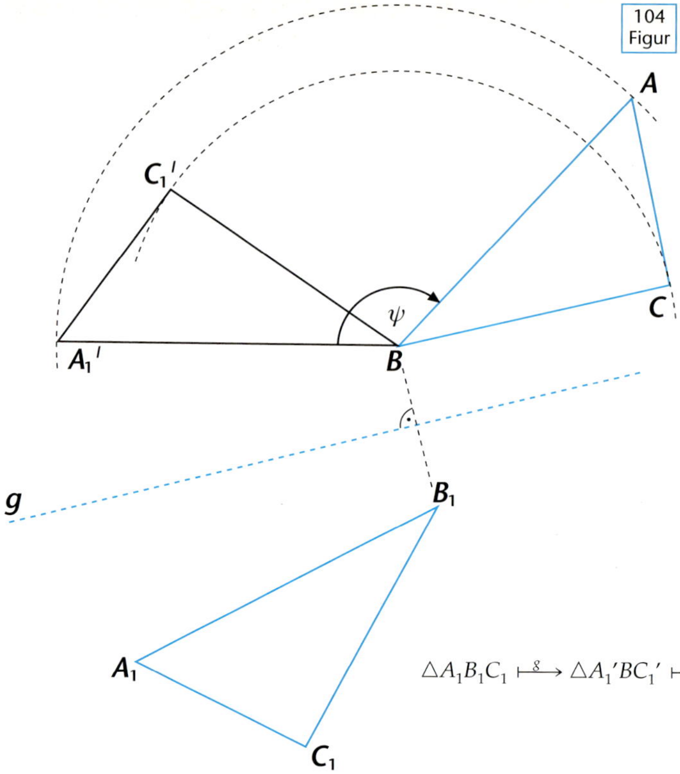

$\triangle A_1B_1C_1 \xmapsto{g} \triangle A_1'BC_1' \xmapsto{B;\psi} \triangle ABC$

C 17
S. 56

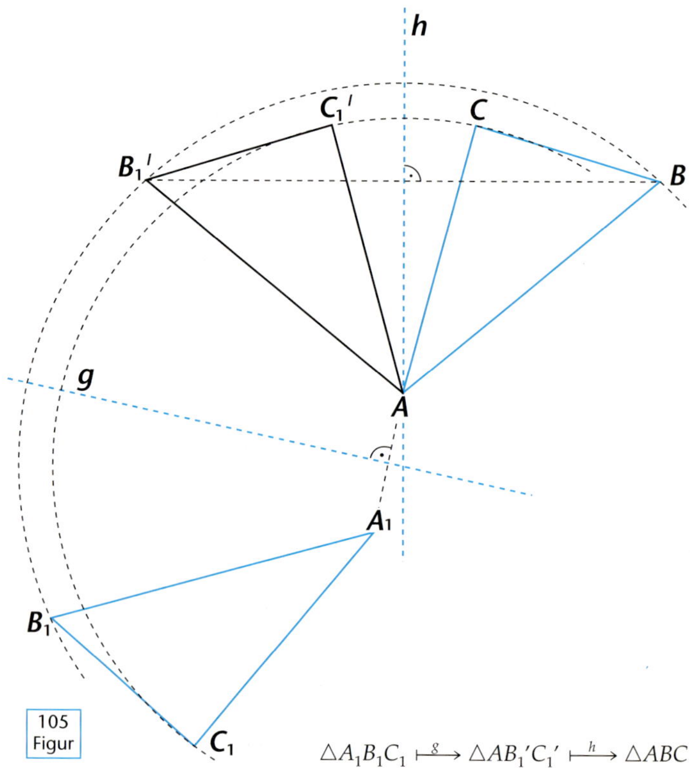

105 Figur

$\triangle A_1B_1C_1 \xmapsto{g} \triangle AB_1'C_1' \xmapsto{h} \triangle ABC$

... kann man die Dreiecke auch durch eine Verschiebung abbilden. **C 18** **S. 56**

106 Figur

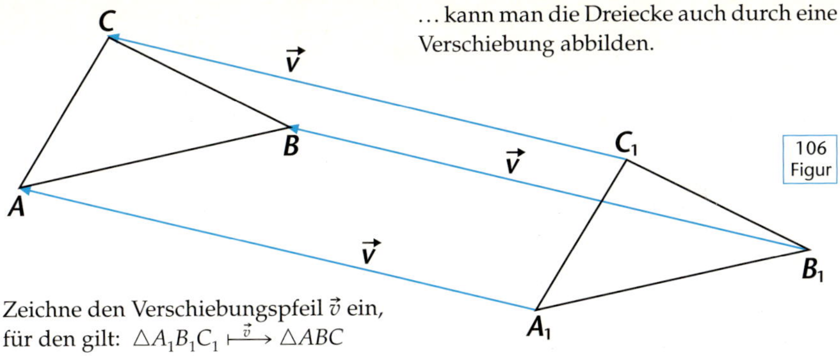

Zeichne den Verschiebungspfeil $\vec{v}$ ein, für den gilt: $\triangle A_1B_1C_1 \xmapsto{\vec{v}} \triangle ABC$

Damit ein Dreieck konstruiert werden kann, müssen drei voneinander unabhängige Bestimmungsstücke gegeben sein. **S. 57**

C

Wenn du die Seite c zeichnest, liegen damit die Punkte A und B fest.

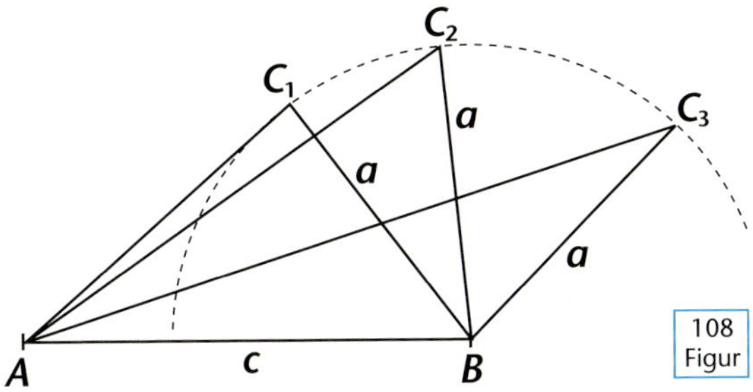

108 Figur

110 Figur

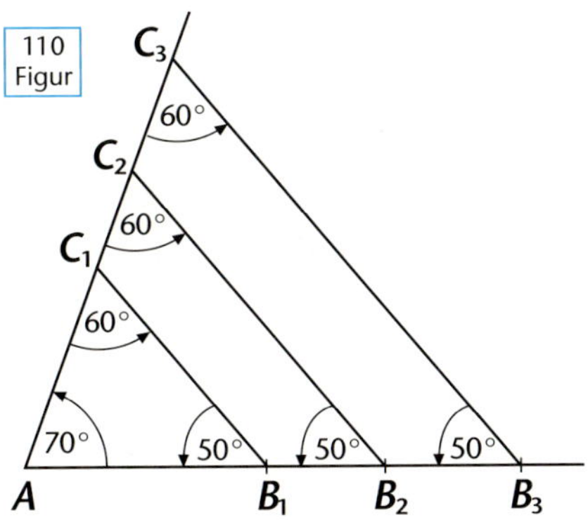

Wenn du den Winkel α zeichnest, liegt damit als Scheitel von α der Punkt A fest. **S. 58**

Wähle dir auf dem ersten Schenkel von α drei verschiedene Punkte B_1, B_2 und B_3.

Wo der freie Schenkel von β jeweils den 2. Schenkel von α trifft, liegen die Punkte C_1, C_2 und C_3.

... $(\alpha + \beta + \gamma = 180°)$

- Die drei Dreiecke sind aber nicht kongruent, da zum Beispiel $c_1 \neq c_2 \neq c_3$.

C

S. 59 Wenn du die Seite c anträgst, liegen damit die Punkte A und B fest.

Da $a = 5$ cm ist, gilt für C:
$C \in k\,(B;\, r = a = 5 \text{ cm})$

S. 59 Da $b = 3$ cm ist, gilt für C:
$C \in k\,(A;\, r = b = 3 \text{ cm})$

Wenn du die beiden Kreisbögen (weit genug) gezeichnet hast, erhältst du zwei Schnittpunkte.

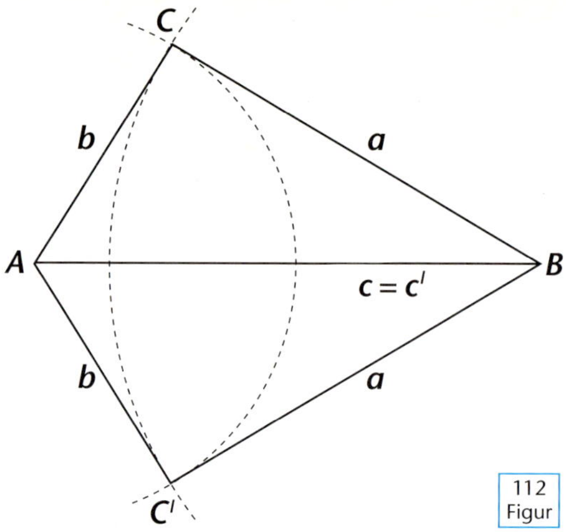

112
Figur

Wenn du die Seite c anträgst, liegen damit die Punkte A und B fest.

Da der Winkel α an c anliegt (mit dem Scheitel in A), liegt der Punkt C auf dem freien Schenkel von α.

Da $b = 5$ cm ist, gilt für C:
$C \in k\,(A;\, r = b = 5 \text{ cm})$

Da es genau einen Schnittpunkt des Kreises mit dem freien Schenkel von α gibt, ist die Konstruktion eindeutig.

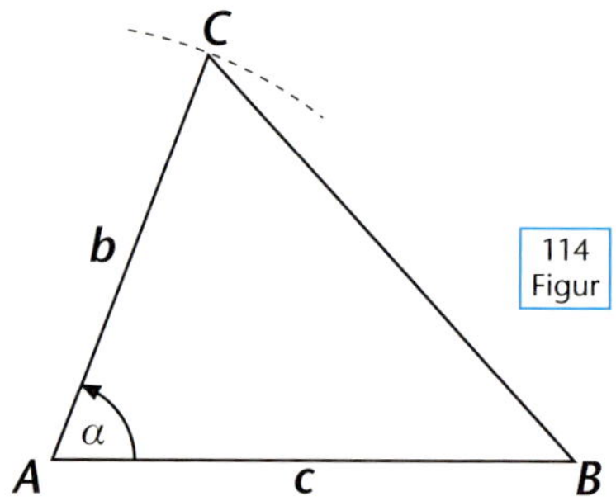

114
Figur

S. 60 Problem wsw

Wenn du die Seite c anträgst, liegen damit die Punkte A und C fest.

Da der Winkel α an c anliegt (mit dem Scheitel in A), liegt der Punkt C auf dem freien Schenkel von α.

Da der Winkel β an c anliegt (mit dem Scheitel in B), liegt der Punkt C auf dem freien Schenkel von β.

Da die beiden freien Schenkel genau einen Schnittpunkt besitzen, ist die Konstruktion eindeutig.

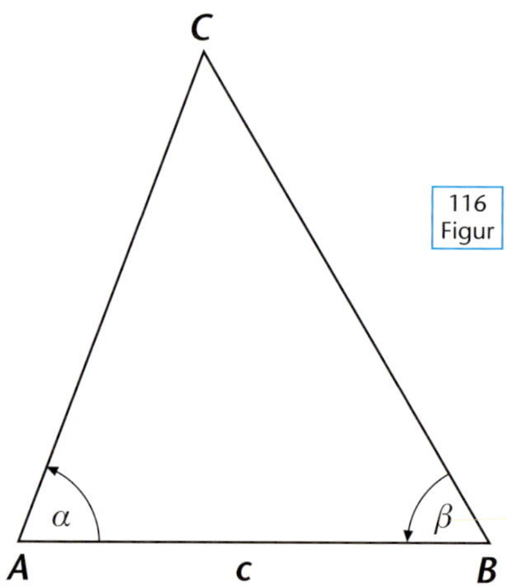

116
Figur

S. 61 Problem wws

Für β gilt hier:
$\beta = 180° - (70° + 50°) = 60°$

S. 62

Problem Ssw

Wenn du die Seite c anträgst, liegen damit die Punkte A und B fest.

Da der Winkel β an c anliegt (mit dem Scheitel in B), liegt der Punkt C auf dem freien Schenkel von β.

Da $b = 7$ cm ist, gilt für C:

$C \in k\,(A;\, r = b = 7 \text{ cm})$

Da es genau einen Schnittpunkt des Kreises mit dem freien Schenkel von β gibt, ist die Konstruktion eindeutig.

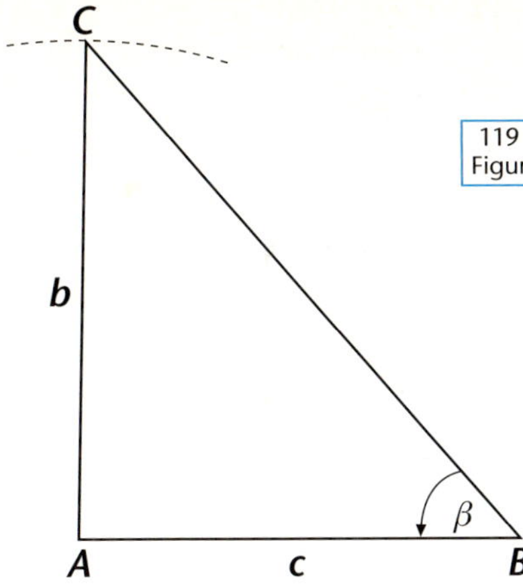

119 Figur

Problem sSw

Wenn du die Seite c anträgst, liegen damit die Punkte A und B fest.

Da der Winkel β an c anliegt (mit dem Scheitel in B), liegt der Punkt C auf dem freien Schenkel von β.

Da $b = 5$ cm ist, gilt für C:

$C \in k\,(A;\, r = b = 5 \text{ cm})$

Da es hier zwei Schnittpunkte des Kreises mit dem freien Schenkel von β gibt, ist die Konstruktion nicht eindeutig.

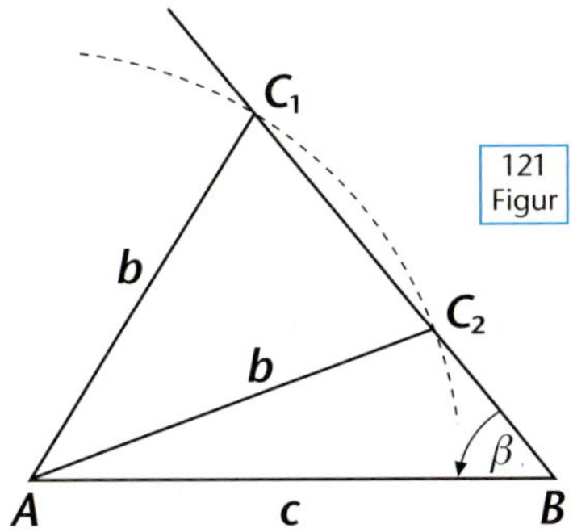

121 Figur

S. 63

Problem ssw

- Ein Dreieck, in dem zwei Seiten gleich lang sind, heißt gleichschenkliges Dreieck.
- In solchen Dreiecken sind die Winkel an der Basis gleich groß; daher gilt hier: $\beta = \gamma$
- Wenn zwei Winkel bekannt sind, lässt sich der dritte berechnen; für α gilt in unserem Beispiel: $\alpha = 80°$

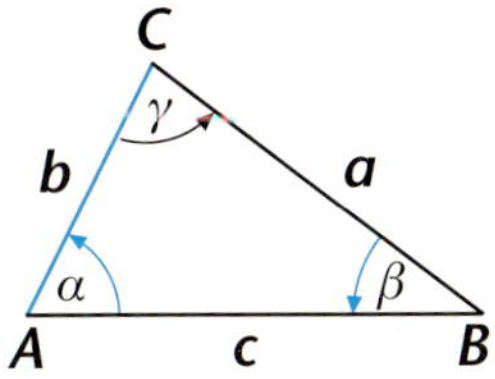

P123 Figur

C 19
S. 64

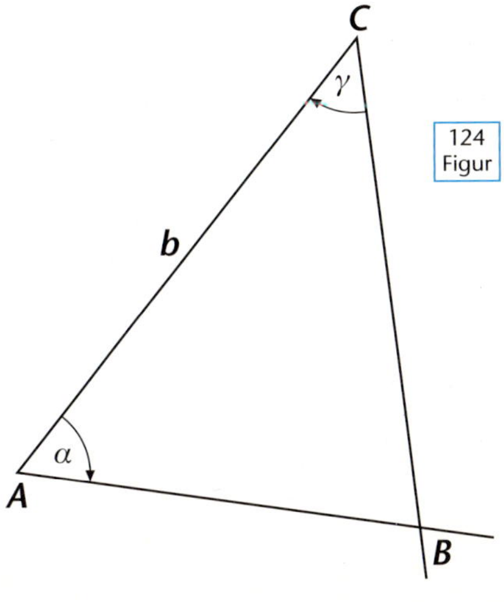

124 Figur

$\gamma = 180° - (60° + 75°) = 45°$

Die Konstruktion ist eindeutig.

C 20
S. 64

P125 Figur

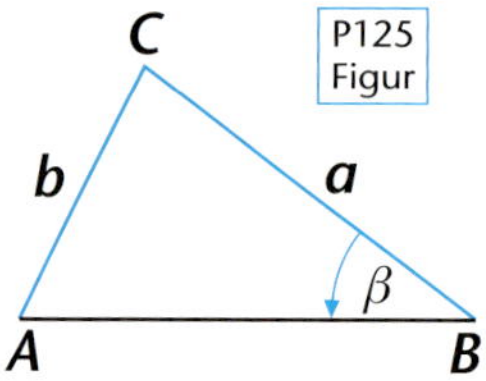

126 Figur

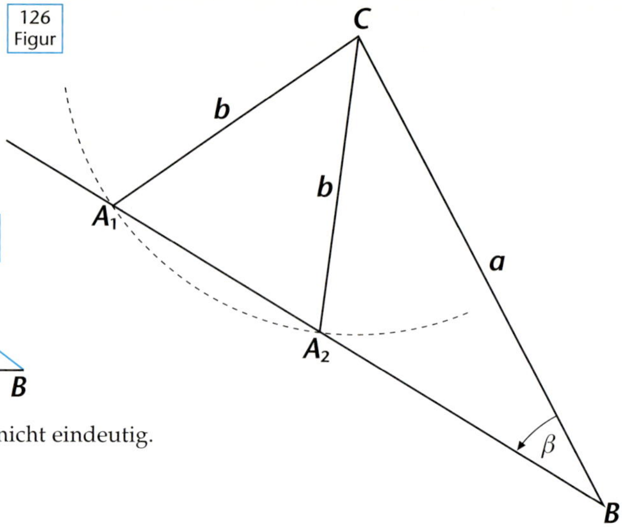

Die Konstruktion ist nicht eindeutig.

C 21
S. 64

P127 Figur

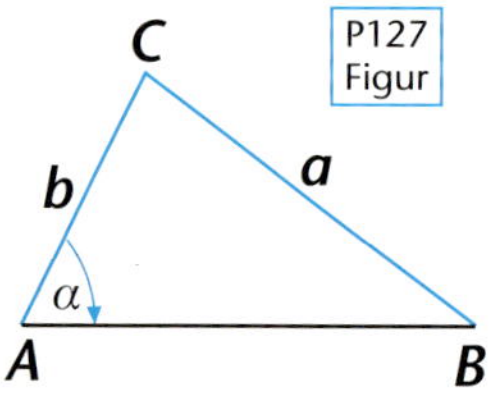

128 Figur

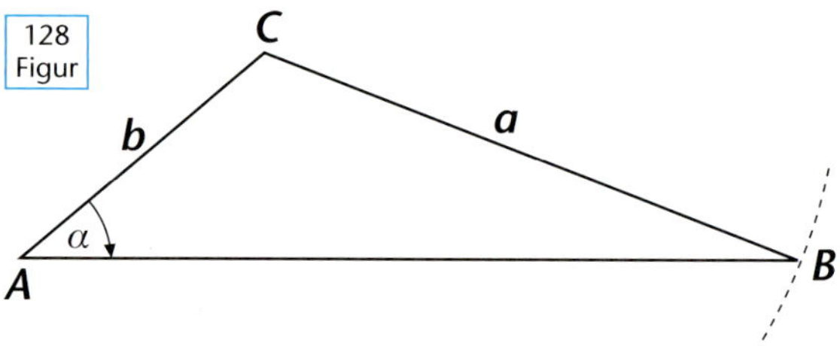

Die Konstruktion ist eindeutig.

C 22
S. 64

Maßstab:
100 m ≙ 1 cm

130 Figur

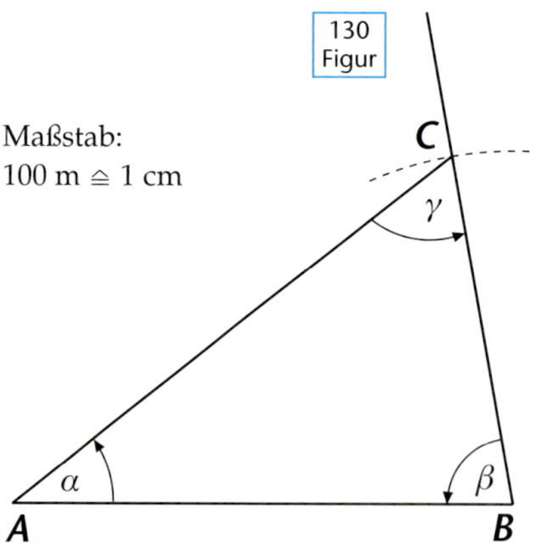

Die Länge des Tunnels $\overline{AC}$ beträgt 560 m.
Der Winkel α misst 38°.
Der Winkel γ misst 62°.

S. 65 Wenn du die Seite a zeichnest, liegen damit die Punkte B und C fest.

Da der Winkel γ an a anliegt (mit dem Scheitel in C), liegt der Punkt A auf dem freien Schenkel von γ.

Mit der Höhe h_a ist festgelegt, dass der Punkt A von BC einen Abstand von 3 cm hat.

132 Figur

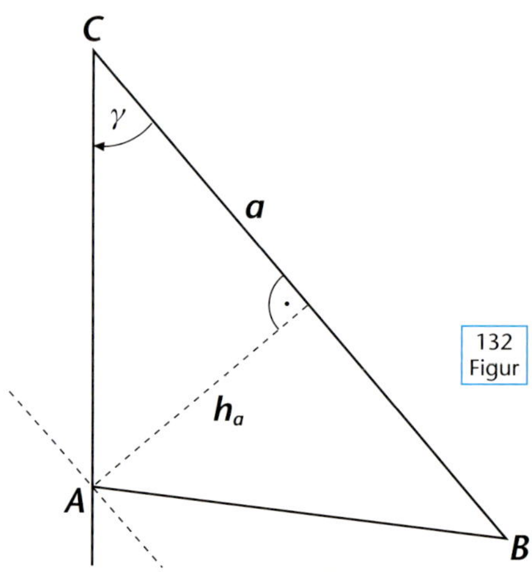

S. 66

134 Figur

Wenn du die Seite b zeichnest, liegen damit die Punkte A und C fest.

Da der Winkel γ an b anliegt (mit dem Scheitel in C), liegt der Punkt B auf dem freien Schenkel von γ.

Da im $\triangle AFC$ bei F ein rechter Winkel ist, liegt F auf dem Thaleskreis über $[AC]$.

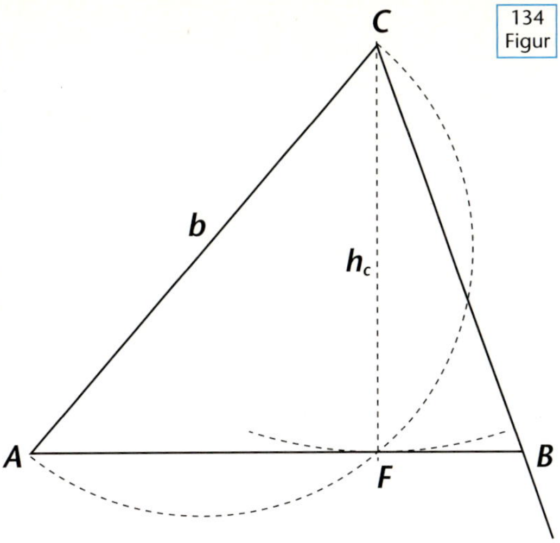

Durch die Höhe h_c ist festgelegt, dass F von C 5 cm entfernt ist; damit gilt: $F \in k\,(C; r = h_c = 5\text{ cm})$

C 23
S. 66

P135 Figur

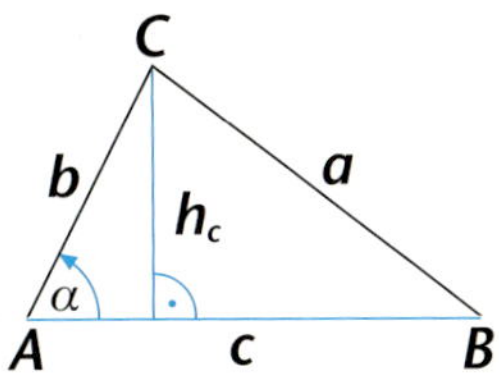

136 Figur

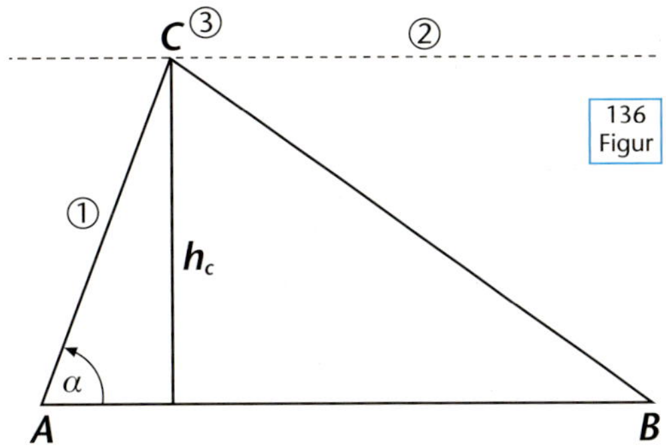

(Vergleiche Problem 1, Seite 65)

C 24
S. 66

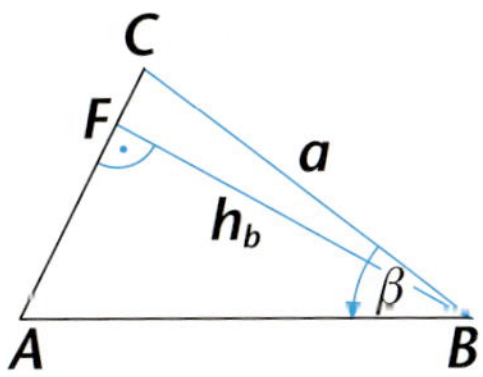

P137 Figur

138 Figur

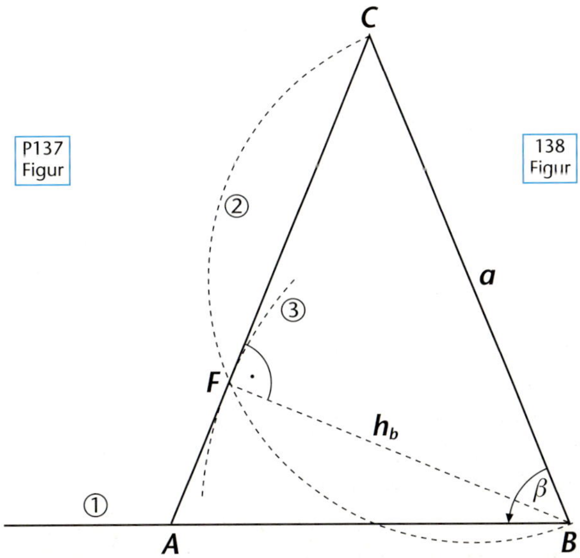

(Vergleiche Problem 2, Seite 66)

C

S. 67

140 Figur

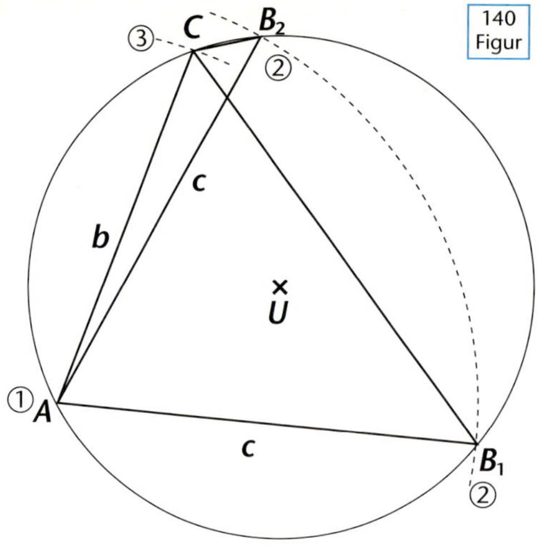

Alle drei Eckpunkte des $\triangle ABC$ liegen auf dem Kreis:
$k\,(U;\, r = r_u = 3\text{ cm})$

Da c gegeben ist, kannst du B konstruieren:
$B \in k\,(A;\, r = c = 5\text{ cm})$

Da b gegeben ist, kannst du C konstruieren:
$C \in k\,(A;\, r = b = 4{,}5\text{ cm})$

Es gibt zwei Lösungen!

C

S. 68 Für den Umkreis gilt:
$k\,(U;\, r = \overline{UC})$

Da a gegeben ist, kannst du B konstruieren:
$B \in k\,(C;\, r = a = 4\text{ cm})$

Da b gegeben ist, kannst du A konstruieren:
$A \in k\,(C;\, r = b = 4{,}5\text{ cm})$

142 Figur

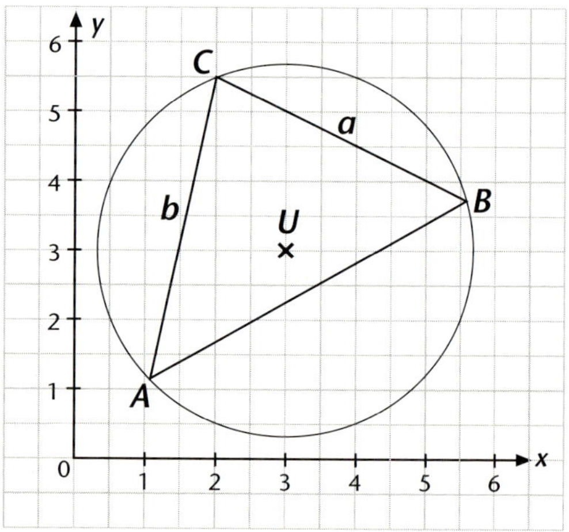

C 25
S. 68

144 Figur

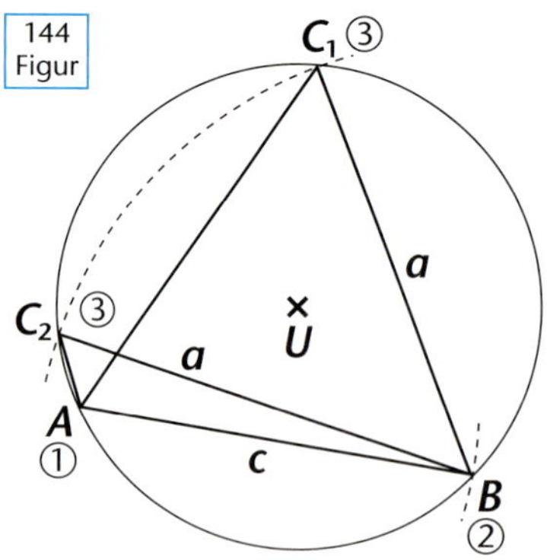

(Vergleiche Problem 1, Seite 67)

Es gibt zwei Lösungen!

146 Figur

(Vergleiche Problem 2, Seite 67)

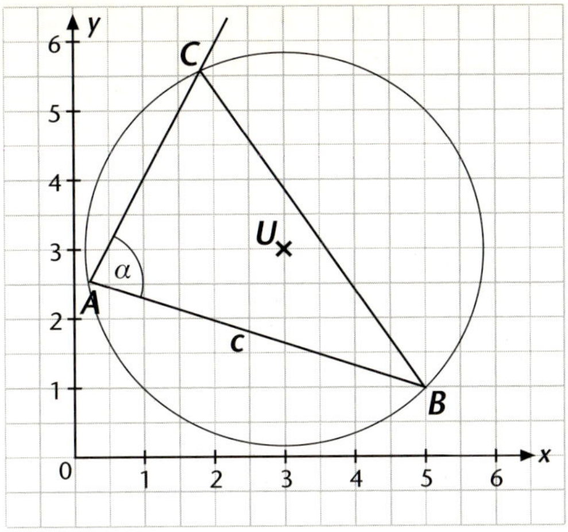

C 26
S. 68

148 Figur

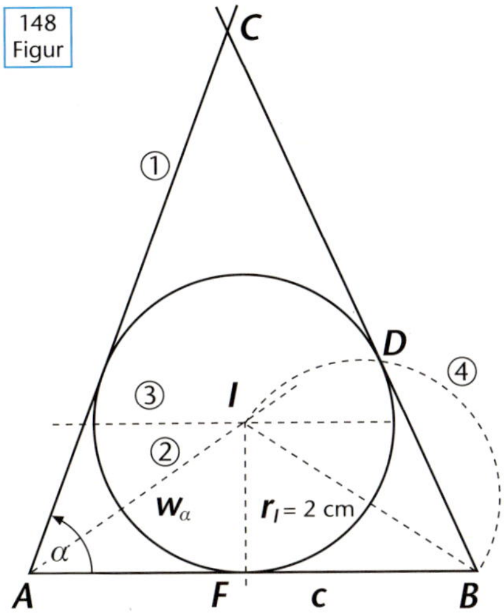

S. 69

Wenn du die Seite *c* zeichnest, liegen damit die Punkte *A* und *B* fest.

Da der Winkel α an *c* anliegt (mit dem Scheitel in *A*), liegt der Punkt *C* auf dem freien Schenkel von α.

Der Inkreismittelpunkt *I* liegt auf der Winkelhalbierenden des Winkels α.

Da der Inkreis *AB* berührt, liegt *I* auf der Parallelen zu *AB* im Abstand 2 cm.

Da im $\triangle IBD$ bei *D* ein rechter Winkel auftritt, liegt *D* auf dem Thaleskreis zu [*IB*].

➡ Zeichne [*BD* und nenne den Schnittpunkt mit dem freien Schenkel von α *C*.

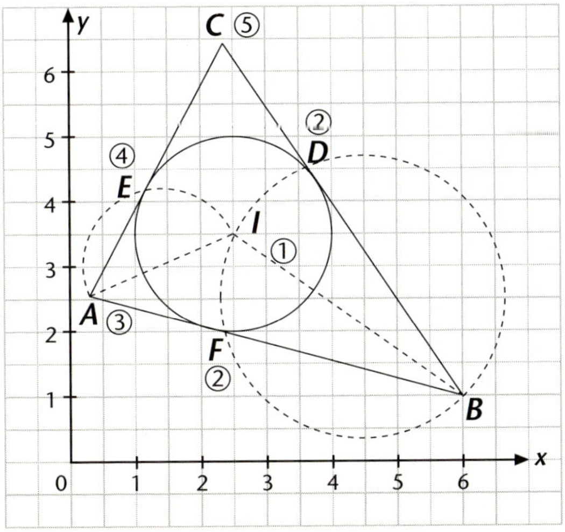

150 Figur

S. 70

Da in den Dreiecken $\triangle IBD$ und $\triangle IFB$ bei *D* bzw. *F* rechte Winkel auftreten, liegen *D* und *F* auf dem Thaleskreis zu [*IB*].

Zeichne [*BF* und trage von *B* aus *c* ab und nenne den Punkt *A*.

Da im $\triangle AIE$ bei *E* ein rechter Winkel auftritt, liegt *E* auf dem Thaleskreis zu [*AI*].

Zeichne [*AE* sowie [*BD* und nenne ihren Schnittpunkt *C*.

C 27
S. 71

152 Figur

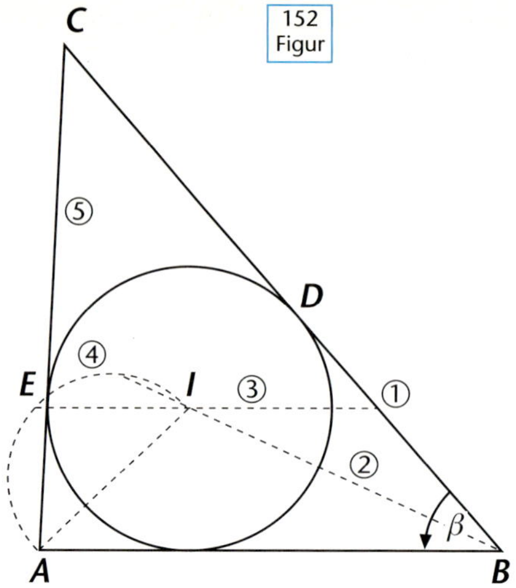

(Vergleiche Problem 1, Seite 69)

C 28
S. 71

154 Figur

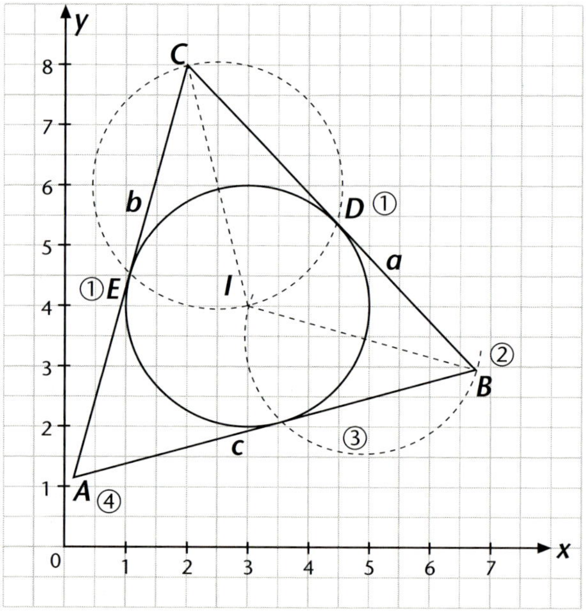

(Vergleiche Problem 2, Seite 70)

Lösungen Teil D

S. 72 Ein Viereck mit vier gleich langen Seiten und vier gleich großen bzw. rechten Winkeln heißt Quadrat.

Für $a = 3$ cm erhält man: $A_{\square} = 3\text{ cm} \cdot 3\text{ cm} = 9\text{ cm}^2$

Ein Viereck mit je zwei gleich langen Seiten (die sich gegenüberliegen) und vier gleich großen bzw. rechten Winkeln heißt Rechteck. **S. 72**

Für $a = 5$ cm und $b = 2$ cm erhält man: $A_{\square} = 5\text{ cm} \cdot 2\text{ cm} = 10\text{ cm}^2$

D 1
S. 73

$A_{\text{I}} = 12\text{ m} \cdot 6\text{ m} - \underbrace{3\text{ m} \cdot 3\text{ m}}_{\text{Bühne}} = 63\text{ m}^2$

$A_{\text{II}} = 6\text{ m} \cdot 14\text{ m} - \underbrace{2{,}5\text{ m} \cdot 4\text{ m}}_{\text{Theke}} = 74\text{ m}^2$

$A = A_{\text{I}} + A_{\text{II}} = 63\text{ m}^2 + 74\text{ m}^2 = 137\text{ m}^2$

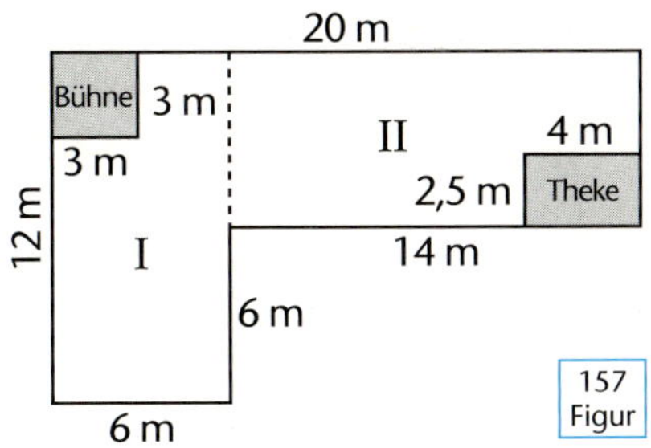

157 Figur

D

D 2
S. 73

Das rechte schraffierte Flächenstück kannst du „abschneiden" und links „ansetzen"; dann ergibt sich ein Rechteck mit:

$A = 5\text{ cm} \cdot 4\text{ cm} = 20\text{ cm}^2$

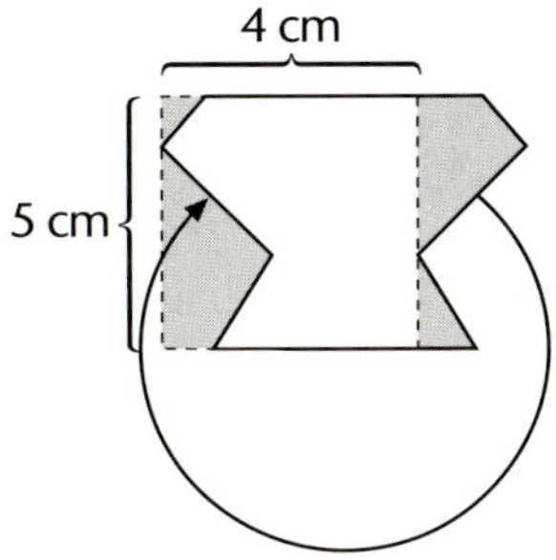

159 Figur

S. 74

- Je zwei gegenüberliegende Seiten sind gleich lang. $a = c; b = d$
- Je zwei gegenüberliegende Winkel sind gleich groß. $\alpha = \gamma; \beta = \delta$

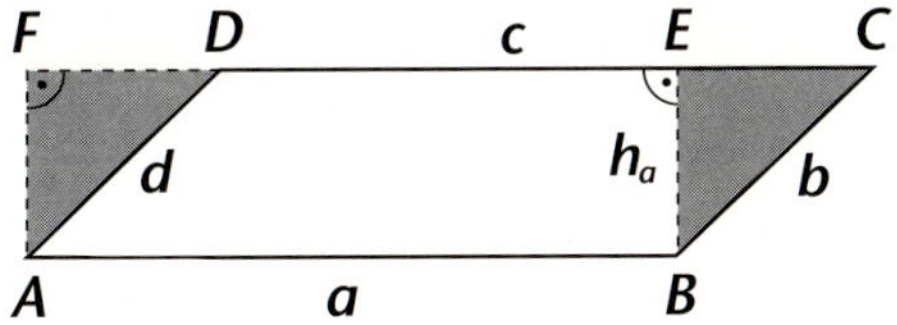

161 Figur

- Für die beiden schraffierten Dreiecke gilt: $\triangle BCE \cong \triangle ADF$. (Denn $\overline{BC} = \overline{AD}$; $\overline{BE} = \overline{AF}$, $\sphericalangle BEC = \sphericalangle AFD = 90°$ – also sind die Dreiecke kongruent.)
- Die Fläche des Parallelogramms *ABCD* ist inhaltsgleich zur Fläche des Rechtecks *ABEF*. **S. 75**

D 3
S. 75

a)

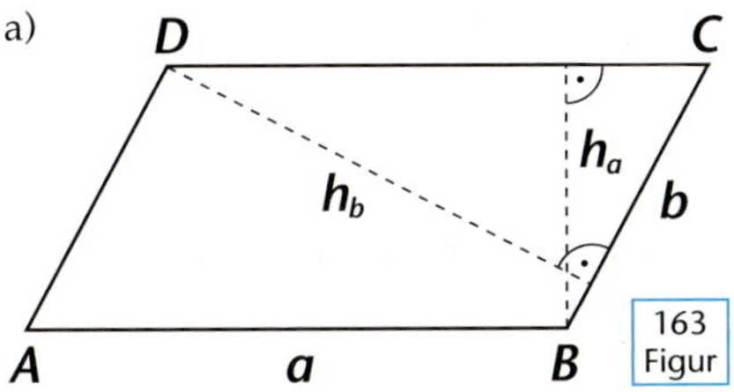

163 Figur

b) $A = 4\text{ cm} \cdot 2\text{ cm} = 8\text{ cm}^2$

c) $A = 2{,}3\text{ cm} \cdot 3{,}5\text{ cm} \approx 8\text{ cm}^2$

D 4
S. 76

a) b)

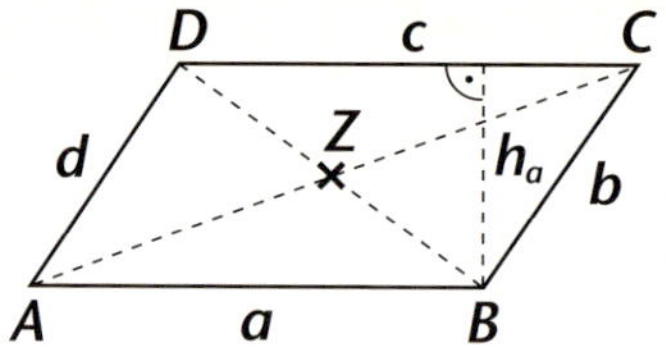

164
Figur

c) $A = a \cdot h_a = 3\text{ cm} \cdot 1{,}5\text{ cm} = 4{,}5\text{ cm}^2$

D 5
S. 76

a)

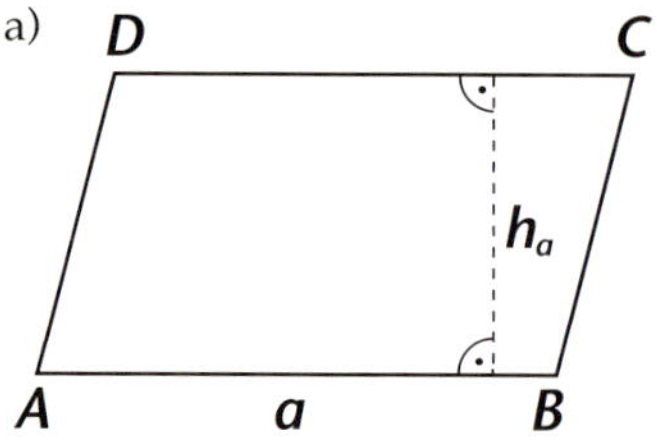

165
Figur

b)

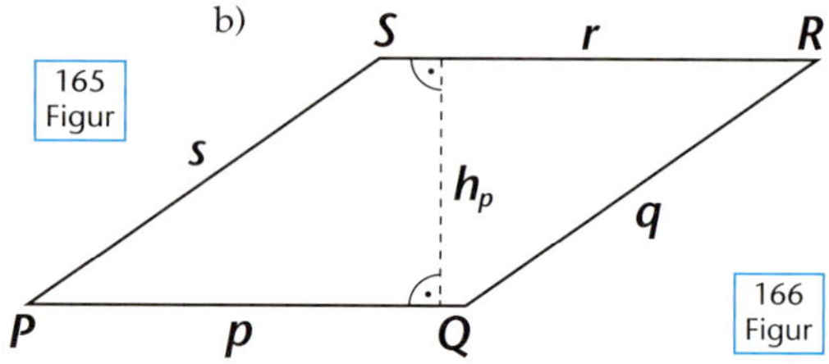

166
Figur

$h_a = 2\text{ cm},\ a = 3{,}5\text{ cm}$
$A_{\square} = a \cdot h_a$
$\Rightarrow\ A = 3{,}5\text{ cm} \cdot 2\text{ cm} = 7\text{ cm}^2$

$h_p = 2\text{ cm},\ p = 3{,}5\text{ cm}$
$A_{\square} = p \cdot h_p$
$\Rightarrow\ A = 3{,}5\text{ cm} \cdot 2\text{ cm} = 7\text{ cm}^2$

Wenn zwei Parallelogramme in einer Seite und der zugehörigen Höhe übereinstimmen, sind die flächengleich.

S. 76/77

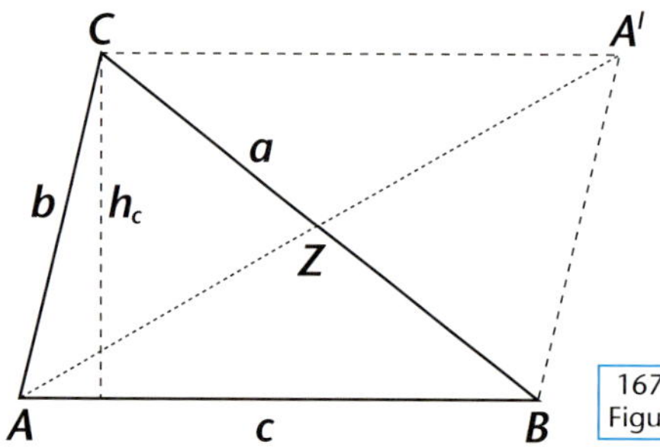

167
Figur

- Das entstandene Viereck $ABA'C$ ist ein Parallelogramm.
- Die Fläche des $\triangle ABC$ ist halb so groß wie die Fläche des Parallelogramms $ABA'C$.

Zeichne im $\triangle ABC$ die Höhe h_c gestrichelt ein und miss sie und die zugehörige Seite c:
$h_c = 3\text{ cm};\ c = 4{,}5\text{ cm}$

- Damit gilt für den Flächeninhalt des $\triangle ABC$ (Figur 167):

$$A = \frac{1}{2} \cdot c \cdot h_c \quad \Rightarrow \quad A = \frac{1}{2} \cdot 4{,}5\text{ cm} \cdot 3\text{ cm} = 6{,}75\text{ cm}^2$$

S. 77

$a = 5{,}7\text{ cm},\quad h_a = 3{,}7\text{ cm}$
$b = 3{,}8\text{ cm},\quad h_b = 5{,}5\text{ cm}$
$c = 6\text{ cm},\quad h_c = 3{,}5\text{ cm}$

168
Figur

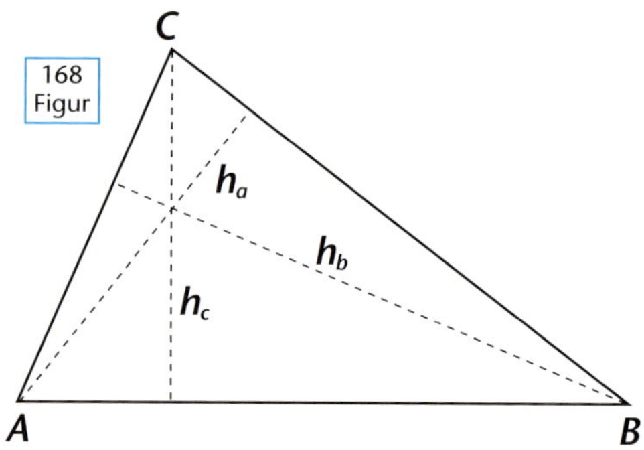

$$A = \frac{1}{2} \cdot a \cdot h_a \quad \Rightarrow$$

$$A = \frac{1}{2} \cdot 5{,}7\text{ cm} \cdot 3{,}7\text{ cm} \approx 10{,}5\text{ cm}^2$$

$$A = \frac{1}{2} \cdot b \cdot h_b \quad \Rightarrow$$

$$A = \frac{1}{2} \cdot 3{,}8\text{ cm} \cdot 5{,}5\text{ cm} \approx 10{,}5\text{ cm}^2$$

$$A = \frac{1}{2} \cdot c \cdot h_c \quad \Rightarrow \quad A = \frac{1}{2} \cdot 6\text{ cm} \cdot 3{,}5\text{ cm} = 10{,}5\text{ cm}^2$$

(Da die Längen der Strecken gemessen wurden, können sich kleine Unterschiede ergeben; lass dich dadurch nicht beunruhigen.)

D 6
S. 78

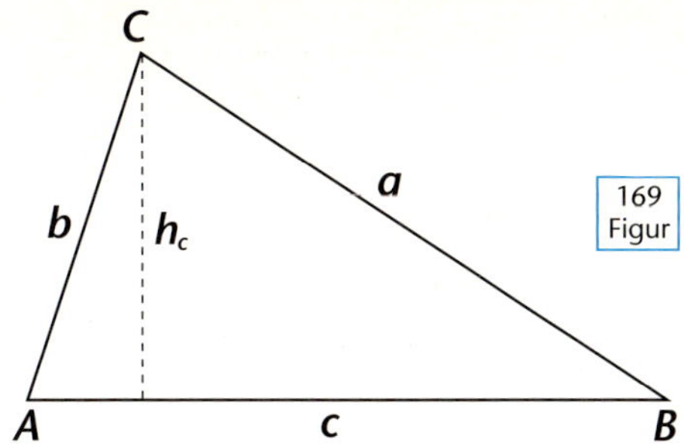

169 Figur

$$A_{\triangle} = \frac{1}{2} \cdot c \cdot h_c \quad \Rightarrow$$

$$A = \frac{1}{2} \cdot 5{,}5\ \text{cm} \cdot 3\ \text{cm} = 8{,}25\ \text{cm}^2$$

D 7
S. 78

a)

Maßstab 1:200
(1 cm ≙ 2 m)

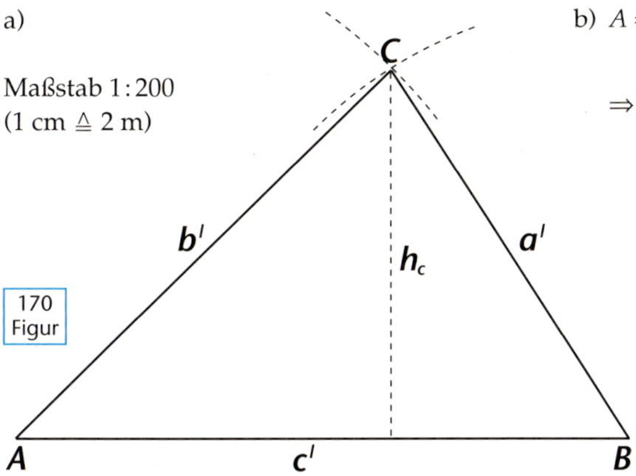

170 Figur

b) $A = \frac{1}{2} \cdot c \cdot h_c$

$$\Rightarrow A = \frac{1}{2} \cdot 8{,}40\ \text{m} \cdot 14\ \text{m} =$$

$$= 58{,}8\ \text{m}^2$$

D 8
S. 78

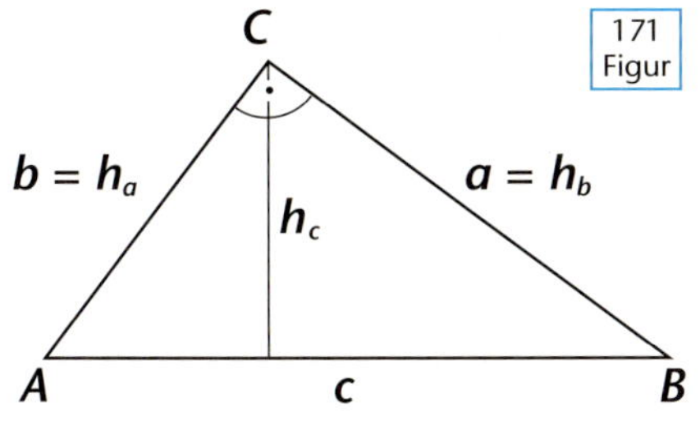

171 Figur

a) $A = \frac{1}{2} \cdot a \cdot h_a =$

$$= \frac{1}{2} \cdot 4\ \text{cm} \cdot 3\ \text{cm} = 6\ \text{cm}^2$$

b) $A = \frac{1}{2} \cdot b \cdot h_b =$

$$= \frac{1}{2} \cdot 3\ \text{cm} \cdot 4\ \text{cm} = 6\ \text{cm}^2$$

c) $A = \frac{1}{2} \cdot c \cdot h_c =$

$$= \frac{1}{2} \cdot 5\ \text{cm} \cdot 2{,}4\ \text{cm} = 6\ \text{cm}^2$$

D 9
S. 78

$$A = \frac{1}{2} \cdot c \cdot h_c = \frac{1}{2} \cdot 8\ \text{cm} \cdot 4{,}7\ \text{cm} = 18{,}8\ \text{cm}^2$$

S. 79

Ein Parallelogramm mit der „Zusatzeigenschaft“, dass alle vier Seiten gleich lang sind, heißt Raute.

Für Rauten gilt:
- Die beiden Diagonalen [*AC*] und [*BD*] stehen senkrecht aufeinander.
- Die Diagonalen halbieren sich gegenseitig.
- Die Winkel werden durch die Diagonalen halbiert.

D 10
S. 79

Ergänze zum gleichschenkligen $\triangle ABC$ den Punkt D so, dass das Viereck $ABCD$ eine Raute ist, und zeichne die Raute.

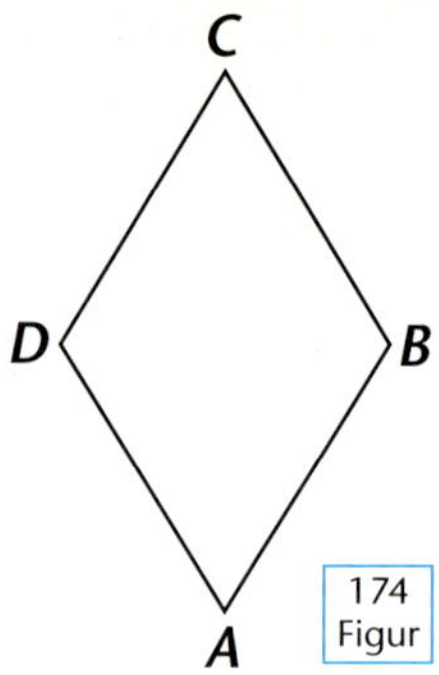

174 Figur

D 11
S. 79

175 Figur

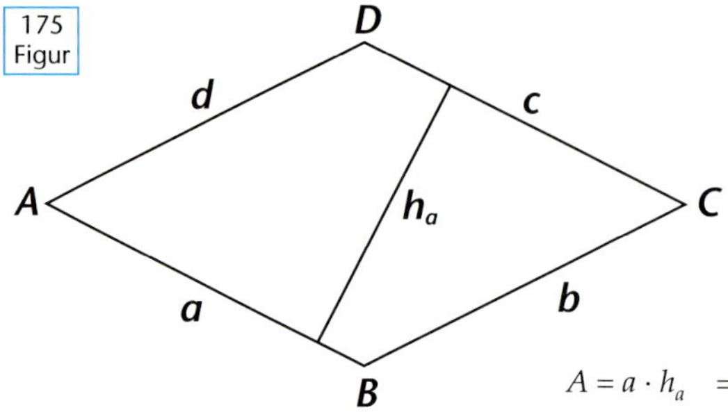

$A = a \cdot h_a \quad \Rightarrow A = 3{,}4\text{ cm} \cdot 2{,}7\text{ cm} = 9{,}18\text{ cm}^2$

(Jede Raute ist auch ein Parallelogramm; deshalb lässt sich die Fläche nach der Formel für das Paralellogramm berechnen.)

S. 80

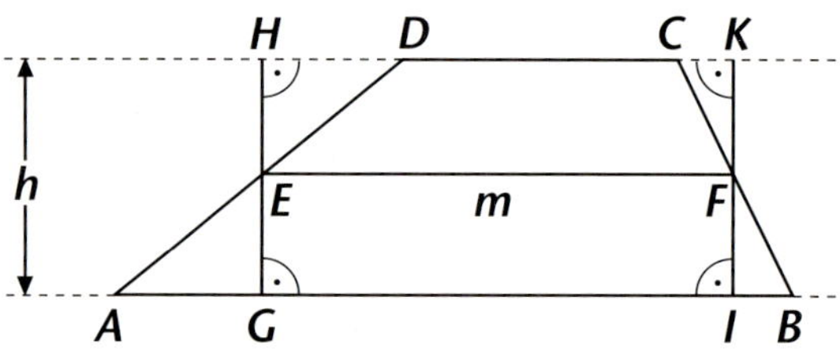

177 Figur

Da $AB \parallel CD$ ist, gilt: $\overline{AE} = \overline{ED}$ und $\overline{BF} = \overline{FC}$

Das $\triangle AGE$, das wir unten „abschneiden", ist kongruent zum $\triangle DHE$, das wir oben „anfügen".

Das $\triangle BFI$, das wir unten „abschneiden", ist kongruent zum $\triangle CFK$, das wir oben „anfügen".

- Damit haben wir das Trapez $ABCD$ in ein flächengleiches Rechteck $GIKH$ verwandelt; hier gilt: $\overline{GH} = \overline{IK} = h$ und
  $\overline{GI} = \overline{HK} = m$!

D 12
S. 81

179 Figur

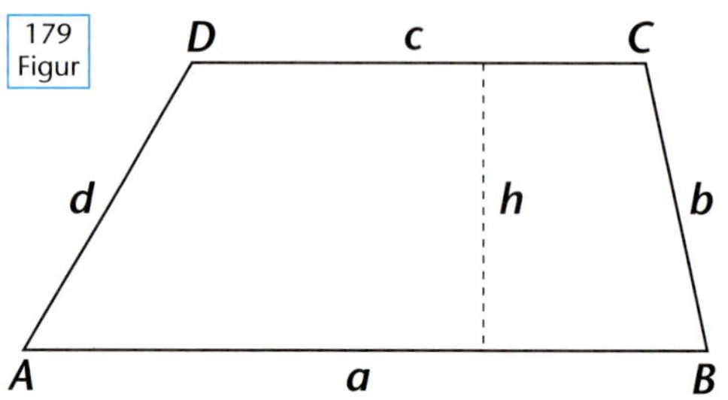

$$A_{\triangle} = \frac{a+c}{2} \cdot h \quad \Rightarrow$$

$$A = \frac{6\text{ cm} + 4\text{ cm}}{2} \cdot 2{,}5\text{ cm} =$$

$$= 12{,}5\text{ cm}^2.$$

C kann auf der Parallelen zu AB durch D liegen.

C kann auf der Parallelen zu AD durch B liegen.

D 13
S. 81

180a Figur

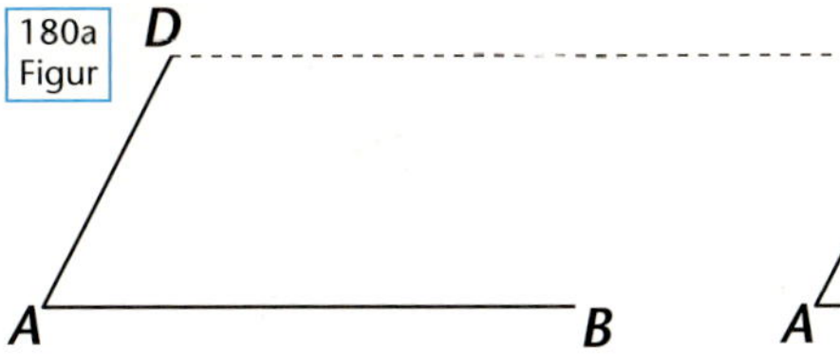

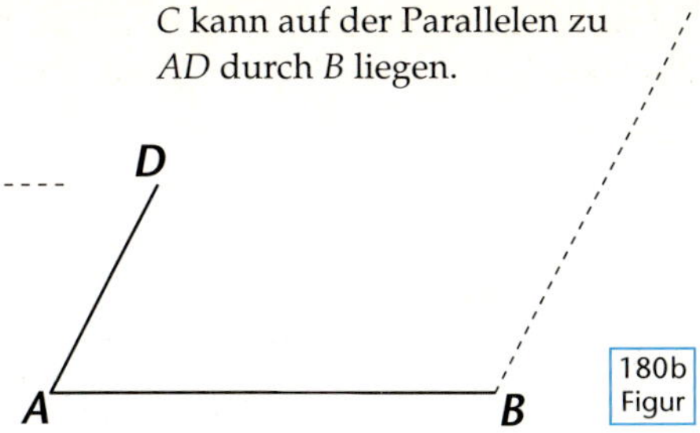

180b Figur

D 14
S. 81

a)

182 Figur

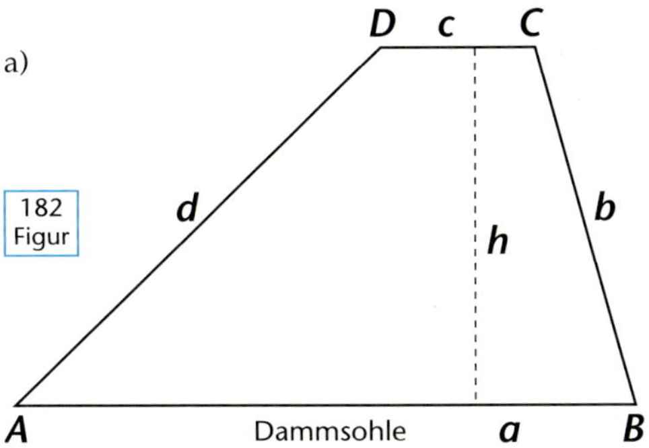

b) in der Zeichnung:
Dammhöhe = 3,5 cm
als wahre Länge:
Dammhöhe = 7 m

$A_{\triangle} = \frac{a + c}{2} \cdot h \quad \Rightarrow$

$A = \frac{12\text{ m} + 3\text{ m}}{2} \cdot 7\text{ m} =$

$= 52{,}5\text{ m}^2.$

D 15
S. 81

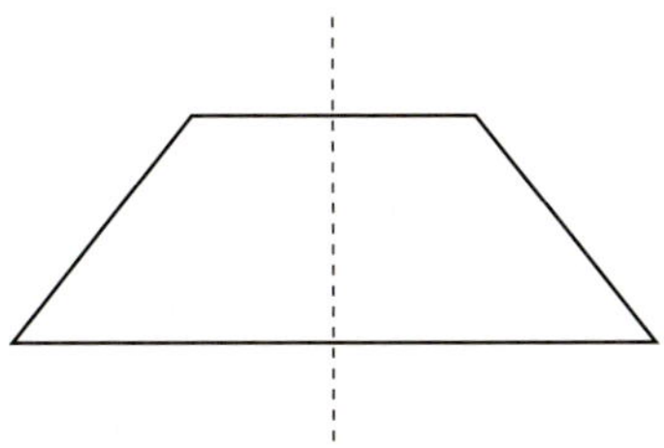

183 Figur

Nur wenn die beiden Schenkel des Trapezes gleich lang sind, hat das Trapez eine Symmetrieachse.

S. 82

Ein Viereck heißt Drachen(-viereck), wenn seine Symmetrieachse durch zwei Eckpunkte hindurchgeht.

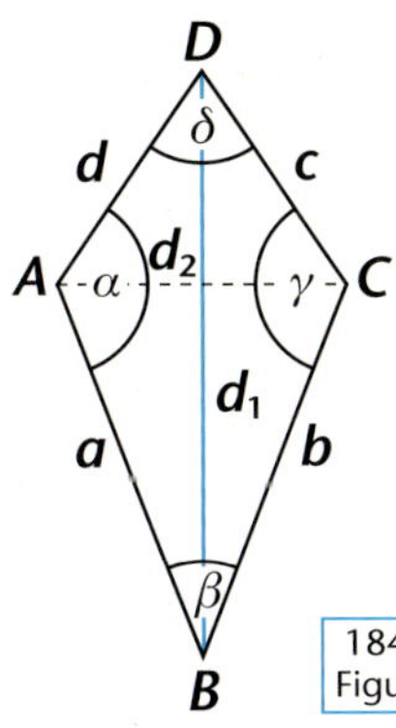

184 Figur

Damit gilt auch:

- Je zwei Seiten, die sich auf der Symmetrieachse treffen, sind gleich lang.
  In der Zeichnung: $\overline{AB} = \overline{CB}$
  $\overline{AD} = \overline{CD}$
- Zwei Winkel werden von der Symmetrieachse halbiert; in der Zeichnung sind das β und δ.
- Die beiden Winkel, deren Scheitel nicht auf der Symmetrieachse liegen, sind gleich groß; in der Zeichnung: $\alpha = \gamma$
- Die Symmetrieachse steht senkrecht auf der anderen Diagonale und halbiert sie.

… wegen der Symmetrie gilt: $\triangle ABD \cong \triangle CBD$

Für $\triangle ABD$ gilt: $A_{\triangle} = \frac{1}{2} \cdot d_1 \cdot \frac{d_2}{2}$

Für das gesamte Viereck $ABCD$ gilt also: $A_{\diamond} = 2 \cdot \frac{1}{2} \cdot d_1 \cdot \frac{d_2}{2}$

D

D 16
S. 83

a)

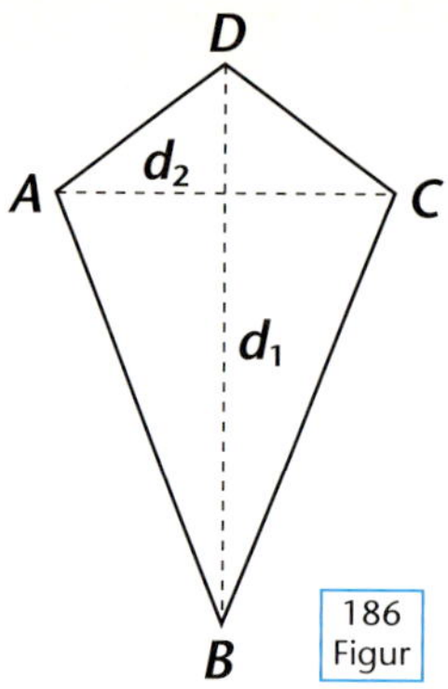

186
Figur

b) $A_\diamond = \frac{1}{2} \cdot d_1 \cdot d_2 \quad \Rightarrow$

$A = \frac{1}{2} \cdot 4\text{ cm} \cdot 2{,}4\text{ cm} = 4{,}8\text{ cm}^2$

D

D 17
S. 83

	Ja	Nein
a) Jedes Quadrat ist ein Drachen	×	
b) Jedes Rechteck ist ein Drachen		×
c) Jede Raute ist ein Drachen	×	
d) Jedes Parallelogramm ist ein Drachen		×
e) Jedes Trapez ist ein Drachen		×

D 18
S. 83

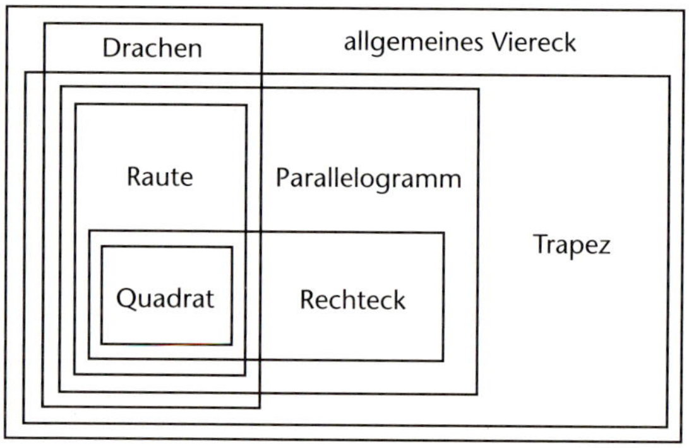

187
Figur

D 19
S. 84

a) Quadrat: Beide Mittellinien sind Symmetrieachsen.

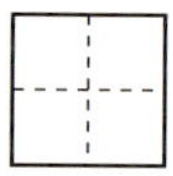

188
Figur

b) Rechteck: Beide Mittellinien sind Symmetrieachsen.

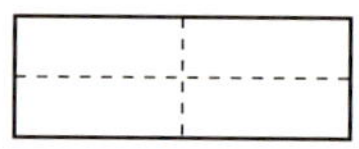

189
Figur

c) Parallelogramm: Keine Mittellinie ist Symmetrieachse.

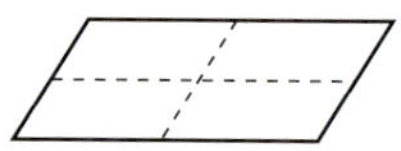

190
Figur

d) Raute: Keine Mittellinie ist Symmetrieachse.

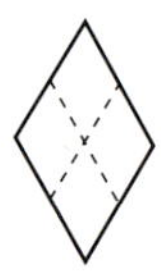

191
Figur

e) Trapez: Keine Mittellinie ist Symmetrieachse.

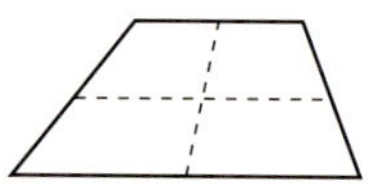

192
Figur

f) gleichschenkliges Trapez: Eine Mittellinie ist Symmetrieachse. **S. 84**

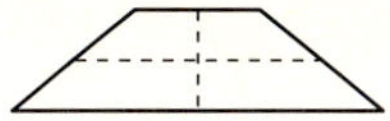

193 Figur

g) Drachen: Keine Mittellinie ist Symmetrieachse.

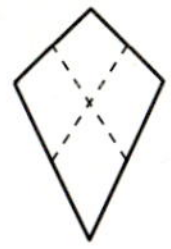

194 Figur

h) allgemeines Viereck: keine Mittellinie ist Symmetrieachse.

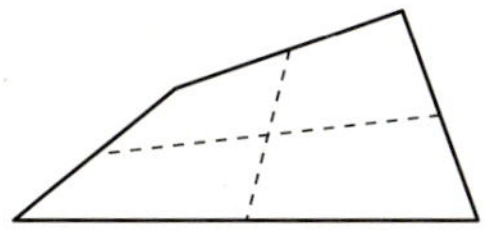

195 Figur

D + E

D 20
S. 85

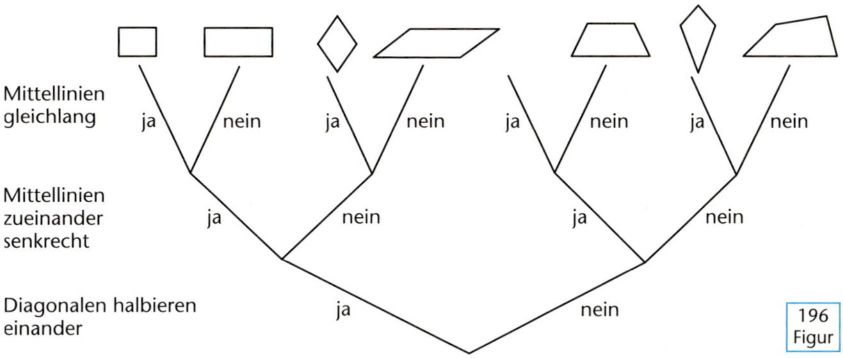

196 Figur

Lösungen Teil E

Fall 1 Eine Gerade g schneidet eine Kreislinie in zwei Punkten S_1 und S_2, wenn gilt: **S. 86**
$d\,(M; g) < r$

Fall 2 Eine Gerade g berührt eine Kreislinie in genau einem Punkt B, wenn gilt: **S. 87**
$d\,(M; g) = r$

Der Radius $\overline{MB}$ steht senkrecht auf g, da r auch der Abstand des Punktes M von der Geraden g ist.

Fall 3 Eine Gerade g hat mit einem Kreis keinen gemeinsamen Punkt, wenn gilt:
$d\,(M; g) > r$

Fall 1 Zwei Kreislinien liegen nebeneinander und berühren sich in einem Punkt, wenn gilt: $\overline{M_1M_2} = r_1 + r_2$

Fall 2 Eine Kreislinie liegt in einer zweiten. Sie berühren sich in einem Punkt, wenn gilt: $\overline{M_1M_2} = r_1 - r_2$ **S. 88**

Fall 3 Zwei Kreislinien liegen nebeneinander und haben keinen Punkt gemeinsam, wenn gilt: $\overline{M_1M_2} > r_1 + r_2$

S. 88 Fall 4 Eine Kreislinie liegt in einer zweiten. Sie haben keinen Punkt gemeinsam, wenn gilt: $\overline{M_1M_2} < r_1 - r_2$

Fall 5 Zwei Kreislinien schneiden sich in zwei Punkten, wenn gilt: $\overline{M_1M_2} > r_1 - r_2$ und zugleich: $\overline{M_1M_2} < r_1 + r_2$

E 1
S. 88

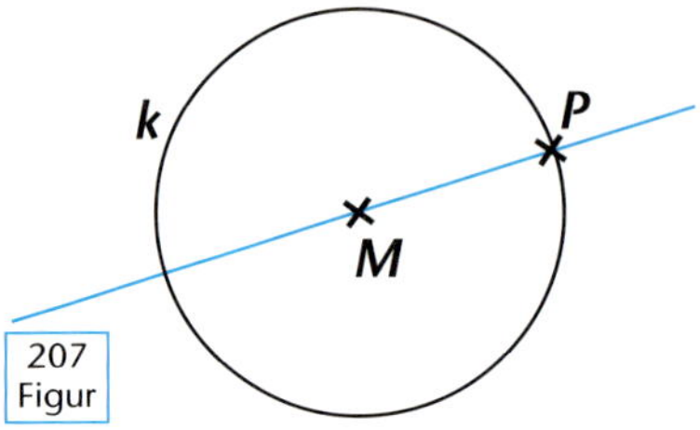

207 Figur

E

E 2
S. 88 Die Mittelpunkte der Kreise mit Radius 1 cm, die den Kreis k von innen berühren, liegen auf einem Kreis um M, dessen Radius 1 cm kleiner ist als der Radius des Kreises k. Zum besseren Verständnis sind fünf solcher Kreise eingezeichnet.

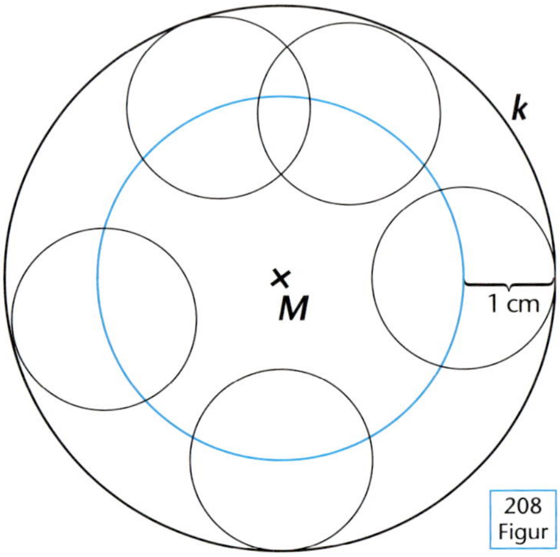

208 Figur

S. 89 Da im $\triangle PMB_1$ bei B_1 ein rechter Winkel und im $\triangle MPB_2$ bei B_2 ebenfalls ein rechter Winkel liegt, liegen B_1 und B_2 auf dem Thaleskreis über $[MP]$.

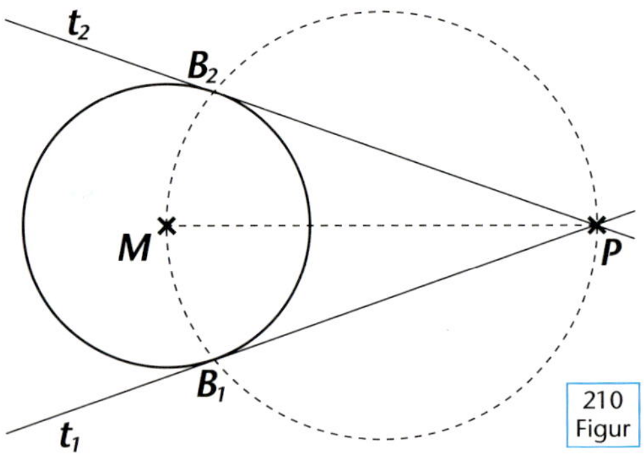

210 Figur

S. 91 Für den Winkel φ gilt in unserer Figur 215a: $\varphi = \varphi_1 + \varphi_2$

Da das $\triangle BPM$ gleichschenklig ist ($\overline{BM} = \overline{PM}$), gilt: Die Winkel bei B und P sind gleich groß.

Da das $\triangle AMP$ gleichschenklig ist ($\overline{AM} = \overline{PM}$), gilt: Die Winkel bei A und P sind gleich groß.

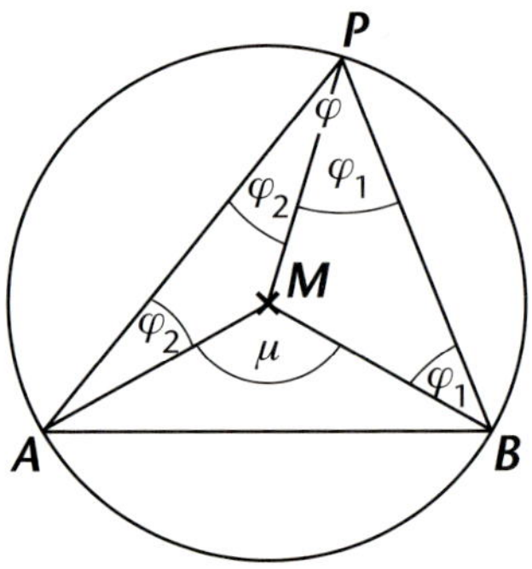

215a Figur

$$\underbrace{\mu}_{2\varphi} + \underbrace{\mu'}_{2\psi} = 360°$$ S. 92

$$2\varphi + 2\psi = 360° \quad |:2$$

$$\varphi + \psi = 180°$$

Falls die beiden Kreisbögen über einer Sehne gleich groß sind, ist die Sehne ein Durchmesser des Kreises. S. 93
In diesem Fall tragen die Kreisbögen die Bezeichnung Thaleskreis.

Da das $\triangle ABM$ gleichschenklig ist ($\overline{AM} = \overline{BM}$), gilt: Die Höhe von M (Spitze) auf $[AB]$ (Basis) halbiert den Winkel an der Spitze.

Löse die Gleichung auf nach $\quad \alpha = 90° - \frac{\mu}{2} \quad$ (I)

E

Löse die Gleichung auf nach $\quad \alpha = 90° - \tau \quad$ (II) S. 94

Damit ergibt sich

$$\underset{\text{I}}{90° - \frac{\mu}{2}} = \underset{\text{II}}{90° - \tau} \quad | -90°$$

$$-\frac{\mu}{2} = -\tau \quad | \cdot (-1)$$

$$\frac{\mu}{2} = \tau \quad \text{bzw.} \quad \tau = \frac{\mu}{2}$$

Der Sehnen-Tangenten-Winkel und der Umfangswinkel sind gleich groß.

Der Radius $[MA]$ steht senkrecht auf t. S. 95

Der Mittelpunkt M des gesuchten Kreises ist von A und B gleich weit entfernt und liegt deshalb auf der Mittelsenkrechten zu $[AB]$.

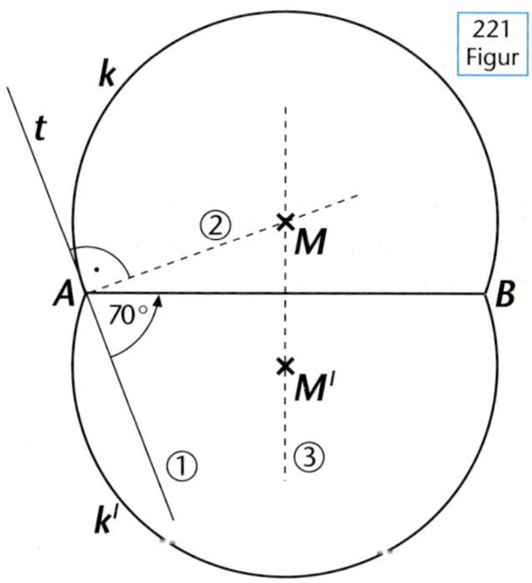

E 3
S. 95

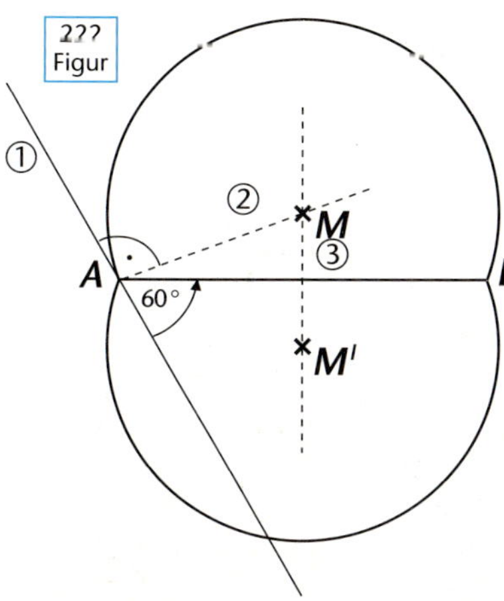

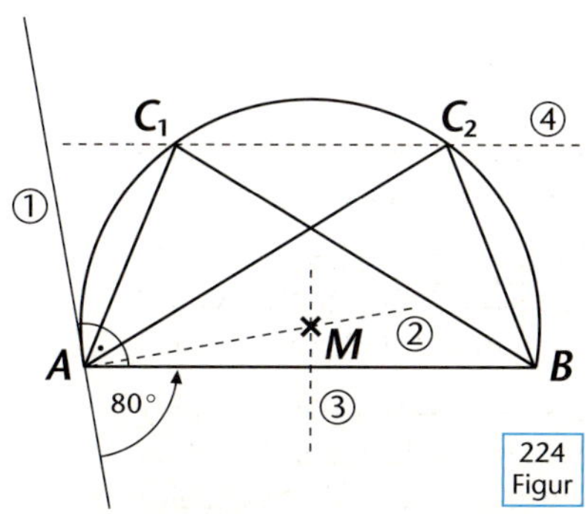

E 4
S. 95

Die Konstruktion ist nicht eindeutig.

S. 96 • Wenn du in F mit dem Zirkel einstichst und den nächsten Punkt markierst, findest du wieder den Punkt A.

S. 97 • Daher sind die Winkel an der Basis gleich: $\alpha_1 = \beta_1$

Da das Sechseck regulär ist, sind alle Winkel bei M gleich groß.
Für die Summe der Winkel bei M gilt:

$$\mu_1 + \mu_2 + \mu_3 + \mu_4 + \mu_5 + \mu_6 = 360°$$

Also gilt wegen der Gleichheit dieser Winkel: $\mu_1 = 60°$

Im $\triangle ABM$ ergibt sich damit:

$$\alpha_1 + \beta_1 = 180° - \mu_1 = 120°$$

226 Figur

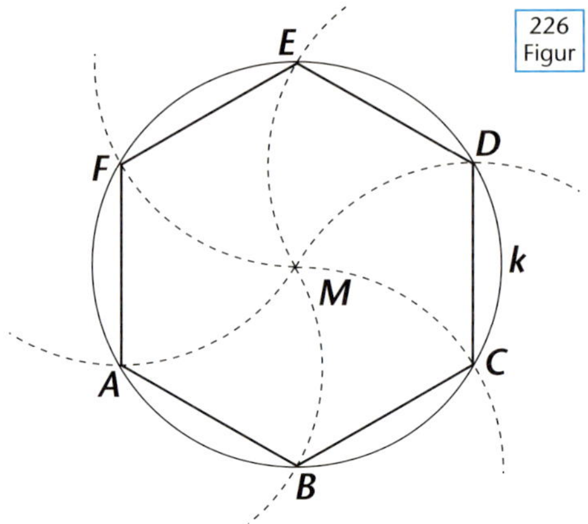

Da α_1 und β_1 gleich sind, gilt: $\alpha_1 = \beta_1 = 60°$

Ein Dreieck mit drei 60°-Winkeln ist ein gleichseitiges Dreieck.

E + F

Lösungen Teil F

S. 99 Prismen:
Die Seitenflächen sind jeweils Rechtecke.

Pyramiden:
Die Seitenflächen sind jeweils Dreiecke.

- Dabei kannst du aus Figur 230a ablesen, dass eine Ebene im Raum bereits festgelegt ist, wenn drei Punkte feststehen, die auf der Ebene liegen sollen.
- Um eine Gerade im Raum festzulegen (vergleiche Gerade AS in Figur 230a), genügt es, wenn zwei Punkt feststehen, die auf der Gerade liegen sollen.

S. 100 Ebene Geometrie:

Zwei Geraden, die nicht zusammenfallen, haben entweder einen Schnittpunkt oder sie verlaufen parallel zueinander.

S. 101 Räumliche Geometrie:

- Zwei Ebenen, die nicht zusammenfallen, haben entweder eine Schnittgerade (Ebene $CHI \cap$ Ebene $ABG = g$) oder die Ebenen verlaufen parallel zueinander (Ebene $ABC \parallel$ Ebene FGH).
- Zwei Geraden, die nicht zusammenfallen, haben entweder einen Schnittpunkt ($AB \cap DE = \{P\}$), oder sie verlaufen parallel zueinander ($AB \parallel FG$) oder sie verlaufen windschief zueinander ($AB \nparallel EJ$ und $AB \cap EJ = \{\,\}$).

F 1
S. 102

	schneiden sich	sind parallel	sind windschief
a) *AB* und *DE*	×		
b) *DI* und *GB*		×	
c) *GH* und *IE*			×
d) *DC* und *EG*			×
e) *DC* und *EA*	×		
f) *IJ* und *AC*			×
g) *IC* und *EH*			×

F 2
S. 102

	sind parallel	schneiden sich
a) Ebene *ABC* und Ebene *EJD*		×
b) Ebene *EDC* und Ebene *FGH*	×	
c) Ebene *BCH* und Ebene *AEF*		×

F
F 3
S. 102

Beim Quader *ABCDEFGH* …
a) … gibt es drei Paare von parallelen Ebenen;
b) … verlaufen je vier Kanten zueinander parallel.

F 4
S. 103

$EH \perp GH$; $EH \perp DH$; $EH \perp CH$

F 5
S. 104

Ebene *ABC* (Grundfläche); Ebene *ABF* (Vorderfläche)
Ebene *DCG* (Rückwand); Ebene *EFG* (Deckfläche)
Ebene *ABG* (Diagonalfläche „von vorne unten nach hinten oben"); Ebene *EFC* (Diagonalfläche „von vorne oben nach hinten unten").

S. 105

Die Strecke [*A'B'*] lässt sich problemlos zeichnen: Als Parallele zur Projektionsebene wird sie mit der Länge 5 cm abgebildet.

[*A'D'*] und [*B'C'*] bilden mit der Geraden *A'B'* einen Winkel von 45° und haben eine Länge von 1,5 cm.

Die Körperhöhen [*AE*], [*BF*], [*CG*] und [*DH*] haben in der Projektion eine Länge von 4 cm („wahre" Länge).

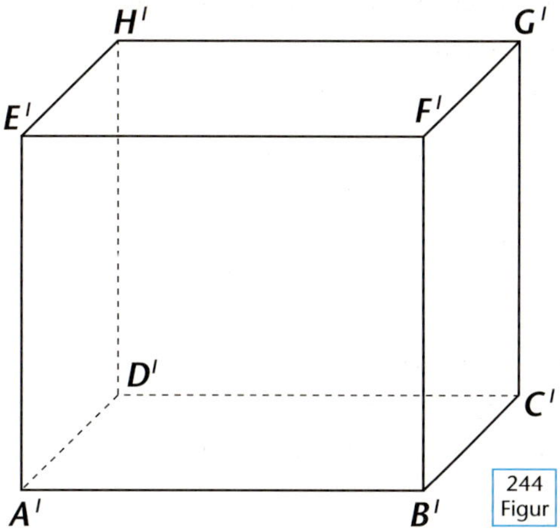

244 Figur

S. 106

246 Figur

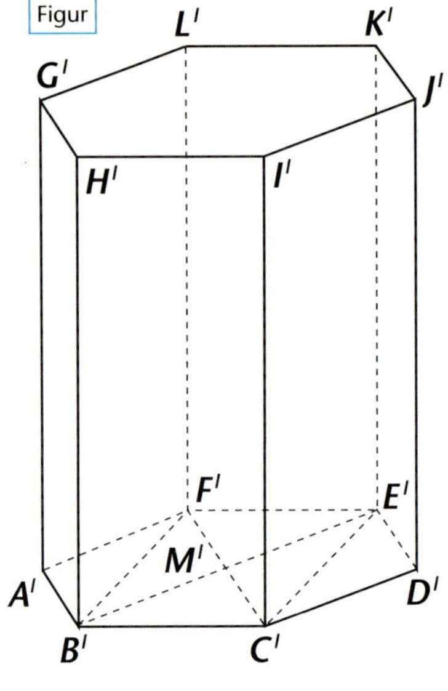

F 6
S. 107

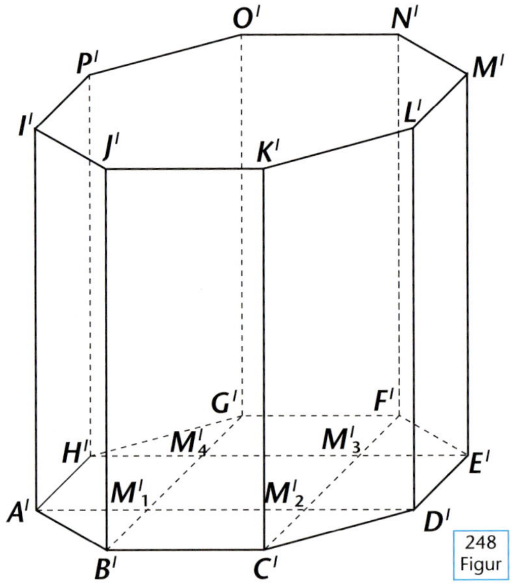

248 Figur

F 7
S. 107

249 Figur

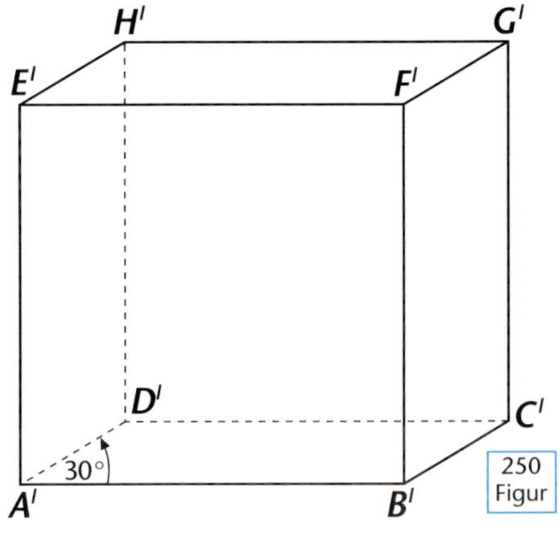

250 Figur

F 8
S. 107

252 Figur

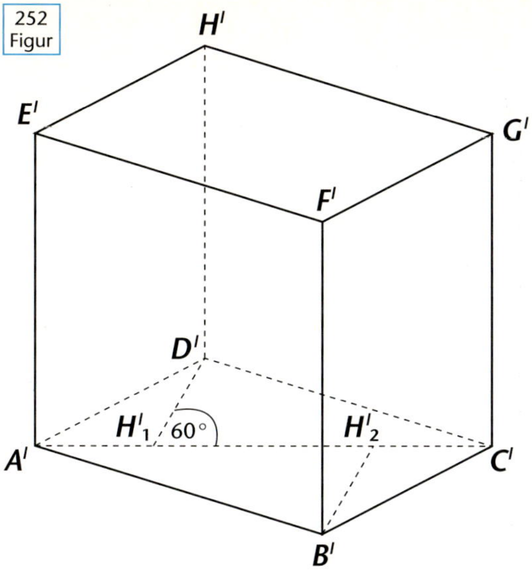

S. 108

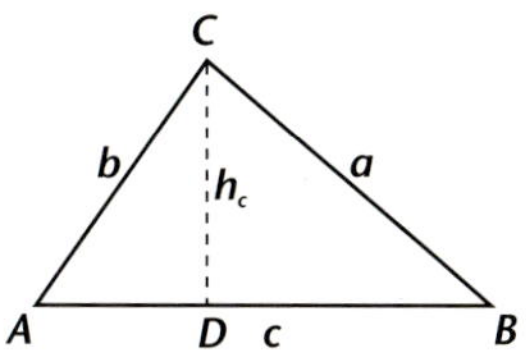

253 Figur

Maßstab = 1 : 2

S. 108

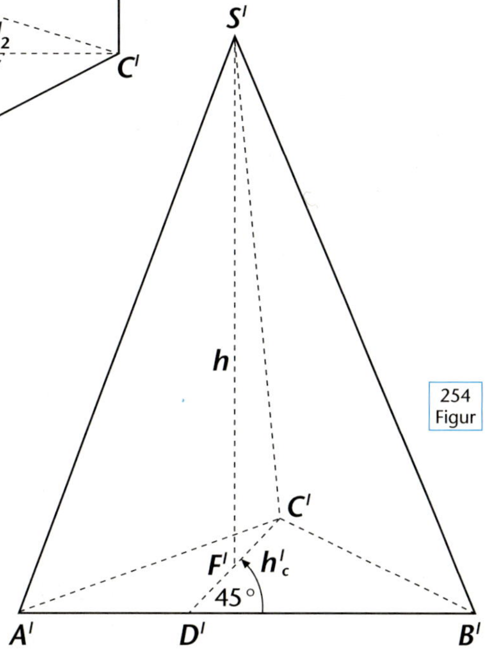

254 Figur

255 Figur

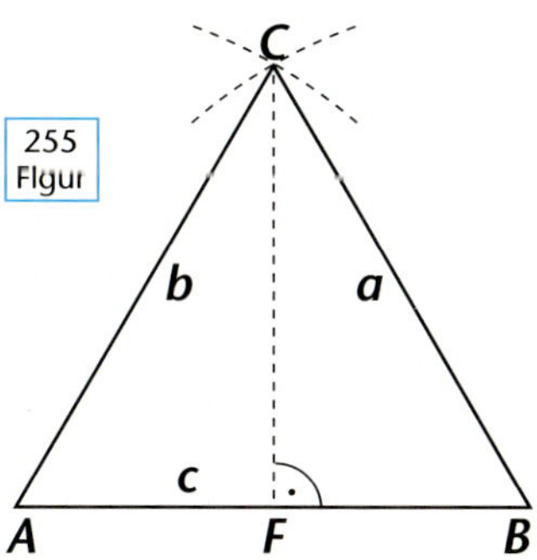

Beachte: $\sphericalangle BFC = 90° \Rightarrow \sphericalangle B'F'C' = 30°$ und $\overline{F'C'} = \frac{1}{3}\,\overline{FC}$

F 9
S. 109

256 Figur

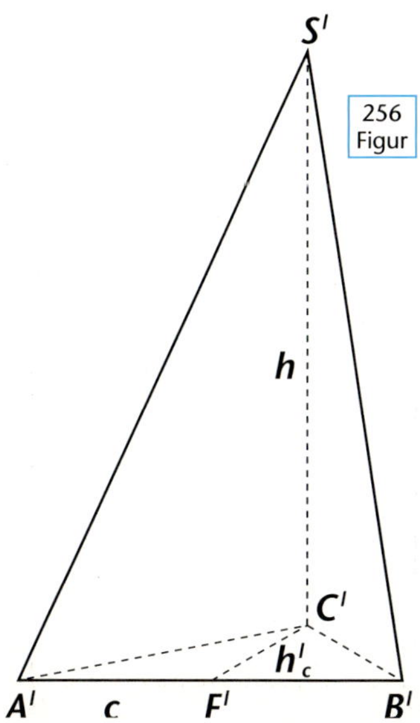

F

F 10
S. 109

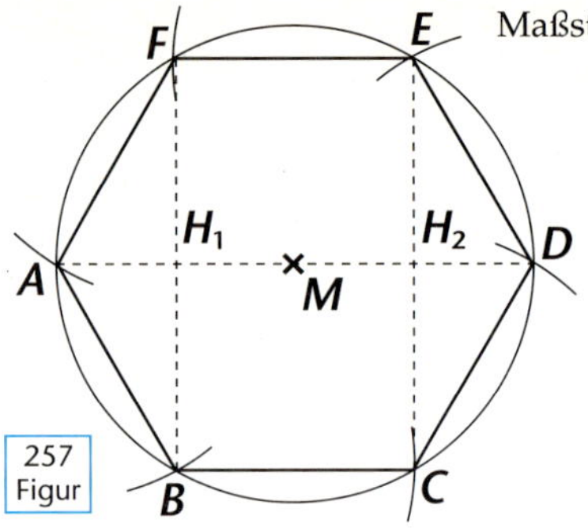

257 Figur

Maßstab = 2 : 3

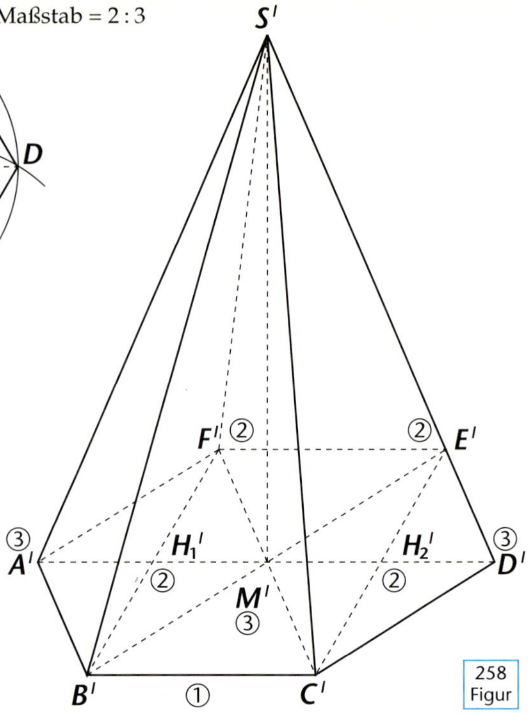

258 Figur

Beachte:
1. $\overline{B'C'} = \overline{BC}$ sowie $\overline{A'D'} = \overline{AD}$. Außerdem haben die Hilfspunkte H_1 und H_2 sowie M auf der Strecke AD dieselbe Lage wie ihre Bildpunkte auf der Strecke $A'D'$.
2. Die Kante $E'S'$ wird von der Kante $D'S'$ verdeckt.

$\sphericalangle CBF = 90°$
$\Rightarrow \sphericalangle C'B'F' = 60°$; $\overline{B'F'} = \frac{2}{3}\,\overline{BF}$

S. 110 Im Beispiel: $V = 84\text{ cm}^3$

F 11
S. 110

a) $V = a \cdot a \cdot a \quad \Rightarrow V = 4\text{ cm} \cdot 4\text{ cm} \cdot 4\text{ cm} = 64\text{ cm}^3$

b) $V = a \cdot b \cdot h \quad \Rightarrow V = 5\text{ cm} \cdot 3\text{ cm} \cdot 6\text{ cm} = 90\text{ cm}^3$

c) $A = A_\triangle = \frac{1}{2}\, c \cdot h_c = \frac{1}{2} \cdot 5\text{ cm} \cdot 3\text{ cm} = 7{,}5\text{ cm}^2$

$V = 7{,}5\text{ cm}^2 \cdot 8\text{ cm} = 60\text{ cm}^3$

S. 111 d) $V = a \cdot b \cdot h = 3\text{ cm} \cdot 2\text{ cm} \cdot 4\text{ cm} = 24\text{ cm}^3$

F 12
S. 111

$V = a \cdot b \cdot h$
$42\text{ m}^3 = 3\text{ m} \cdot 2\text{ m} \cdot h$
$42\text{ m}^3 = 6\text{ m}^2 \cdot h \qquad |:6\text{ m}^2$
$h = \frac{42\text{ m}^3}{6\text{ m}^2} = 7\text{ m}$

F 13
S. 111

Der Damm ist ein „liegendes“ Prisma. Der Querschnitt des Dammes ist ein Trapez.

$A = \frac{a+c}{2} \cdot h \quad \Rightarrow A = \frac{20\text{ m} + 4{,}5\text{ m}}{2} \cdot 4{,}8\text{ m} = 58{,}8\text{ m}^2$

$V = A \cdot l \quad \Rightarrow V = 58{,}8\text{ m}^2 \cdot 565\text{ m} =$
$= 33222\text{ m}^3$

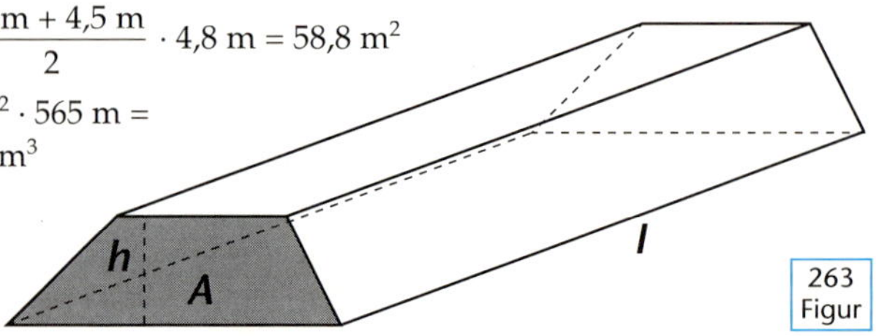

263 Figur